剑指Offer

名企面试官精讲典型编程题

（第2版）

何海涛 著

电子工业出版社
Publishing House of Electronics Industry
北京·BEIJING

内容简介

本书前身曾在全球范围内发行过英文版。这一版本在前版基础上进一步精选和增补试题，结合作者近年来在美国从事开发工作的实践经验及思考积累，使全书更加融会贯通、广泛适用。本书剖析了 80 道典型的编程题，系统整理基础知识、代码质量、解题思路、优化效率和综合能力这 5 个面试要点。全书共分 7 章，主要包括面试的流程，讨论面试每一环节需要注意的问题；面试需要的基础知识，从编程语言、数据结构及算法三方面总结程序员面试知识点；高质量的代码，讨论影响代码质量的 3 个要素（规范性、完整性和鲁棒性），强调高质量代码除完成基本功能外，还能考虑特殊情况并对非法输入进行合理处理；解决面试题的思路，总结编程面试中解决难题的有效思考模式，如在面试中遇到复杂难题，应聘者可利用画图、举例和分解这 3 种方法将其化繁为简，先形成清晰思路，再动手编程；优化时间和空间效率，读者将学会优化时间效率及用空间换时间的常用算法，从而在面试中找到最优解；面试中的各项能力，总结应聘者如何充分表现学习和沟通能力，并通过具体面试题讨论如何培养知识迁移、抽象建模和发散思维能力；两个面试案例，总结哪些面试举动是不良行为，而哪些表现又是面试官所期待的行为。

未经许可，不得以任何方式复制或抄袭本书之部分或全部内容。
版权所有，侵权必究。

图书在版编目（CIP）数据

剑指 Offer：名企面试官精讲典型编程题 / 何海涛著. —2 版. —北京：电子工业出版社，2017.5
ISBN 978-7-121-31092-8

Ⅰ．①剑… Ⅱ．①何… Ⅲ．①程序设计－资格考试－习题集 Ⅳ．①TP311.1-44

中国版本图书馆 CIP 数据核字（2017）第 053903 号

策划编辑：张春雨
责任编辑：徐津平
特约编辑：赵树刚
印　　刷：三河市良远印务有限公司
装　　订：三河市良远印务有限公司
出版发行：电子工业出版社
　　　　　北京市海淀区万寿路 173 信箱　　邮编：100036
开　　本：787×980　1/16　印张：22　字数：423 千字
版　　次：2011 年 11 月第 1 版
　　　　　2017 年 5 月第 2 版
印　　次：2025 年 1 月第 30 次印刷
定　　价：65.00 元

凡所购买电子工业出版社图书有缺损问题，请向购买书店调换。若书店售缺，请与本社发行部联系，联系及邮购电话：（010）88254888，88258888。
质量投诉请发邮件至 zlts@phei.com.cn，盗版侵权举报请发邮件至 dbqq@phei.com.cn。
本书咨询联系方式：010-51260888-819，faq@phei.com.cn。

第 2 版序言

时间总是在不经意间流逝，我们也在人生的旅途上不断前行，转眼间我在微软的美国总部工作近两年了。生活总给我们带来新的挑战，同时也有新的惊喜。这两年在陌生的国度里用着不太流利的英语和各种肤色的人交流，体验着世界的多元化。这两年加过班、熬过夜，也为进展不顺的项目焦头烂额过。在微软 Office 新产品发布那天，也自豪过，忍不住在朋友圈里和大家分享自己的喜悦和兴奋。2015 年 4 月，我和素云又一次迎来了一个小生命。之后的日子虽然辛苦，但每当看着呼呼、阳阳两兄弟天真灿烂的笑容时，我的心里只有无限的幸福。

西雅图是一个 IT 氛围很浓的地方，这里是微软和亚马逊的总部所在地，Google、Facebook 等很多知名公司都在这里有研发中心。一群程序员聚在一起，总会谈到谁去这家公司面试了，谁拿到了那家公司的 Offer。这让我有机会从多个角度去理解编程面试，也更加深入地思考怎样刷题才会更加有效。我的这些理解、思考都融入《剑指 Offer——名企面试官精讲典型编程题》这本书的第 2 版里。

这次再版在第 1 版的基础上增加了新的面试题，涵盖了新的知识点。第 2 版新增了 2.4.3 节和 2.4.4 节，分别讨论回溯法、动态规划和贪婪算法。正则表达式是编程面试时经常出现的内容，本次新增了两个正则表达式匹配的问题（详见面试题 19 和面试题 20）。

这次新增的内容有些是原有内容的延伸。比如原书的面试题 35 要求找出字符串中第一个只出现一次的字符［在第 2 版中为面试题 50（题目一）］。这次新增的面试题 50（题目二）把要求改为从一个字符流中找出第一个只出现一次的字符。再比如，在原书的面试题 23［在第 2 版中为面试题 32（题目一）]中讨论了如何把二叉树按层打印到一行里，这次新增了两个按层打印二叉树的面试题：面试题 32（题目二）要求把二叉树的每一层单独打印到一行；面试题 32（题目三）要求按之字形顺序打印二叉树。

  计算机领域的知识更新很快，编程面试题也需要推陈出新。本书的参考代码以 C++为主，这次再版根据 C++新的标准在内容上进行了一些调整。例如，原书的面试题 48 要求用 C++实现不能继承的类。由于在 C++ 11 中引入了关键字 final，那么用 C++实现不能继承的类已经变得非常容易。因此，这次再版时用新的面试题替代了它。

  自本书出版以来，收到了很多读者的反馈，让我受益匪浅。例如，面试题 20 "表示数值的字符串"根据 GitHub 用户 cooljacket 的意见做了修改。在此对所有提出反馈、建议的读者表示衷心的感谢。

  本书所有源代码（包含单元测试用例）都分享在 GitHub 上，欢迎读者对本书及 GitHub 上的代码提出意见。如果发现代码中存在问题，或者发现还有更好的解法，则欢迎读者递交代码。本书所有源代码均以 BSD 许可证开源，欢迎大家共同参与，一起提高代码的质量。

  通过读者的 E-mail，我很高兴地得知《剑指 Offer——名企面试官精讲典型编程题》一书陪伴很多读者找到了心仪的工作，拿到了满意的 Offer。实际上，这本书不仅仅是一本关于求职面试的工具书，同时还是一本关于编程的技术书。书中用大量的篇幅讨论数据结构和算法，讨论如何才能写出高质量的代码。这些技能在面试的时候有用，在平时的开发工作中同样有用。希望本书能陪伴更多的读者在职场中成长。

何海涛

2016 年 12 月 7 日深夜于美国雷德蒙德

推荐序一

海涛2008年在我的团队做过软件开发工程师。他是一名很细心的员工，对面试这个话题很感兴趣，经常和我及其他员工讨论，积累了很多面试方面的技巧和经验。他曾跟我提过想要写本有关面试的书，如今他把书写出来了！他是一个有目标、有耐心和持久力的人。

我在微软做了很多年的面试官，后面7年多作为把关面试官，也面试了很多应聘者。应聘者要想做好面试，确实应把面试当作一门技巧来学习，更重要的是要提高自身的能力。我遇到很多应聘者可能自身能力也不差，但因为不懂得怎样回答提问，不能很好地发挥。也有很多刚走出校园的应聘者也学过数据结构和算法分析，可是在处理具体问题时不能用学过的知识来有效地解决。这些朋友读读海涛的这本书，会受益匪浅，在面试中的发挥也会有很大提高。这本书也可以作为很好的教学补充资料，让学生不仅学到书本知识，也学到解决问题的方法。

在向我汇报的员工中有面试发挥很好但工作平平的，也有面试一般但工作优秀的。对于追求职业发展的人来说，通过面试只是迈过一道门槛而不是目的，真正的较量是在入职后的成长。就像学钓鱼，你可能在有经验的垂钓者的指导下能钓到几条鱼，但如果没有学到垂钓的真谛，离开了指导者，你可能就很难钓到很多鱼。我希望读这本书的朋友不要只学一些技巧来应付面试，而是通过学习如何解决面试中的难题来提高自己的编程和解决问题的能力，进而提高自信心，在职场中迅速成长。

徐鹏阳（Pung Xu）
Principal Development Manager, Search Technology Center Asia
Microsoft

推荐序二

I had the privilege of working with Harry at Microsoft. His background and industry experience are a great asset in learning about the process and techniques of technical interviews. Harry shares practical information about what to expect in a technical interview that goes beyond the core engineering skills. An interview is more than a skills assessment. It is the chance for you and a prospective employer to gauge whether there is a mutual fit. Harry includes reminders about the key factors that can determine a successful interview as well as success in your new job.

Harry takes you through a set of interview questions to share his insight into the key aspects of the question. By understanding these questions, you can learn how to approach any question more effectively. The basics of languages, algorithms and data structures are discussed as well as questions that explore how to write robust solutions after breaking down problems into manageable pieces. Harry also includes examples to focus on modeling and creative problem solving.

The skills that Harry teaches for problem solving can help you with your next interview and in your next job. Understanding better the key problem solving techniques that are analyzed in an interview can help you get the first job after university or make your next career move.

Matt Gibbs
Direct of Development, Asia Research & Development
Microsoft Corporation

前　言

自 2011 年 9 月以来，我的面试题博客（http://zhedahht.blog.163.com/）点击率上升很快，累计点击量超过 70 万次，并且平均每天还会增加约 3000 次点击。每年随着秋季新学期的开始，新一轮招聘高峰也即将来到。这不禁让我想起几年前自己找工作的情形。那个时候的我，也是在网络的各个角落搜索面试经验，尽可能多地搜集各家公司的面试题。

当时网上的面试经验还很零散，应聘者如果想系统地搜集面试题，则需要付出很大的努力。于是我萌生了一个念头，在博客上系统地搜集、整理有代表性的面试题，这样可以极大地方便后来人。经过一段时间的准备，我于 2007 年 2 月在网易博客上发表了第一篇关于编程面试题的博文。

在之后的日子里，我陆续发表了 60 余篇关于面试题的博文。随着博文数目的增加，我也逐渐意识到一篇篇博文仍然是零散的。一篇博文只是单纯地分析一道面试题，但对解题思路缺乏系统性的梳理。于是，2010 年 10 月，我有了把博文整理成一本书的想法。经过努力，这本书终于和读者见面了。

本书内容

全书分为 7 章，各章的主要内容如下：

第 1 章介绍面试的流程。通常整个面试过程可以分为电话面试、共享桌面远程面试和现场面试 3 个阶段，每轮面试又可以分为行为面试、技术面试和应聘者提问 3 个环节。本章详细讨论了面试中每个环节需要注意的问题。其中，1.3.2 节深入讨论了技术面试中的 5 个要素，是全书的大纲，接下来的第 2~6 章将逐一讨论每个要点。

第 2 章梳理应聘者在接受技术面试时需要用到的基础知识。本章从编程语言、数据结构及算法 3 个方面总结了程序员面试的知识点。

第 3 章讨论应聘者在面试时写出高质量代码的 3 个要点。通常面试官除了期待应聘者写出的代码能够完成基本的功能，还能应对特殊情况并对非法输入进行合理的处理。读完这一章，读者将学会如何从规范性、完整性和鲁棒性 3 个方面提高代码的质量。

第 4 章总结在编程面试中解决难题的常用思路。如果在面试过程中遇到复杂的难题，那么应聘者最好在写代码之前形成清晰的思路。读者在读完这一章之后，将学会如何用画图、举例和分解这 3 种思路来解决问题。

第 5 章介绍如何优化代码的时间效率和空间效率。如果一个问题有多种解法，那么面试官总是期待应聘者能找到最优的解法。读完这一章，读者将学会优化时间效率及用空间换时间的常用算法。

第 6 章总结面试中的各项能力。在面试过程中，面试官会一直关注应聘者的学习能力和沟通能力。除此之外，有些面试官还喜欢考查应聘者的知识迁移能力、抽象建模能力和发散思维能力。读完这一章，读者将学会如何培养和运用这些能力。

第 7 章是两个面试案例。在这两个案例中，读者将看到应聘者在面试过程中的哪些举动是不好的行为，而哪些表现又是面试官所期待的行为。衷心地希望应聘者能在面试时少犯甚至不犯错误，完美地表现出自己的综合素质，最终拿到心仪的 Offer。

本书特色

正如前面提到的那样，本书的原型是我多年来陆陆续续发表的几十篇博文，但这本书也不仅仅是这些博文的总和，它在博文的基础上添加了如下内容：

本书试图以面试官的视角来剖析面试题。本书前 6 章的第一节都是"面试官谈面试"，收录了分布在不同 IT 企业（或者 IT 部门）的面试官对代码质量、应聘者如何形成及表达解题思路等方面的理解。在本书中穿插着几十条"面试小提示"，是我作为面试官给应聘者在面试方法、技巧方面的建议。在第 7 章的案例中，"面试官心理"揭示了面试官在听到应聘者不同回答时的心理活动。应聘者如果能了解面试官的心理活动，则无疑能在面试时更好地表现自己。

本书总结了解决面试难题的常用方法，而不仅仅是解决一道道零散的题目。在仔细分析、解决了几十道典型的面试题之后，我发现，其实是有一些通用的方法可以在面试的时候帮助我们解题的。举个例子，如果面试的时候遇到的题目很难，那么我们可以试着把一个大的、复杂的问题分解成若干小的、简单的子问题，然后递归地去解决这些子问题。再比如，我们可以用数组实现一个简单的哈希表解决一系列与字符串相关的面试题。在详细分析了一道面试题之后，很多章节都会在"相关题目"中列举同类型的面试题，并在"举一反三"中总结解决这一类型题目的方法和要点。

本书收集的面试题都是各大公司的编程面试题，极具实战意义。包括Google、微软在内的知名IT企业在招聘的时候都非常重视应聘者的编程能力，编程技术面试也是整个面试流程中最为重要的环节。本书选取的题目都是被各大公司面试官反复采用的编程题。如果读者一开始觉得书中的有些题目比较难，那也正常，没有必要感到气馁，因为像Google、微软、阿里巴巴、腾讯这样的大企业的面试本身就不简单。读者逐步掌握了书中总结的解题方法之后，编程能力和分析复杂问题的能力将会得到很大的提升，再去大公司面试将会轻松很多。

本书附带提供了80道编程题的完整的源代码，其中包含每道题的测试用例。很多面试官在应聘者写完程序之后，都会要求应聘者自己想一些测试用例来测试自己的代码，而一些没有实际项目开发经验的应聘者不知道如何进行单元测试。相信读者在读完本书后就会知道如何从基本功能测试、边界值测试、性能测试等方面去设计测试用例，从而提高编写高质量代码的能力。

本书体例

在本书的正文中间或者章节的末尾穿插了不少特殊体例。这些体例或用来给应聘者提出建议，或用来总结解题方法，希望能够引起读者的注意。

面试小提示：

本条目是从面试官的角度给应聘者提出的建议，或者希望应聘者能够注意到的细节。

 源代码：

读者将在本条目看到一个指向 GitHub 的链接，可以到对应的网页上浏览代码。同时，读者也可以把代码下载到本地，用 Visual Studio 打开 CodingInterviewChinese2.sln 文件阅读或者调试代码。

 测试用例：

本条目列举应聘者在面试时可以用来测试代码是否完整、鲁棒的单元测试用例。通常本书从基本功能、边界值、无效的输入等方面测试代码的完整性和鲁棒性，针对在时间效率或者空间效率方面有要求的面试题还包含性能测试的测试用例。

 本题考点：

本条目总结面试官采用一道面试题的考查要点。

 相关题目：

本条目列举一些和详细分析的面试题相关或者类似的面试题。

 举一反三：

本条目从解决面试例题中提炼出常用的解题方法。这些解题方法能够应用到解决其他同类型的问题中去，达到举一反三的目的。

 面试官心理：

在第 7 章的面试案例中，本条目用来模拟面试官听到应聘者的回答之后的心理活动。

关于遗漏的问题

由于时间仓促，再加上笔者的能力有限，书中难免会有一些遗漏。今后一旦发现遗漏的问题，我将第一时间在博客（http://zhedahht.blog.163.com/）上公布勘误信息。读者如果发现任何问题或者有任何建议，那么也请在博客上留言、评论，或者通过电子邮件（zhedaaht@hotmail.com）和我联系。

致谢

在写博客及把博文整理成书的过程中，我得到了很多人的帮助。没有他们，也就没有这本书。因此，我想在这里对他们诚挚地说一声：谢谢！

首先我要谢谢个人博客上的读者。网友的鼓励让我在博客上的写作从2007年2月开始坚持到了现在。也正是由于网友的鼓励，我最终下定决心把博文整理成一本书。

在本书的写作过程中，我得到了很多同学、同事的帮忙，包括Autodesk的马凌洲、刘景勇、王海波、蓝诚，支付宝的殷焰，百度的张珺、张晓禹，英特尔的尹彦，交通银行的朱麟，淘宝的尧敏，微软的陈黎明、田超，英伟达的吴斌，SAP的何幸杰和华为的韩伟东（在书稿写作阶段他还在盛大工作）。感谢他们和大家分享了对编程面试的理解和思考。同时还要感谢GlaxoSmithKline Investment的Recruitment & HRIS Manager 蔡咏来（也是2008年把我招进微软的HR）和大家分享了微软所推崇的STAR简历模型。还要感谢在微软期间我的两个老板徐鹏阳和Matt Gibbs，他们都是在微软有十几年面试经验的资深面试官，对面试有着深刻的理解。感谢二位在百忙之中抽时间为本书写序，为本书增色不少。

我同样要感谢现在思科的老板Min Lu及TQSC上海团队的同事王劦、赵斌和朱波对我的理解。他们在我写作期间替我分担了大量的工作，让我能够集中更多的精力来写书。

感谢电子工业出版社的工作人员，他们大到全书的构架，小到文字的推敲，都给予了我极大的帮助，从而使本书的质量有了极大的提升。

本书还得到了很多朋友的支持和帮助，限于篇幅，虽然不能在此一一说出他们的名字，但我一样对他们心存感激。

最后，我要衷心地感谢我的爱人刘素云。感谢她在过去一年中对我的理解和支持，为我营造了一个温馨而又浪漫的家，让我能够心无旁骛地写书。我无以为谢，谨以此书献给她及我们的孩子。

何海涛

2017 年 2 月于上海三泾南宅

轻松注册成为博文视点社区用户（www.broadview.com.cn），您即可享受以下服务。

- **下载资源**：本书所提供的示例代码及资源文件均可在【下载资源】处下载。
- **提交勘误**：您对书中内容的修改意见可在【提交勘误】处提交，若被采纳，将获赠博文视点社区积分（在您购买电子书时，积分可用来抵扣相应金额）。
- **与我们交流**：在页面下方【读者评论】处留下您的疑问或观点，与我们和其他读者一同学习交流。

页面入口：http://www.broadview.com.cn/31092

二维码：

目　录

第 1 章　面试的流程 1

1.1　面试官谈面试 1

1.2　面试的 3 种形式 2

  1.2.1　电话面试 2

  1.2.2　共享桌面远程面试 3

  1.2.3　现场面试 4

1.3　面试的 3 个环节 5

  1.3.1　行为面试环节 5

  1.3.2　技术面试环节 10

  1.3.3　应聘者提问环节 17

1.4　本章小结 18

第 2 章　面试需要的基础知识 21

2.1　面试官谈基础知识 21

2.2　编程语言 22

  2.2.1　C++ 23

面试题 1：赋值运算符函数 25
2.2.2 C# 28
面试题 2：实现 Singleton 模式 32
2.3 数据结构 37
2.3.1 数组 37
面试题 3：数组中重复的数字 39
面试题 4：二维数组中的查找 44
2.3.2 字符串 48
面试题 5：替换空格 51
2.3.3 链表 56
面试题 6：从尾到头打印链表 58
2.3.4 树 60
面试题 7：重建二叉树 62
面试题 8：二叉树的下一个节点 65
2.3.5 栈和队列 68
面试题 9：用两个栈实现队列 68
2.4 算法和数据操作 72
2.4.1 递归和循环 73
面试题 10：斐波那契数列 74
2.4.2 查找和排序 79
面试题 11：旋转数组的最小数字 82
2.4.3 回溯法 88
面试题 12：矩阵中的路径 89
面试题 13：机器人的运动范围 92
2.4.4 动态规划与贪婪算法 94

　　　　面试题 14：剪绳子 96

　　　2.4.5　位运算 99

　　　　面试题 15：二进制中 1 的个数 100

　2.5　本章小结 104

第 3 章　高质量的代码 105

　3.1　面试官谈代码质量 105

　3.2　代码的规范性 106

　3.3　代码的完整性 107

　　　　面试题 16：数值的整数次方 110

　　　　面试题 17：打印从 1 到最大的 n 位数 114

　　　　面试题 18：删除链表的节点 119

　　　　面试题 19：正则表达式匹配 124

　　　　面试题 20：表示数值的字符串 127

　　　　面试题 21：调整数组顺序使奇数位于偶数前面 129

　3.4　代码的鲁棒性 133

　　　　面试题 22：链表中倒数第 k 个节点 134

　　　　面试题 23：链表中环的入口节点 139

　　　　面试题 24：反转链表 142

　　　　面试题 25：合并两个排序的链表 145

　　　　面试题 26：树的子结构 148

　3.5　本章小结 152

第 4 章　解决面试题的思路 155

　4.1　面试官谈面试思路 155

　4.2　画图让抽象问题形象化 156

面试题 27：二叉树的镜像 157
面试题 28：对称的二叉树 159
面试题 29：顺时针打印矩阵 161

4.3 举例让抽象问题具体化 165
面试题 30：包含 min 函数的栈 165
面试题 31：栈的压入、弹出序列 168
面试题 32：从上到下打印二叉树 171
面试题 33：二叉搜索树的后序遍历序列 179
面试题 34：二叉树中和为某一值的路径 182

4.4 分解让复杂问题简单化 186
面试题 35：复杂链表的复制 187
面试题 36：二叉搜索树与双向链表 191
面试题 37：序列化二叉树 194
面试题 38：字符串的排列 197

4.5 本章小结 201

第 5 章 优化时间和空间效率 203
5.1 面试官谈效率 203
5.2 时间效率 204
面试题 39：数组中出现次数超过一半的数字 205
面试题 40：最小的 k 个数 209
面试题 41：数据流中的中位数 214
面试题 42：连续子数组的最大和 218
面试题 43：1～n 整数中 1 出现的次数 221
面试题 44：数字序列中某一位的数字 225

面试题 45：把数组排成最小的数 227
　　　面试题 46：把数字翻译成字符串 231
　　　面试题 47：礼物的最大价值 233
　　　面试题 48：最长不含重复字符的子字符串 236
　5.3　时间效率与空间效率的平衡 239
　　　面试题 49：丑数 240
　　　面试题 50：第一个只出现一次的字符 243
　　　面试题 51：数组中的逆序对 249
　　　面试题 52：两个链表的第一个公共节点 253
　5.4　本章小结 256

第 6 章　面试中的各项能力 257
　6.1　面试官谈能力 257
　6.2　沟通能力和学习能力 258
　6.3　知识迁移能力 261
　　　面试题 53：在排序数组中查找数字 263
　　　面试题 54：二叉搜索树的第 k 大节点 269
　　　面试题 55：二叉树的深度 271
　　　面试题 56：数组中数字出现的次数 275
　　　面试题 57：和为 s 的数字 280
　　　面试题 58：翻转字符串 284
　　　面试题 59：队列的最大值 288
　6.4　抽象建模能力 294
　　　面试题 60：n 个骰子的点数 294
　　　面试题 61：扑克牌中的顺子 298

面试题 62：圆圈中最后剩下的数字 300

面试题 63：股票的最大利润 304

6.5 发散思维能力 306

面试题 64：求 1+2+⋯+n 307

面试题 65：不用加减乘除做加法 310

面试题 66：构建乘积数组 312

6.6 本章小结 314

第 7 章 两个面试案例 317

7.1 案例一：（面试题 67）把字符串转换成整数 318

7.2 案例二：（面试题 68）树中两个节点的最低公共祖先 326

第 1 章
面试的流程

1.1 面试官谈面试

"对于初级程序员,我一般会偏向考查算法和数据结构,看应聘者的基本功;对于高级程序员,我会多关注专业技能和项目经验。"

——何幸杰(SAP,高级工程师)

"应聘者要事先做好准备,对公司近况、项目情况有所了解,对所应聘的工作很有热情。另外,应聘者还要准备好合适的问题问面试官。"

——韩伟东(盛大,高级研究员)

"应聘者在面试过程中首先需要放松,不要过于紧张,这有助于后面解决问题时开拓思路。其次不要急于编写代码,应该先了解清楚所要解决的问题。这时候最好先和面试官多做沟通,然后开始做一些整体的设计和规划,这有助于编写高质量和高可读性的代码。写完代码后不要马上提交,最好自己检查并借助一些测试用例来测试几遍代码,找出可能出现的错误。"

——尧敏(淘宝,资深经理)

"'神马'都是浮云,应聘技术岗位就是要踏实写程序。"

——田超(微软,SDE II)

1.2 面试的3种形式

如果应聘者能够通过公司的简历筛选环节，那恭喜他取得了阶段性的成功。但要想拿到心仪的 Offer，应聘者还有更长的路要走。大部分公司的面试都是从电话面试开始的。通过电话面试之后，有些公司还会有一两轮远程面试。面试官让应聘者共享自己的桌面，远程观察应聘者编写及调试代码的过程。如果前面的面试都很顺利，应聘者就会收到现场面试的邀请信，请他去公司接受面对面的面试。整个面试的流程我们可以用图 1.1 表示。

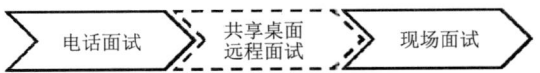

图 1.1　面试的形式和流程

注：只有少数公司有共享桌面远程面试环节。

1.2.1　电话面试

顾名思义，电话面试是面试官以打电话的形式考查应聘者。有些面试官会先和应聘者预约好电话面试的时间，而还有些面试官却喜欢搞突然袭击，一个电话打过去就开始面试。为了应付这种突然袭击，建议应聘者在投出简历之后的一两个星期之内，要保证手机电池能至少连续通话一小时。另外，应聘者不要长时间待在很嘈杂的地方。如果应聘者身在闹市的时候突然接到面试电话，那么双方就有可能因为听不清对方而倍感尴尬。

电话面试和现场面试最大的区别就是应聘者和面试官是见不到对方的，因此双方的沟通只能依靠声音。没有了肢体语言、面部表情，应聘者清楚地表达自己想法的难度就比现场面试时要大很多，特别是在解释复杂算法的时候。应聘者在电话面试的时候应尽可能用形象化的语言把细节说清楚。例如，在现场面试的时候，应聘者如果想说一棵二叉树的结构，则可以用笔在白纸上画出来，就一目了然了。但在电话面试的时候，应聘者就需要把二叉树中有哪些节点，每个节点的左子节点是什么、右子节点是什么都说得很清楚，只有这样面试官才能准确地理解应聘者的思路。

很多外企在电话面试时都会加上英语面试的环节，甚至有些公司全部面试都会用英语进行。电话面试时应聘者只能听到面试官的声音而看不到他的口型，这对应聘者的听力提出了更高的要求。如果应聘者在面试的时候没有听清楚或者听懂面试官的问题，则千万不要不懂装懂、答非所问，这是面试的大忌。当不确定面试官的问题的时候，应聘者一定要大胆地向面试官多提问，直到弄清楚面试官的意图为止。

 面试小提示：

应聘者在电话面试的时候应尽可能用形象的语言把细节说清楚。

如果在英语面试时没有听清或没有听懂面试官的问题，则应聘者要敢于说 Pardon。

1.2.2 共享桌面远程面试

共享桌面远程面试（Phone-Screen Interview）是指利用一些共享桌面的软件（如微软的 Skype、思科的 WebEx 等），应聘者把自己电脑的桌面共享给远程的面试官。这样两个人虽然没有坐在一起，但面试官却能通过共享桌面观看应聘者编程和调试的过程。目前只有为数不多的几家大公司会在邀请应聘者到公司参加现场面试之前，先进行一两轮共享桌面远程面试。

这种形式的面试，面试官最关心的是应聘者的编程习惯及调试能力。通常面试官会认可应聘者下列几种编程习惯：

- **思考清楚再开始编码**。应聘者不要一听到题目就匆忙打开编程软件如 Visual Studio 开始敲代码，因为在没有形成清晰的思路之前写出的代码通常会漏洞百出。这些漏洞被面试官发现之后，应聘者容易慌张，这个时候再修改代码也会越改越乱，最终导致面试的结果不理想。更好的策略是应聘者应先想清楚解决问题的思路，如算法的时间、空间复杂度各是什么，有哪些特殊情况需要处理等，然后再动手编写代码。

- **良好的代码命名和缩进对齐习惯**。一目了然的变量和函数名，加以合理的缩进和括号对齐，会让面试官觉得应聘者有参与大型项目的开发经验。

- **能够进行单元测试**，通常面试官出的题目都是要求写函数解决某一问题，如果应聘者能够在定义函数之后，立即对该函数进行全面的单元测试，那就相当于向面试官证明了自己有着专业的软件开发经验。如果应聘者先写单元测试用例，再写解决问题的函数，那么我相信面试官定会对你刮目相看，因为能做到测试在前、开发在后的程序员实在是太稀缺了，他会毫不犹豫地抛出橄榄枝。

通常我们在写代码的时候都会遇到问题。当应聘者运行代码发现结果不对之后的表现，也是面试官关注的重点，因为应聘者此时的反应、采取的措施都能体现出他的调试功底。如果应聘者能够熟练地设置断点、单步跟踪、查看内存、分析调用栈，就能很快发现问题的根源并最终解决问题，那么面试官将会觉得他的开发经验很丰富。调试能力是在书本上学不到的，只有通过大量的软件开发实践才能积累出调试技巧。当面试官发现一个应聘者的调试功底很扎实的时候，他在写面试报告的时候是不会吝啬赞美之词的。

 面试小提示：

在共享桌面远程面试过程中，面试官最关心的是应聘者的编程习惯及调试能力。

1.2.3 现场面试

在通过电话面试和共享桌面远程面试之后，应聘者不久就会收到 E-mail，邀请他去公司参加现场面试（Onsite Interview）。

在去公司参加现场面试之前，应聘者应做好以下几点准备：

- **规划好路线并估算出行时间**。应聘者要事先估算在路上需要花费多长时间，并预留半小时左右的缓冲时间以应对堵车等意外情况。如果面试迟到，那至少印象分会大打折扣。
- **准备好得体的衣服**。IT 公司通常衣着比较随意，应聘者通常没有必要穿着正装，一般舒服干净的衣服都可以。
- **注意面试邀请函里的面试流程**。如果面试有好几轮，时间也很长，那么你在面试过程中可能会觉得疲劳且思维变得迟钝。比如微软对技术职位通常有 5 轮面试，连续几小时处在高压的面试之中，人难免会变得精疲力竭。因此，应聘者可以带一些提神的饮料或者食品，在两轮面试之间提神醒脑。

- **准备几个问题**。每一轮面试的最后，面试官都会让应聘者问几个问题，应聘者可以提前准备好问题。

现场面试是整个面试流程中的重头戏。由于是坐在面试官的对面，应聘者的一举一动都看在面试官的眼里。面试官通过应聘者的语言和行动考查他的沟通能力、学习能力、编程能力等综合实力。本书接下来的章节将详细讨论各种能力。

1.3 面试的 3 个环节

通常面试官会把每一轮面试分为 3 个环节（如图 1.2 所示）：首先是行为面试，面试官参照简历了解应聘者的过往经验；其次是技术面试，这一环节很有可能会要求应聘者现场写代码；最后一个环节是应聘者问几个自己最感兴趣的问题。下面将详细讨论面试的这 3 个环节。

图 1.2　面试的 3 个环节

1.3.1　行为面试环节

面试开始的 5～10 分钟通常是行为面试的时间。在行为面试这个环节里，面试官会注意应聘者的性格特点，深入地了解简历中列举的项目经历。由于这一环节一般不会问技术难题，因此也是一个暖场的过程，应聘者可以利用这几分钟调整自己的情绪，进入面试的状态。

不少面试官会让应聘者做一个简短的自我介绍。由于面试官手中拿着应聘者的简历，而那里有应聘者的详细信息，因此此时的自我介绍不用花很多时间，用 30 秒到 1 分钟的时间介绍自己的主要学习、工作经历即可。

如果面试官对你的某一段经历或者参与的某一个项目很感兴趣,那么他会有针对性地提几个问题详细了解。

1. 应聘者的项目经验

应聘者自我介绍之后,面试官接着会对照应聘者的简历去详细了解他感兴趣的项目。应聘者在准备简历的时候,建议用如图 1.3 所示的 STAR 模型描述自己经历过的每一个项目。

图 1.3　简历中描述项目的 STAR 模型

- **Situation**:简短的项目背景。比如项目的规模,开发的软件的功能、目标用户等。
- **Task**:自己完成的任务。这个要写详细,要让面试官对自己的工作一目了然。在用词上要注意区分"参与"和"负责":如果只是加入某一个开发团队写了几行代码就用"负责",那就很危险。面试官看到简历上应聘者"负责"了某个项目,他可能就会问项目的总体框架设计、核心算法、团队合作等问题。这些问题对于只是简单"参与"的人来说,是很难回答的,会让面试官认为你不诚实,印象分会减去很多。
- **Action**:为完成任务自己做了哪些工作,是怎么做的。这里可以详细介绍。做系统设计的,可以介绍系统架构的特点;做软件开发的,可以写基于什么工具在哪个平台下应用了哪些技术;做软件测试的,可以写是手工测试还是自动化测试、是白盒测试还是黑盒测试等。
- **Result**:自己的贡献。这方面的信息可以写得具体些,最好能用数字加以说明。如果是参与功能开发,则可以说按时完成了多少功能;

如果做优化，则可以说性能提高的百分比是多少；如果是维护，则可以说修改了多少个 Bug。

举个例子，笔者用下面一段话介绍自己在微软 Winforms 项目组的经历：

Winforms 是微软.NET 中的一个成熟的 UI 平台（**Situation**）。本人的工作是在添加少量新功能之外主要负责维护已有的功能（**Task**）。新的功能主要是让 Winforms 的控件风格和 Vista、Windows 7 的风格保持一致。在维护方面，对于较难的问题，我用 WinDbg 等工具进行调试（**Action**）。在过去两年中，我共修改了超过 200 个 Bug（**Result**）。

如果在应聘者的简历中上述 4 类信息还不够清晰，则面试官可能会追问相关的问题。除此之外，面试官针对项目经验最常问的问题包括如下几个类型：

- 你在该项目中碰到的最大问题是什么，你是怎么解决的？
- 从这个项目中你学到了什么？
- 什么时候会和其他团队成员（包括开发人员、测试人员、设计人员、项目经理等）有什么样的冲突，你们是怎么解决冲突的？

应聘者在准备简历的时候，针对每一个项目经历都应提前做好相应的准备。只有准备充分，应聘者在行为面试环节才可以表现得游刃有余。

面试小提示：

在介绍项目经验（包括在简历上介绍和面试时口头介绍）时，应聘者不必详述项目的背景，而要突出介绍自己完成的工作及取得的成绩。

2. 应聘者掌握的技能

除应聘者参与过的项目之外，面试官对应聘者掌握的技能也很感兴趣，他有可能针对简历上提到的技能提出问题。和描述项目时要注意"参与"和"负责"一样，描述技能掌握程度时也要注意"了解"、"熟悉"和"精通"的区别。

"了解"指对某项技术只是上过课或者看过书，但没有做过实际的项目。通常不建议在简历中列出只是肤浅地了解一点的技能，除非这项技术应聘的职位的确需要。比如某学生读本科的时候学过《计算机图形学》这门课程，但一直没有开发过与图形绘制相关的项目，那就只能算是了解。如果他去应聘 Autodesk 公司，那么他可以在简历上提一下他了解图形学。Autodesk 是一家开发三维设计软件的公司，有很多职位或多或少会与图形学有关系，那么了解图形学的总比完全不了解的要适合一些。但如果他是去应聘 Oracle，那就没有必要提这一点了，因为开发数据库系统的 Oracle 公司大部分职位与图形学没有什么关系。

简历中我们描述技能的掌握程度大部分应该是"熟悉"。如果我们在实际项目中使用某项技术已经有较长的时间，通过查阅相关的文档可以独立解决大部分问题，那么我们就熟悉它了。对应届毕业生而言，他毕业设计所用到的技能可以用"熟悉"；对已经工作过的，在项目开发过程中所用到的技能，也可以用"熟悉"。

如果我们对一项技术使用得得心应手，在项目开发过程中，当同学或同事向我们请教这个领域的问题时，我们都有信心也有能力解决，这个时候我们就可以说自己精通了这项技术。应聘者不要试图在简历中把自己修饰成"高人"而轻易使用"精通"，除非自己能够很轻松地回答这个领域里的绝大多数问题，否则就会适得其反。通常如果应聘者在简历中说自己精通某项技术，面试官就会对他有很高的期望值，因此会挑一些比较难的问题来问。这也是越装高手就越容易露馅的原因。曾经碰到一个在简历中说自己精通 C++的应聘者，连成员变量的初始化顺序这样的问题都被问得一头雾水，那最终的结果也就可想而知了。

3. 回答"为什么跳槽"

在面试已经有工作经验的应聘者的时候，面试官总喜欢问为什么打算跳槽。每个人都有自己的跳槽动机和原因，因此面试官也不会期待一个标准答案。面试官只是想通过这个问题来了解应聘者的性格，因此应聘者可以大胆地根据自己的真实想法来回答这个问题。但是，应聘者也不要想说什么就说什么，以免给面试官留下负面的印象。

在回答这个问题时不要抱怨，也不要流露出负面的情绪。负面的情绪通常是能够传染的，当应聘者总是在抱怨的时候，面试官就会担心如果把他招进来，那么他将成为团队负面情绪的传染源，从而影响整个团队的士气。应聘者应尽量避免以下 4 个原因：

- **老板太苛刻**。如果面试官就是当前招聘的职位的老板，那么当他听到应聘者抱怨现在的老板苛刻时，他肯定会想要是把这个人招进来，接下来他就会抱怨我也苛刻了。

- **同事太难相处**。如果应聘者说他周围有很多很难相处的同事，则面试官很有可能会觉得这个人本身就很难相处。
- **加班太频繁**。对于大部分 IT 企业来说，加班是家常便饭。如果正在面试的公司也需要经常加班，那等于应聘者说他不想进这家公司。
- **工资太低**。现在的工资太低的确是大部分人跳槽的真实原因，但不建议在面试的时候对面试官抱怨。面试的目的是拿到 Offer，我们要尽量给面试官留下好印象。现在假设你是面试官，有两个人来面试：一个人一开口就说现在工资太低了，希望新工作能加多少多少工资；另一个说我只管努力干活，工资公司看着给，相信公司不会亏待勤奋的员工。你更喜欢哪个？这里不是说工资不重要，但我们要清楚面试不是谈工资的时候。等完成技术面试之后谈 Offer 的时候，再和 HR 谈工资也不迟。通过面试之后我们就掌握主动权了，想怎么谈就怎么谈，如果工资真的开高了，那么 HR 会和你很客气地商量。

笔者在面试的时候通常给出的答案是：现在的工作做了一段时间，已经没有太多的激情了，因此希望寻找一份更有挑战的工作。然后具体论述为什么有些厌倦现在的职位，以及面试的职位我为什么会有兴趣。笔者自己跳过几次槽，第一次从 Autodesk 跳槽到微软，第二次从微软跳槽到思科，后来又从思科回到了微软。从面试的结果来看，这样的回答都让面试官很满意，最终也都拿到了 Offer。

当时在微软面试被问到为什么要跳槽时，笔者的回答是：我在 Autodesk 开发的软件 Civil 3D 是一款面向土木行业的设计软件。如果我想在现在的职位上得到提升，就必须加强土木行业的学习，可我对诸如计算土方量、道路设计等没有太多兴趣，因此出来寻找机会。

在微软工作两年半之后去思科面试的时候，笔者的回答是：我在微软的主要工作是开发和维护.NET 的 UI 平台 Winforms。由于 Winforms 已经非常成熟，不需要添加多少新功能，因此我的大部分工作是维护和修改 Bug。两年下来，调试的能力得到了很大的提高，但长期如此，自己的软件开发和设计能力将不能得到提高，因此想出来寻找可以设计和开发系统的职位。

同时，我在过去几年里的工作都是开发桌面软件，对网络了解甚少，因此希望下一个工作能与网络相关。众所周知，思科是一家网络公司，这里的软件和系统或多或少都离不开网络，因此我对思科的职位很感兴趣。

1.3.2 技术面试环节

面试官在通过简历及行为面试大致了解应聘者的背景之后，接下来就要开始技术面试了。一轮一小时的面试，通常技术面试会占据 40～50 分钟。这是面试的重头戏，对面试的结果起决定性作用。虽然不同公司不同面试官的背景、性格各不相同，但总体来说他们都会关注应聘者的 5 种素质：扎实的基础知识、能写高质量的代码、分析问题时思路清晰、能优化时间效率和空间效率，以及学习沟通等各方面的能力（如图 1.4 所示）。

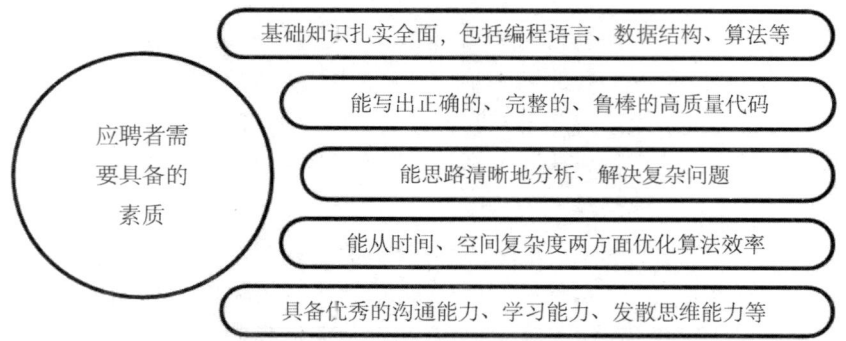

图 1.4 应聘者需要具备的素质

应聘者在面试之前需要做足准备，对编程语言、数据结构和算法等基础知识有全面的了解。面试的时候如果遇到简单的问题，则应聘者一定要注重细节，写出完整、鲁棒的代码。如果遇到复杂的问题，则应聘者可以通过画图、举具体例子分析和分解复杂问题等方法先厘清思路再动手编程。除此之外，应聘者还应该不断优化时间效率和空间效率，力求找到最优的解法。在面试过程中，应聘者还应该主动提问，以弄清楚题目的要求，表现自己的沟通能力。当面试官前后问的两个问题有相关性的时候，尽量把解决前面问题的思路迁移到后面的问题中去，展示自己良好的学习能力。如果能做到这几点，那么通过面试获得心仪的职位将是水到渠成的事情。

1. **扎实的基础知识**

扎实的基本功是成为优秀程序员的前提条件，因此面试官首要关注的应聘者素质就是是否具备扎实的基础知识。通常基本功在编程面试环节体现在 3 个方面：编程语言、数据结构和算法。

首先，每个程序员至少要掌握一两门编程语言。面试官从应聘者在面试过程中写的代码及跟进的提问中能看出其编程语言掌握的熟练程度。以很多公司面试要求的 C++举例。如果写的函数需要传入一个指针，则面试官可能会问是否需要为该指针加上 const、把 const 加在指针不同的位置是否有区别；如果写的函数需要传入的参数是一个复杂类型的实例，则面试官可能会问传入值参数和传入引用参数有什么区别、什么时候需要为传入的引用参数加上 const。

其次，数据结构通常是编程面试过程中考查的重点。在参加面试之前，应聘者需要熟练掌握链表、树、栈、队列和哈希表等数据结构，以及它们的操作。如果我们留意各大公司的面试题，就会发现与链表和二叉树相关的问题是很多面试官喜欢问的问题。这方面的问题看似比较简单，但要真正掌握也不容易，特别适合在这么短的面试时间内检验应聘者的基本功。如果应聘者事先对链表的插入和删除节点了如指掌，对二叉树的各种遍历方法的循环和递归写法都烂熟于胸，那么真正到了面试的时候也就游刃有余了。

最后，大部分公司都会注重考查查找、排序等算法。应聘者可以在了解各种查找和排序算法的基础上，重点掌握二分查找、归并排序和快速排序，因为很多面试题都只是这些算法的变体而已。比如面试题 11"旋转数组的最小数字"和面试题 53"在排序数组中查找数字"的本质是考查二分查找，而面试题 51"数组中的逆序对"实际上是考查归并排序。少数对算法很重视的公司如谷歌或者百度，还会要求应聘者熟练掌握动态规划和贪婪算法。如果应聘者对动态规划算法很熟悉，那么他就能很轻松地解决面试题 14"剪绳子"。

在本书的第 2 章"面试需要的基础知识"中，我们将详细介绍应聘者需要熟练掌握的基础知识。

2. **高质量的代码**

只有注重质量的程序员，才能写出鲁棒、稳定的大型软件。在面试过程中，面试官总会格外关注边界条件、特殊输入等看似细枝末节但实则至关重要的地方，以考查应聘者是否注重代码质量。很多时候，面试官发现应聘者写出来的代码只能完成最基本的功能，一旦输入特殊的边界条件参数，就会错误百出甚至程序崩溃。

总有些应聘者很困惑：面试的时候觉得题目很简单，感觉自己都做出来了，可最后为什么被拒了呢？面试被拒有很多种可能，比如面试官认为你性格不适合、态度不够诚恳等。但在技术面试过程中，这些都不是最重要的。技术面试的面试官一般都是程序员，程序员通常没有那么多想法。他们只认一个理：题目做对、做完整了，就让你通过面试；否则失败。所以遇到简单题目却被拒的情况，应聘者应认真反思在思路或者代码中存在哪些漏洞。

以微软面试开发工程师时最常用的一个问题为例：把一个字符串转换成整数。这个题目很简单，很多人都能在 3 分钟之内写出如下不到 10 行的代码：

```
int StrToInt(char* string)
{
    int number = 0;
    while(*string != 0)
    {
        number = number * 10 + *string - '0';
        ++string;
    }

    return number;
}
```

看了上面的代码，你是不是觉得微软面试很容易？如果你真的这么想，那你可能又要被拒了。

通常越是简单的问题，面试官的期望值就会越高。如果题目很简单，面试官就会期待应聘者能够很完整地解决问题，除完成基本功能之外，还要考虑到边界条件、错误处理等各个方面。比如这道题，面试官不仅仅期待你能完成把字符串转换成整数这个最起码的要求，而且希望你能考虑到各种特殊的输入。面试官至少会期待应聘者能够在不需要提示的情况下，考虑到输入的字符串中有非数字字符和正负号，要考虑到最大的正整数和最小的负整数以及溢出。同时面试官还期待应聘者能够考虑到当输入的字符串不能转换成整数时，应该如何做错误处理。当把这个问题的方方面面都考虑到的时候，我们就不会再认为这道题简单了。

除问题考虑不全面之外，还有一个面试官不能容忍的错误就是程序不够鲁棒。以前面的那段代码为例，只要输入一个空指针，程序立即崩溃。这样的代码如果加入软件当中，那么将是灾难。因此，当面试官看到代码中对空指针没有判断并加以特殊处理的时候，通常他连往下看的兴趣都没有。

当然，不是所有与鲁棒性相关的问题都和前面的代码那样明显。再举一个很多人被面试过的问题：求链表中的倒数第 k 个节点。有不少人在面试之前在网上看过这个题目，因此知道思路是用两个指针，第一个指针先走 $k-1$ 步，然后两个指针一起走。当第一个指针走到尾节点的时候，第二个指针指向的就是倒数第 k 个节点。于是他大笔一挥，写下了下面的代码：

```cpp
ListNode* FindKthToTail(ListNode* pListHead, unsigned int k)
{
    if(pListHead == nullptr)
        return nullptr;

    ListNode *pAhead = pListHead;
    ListNode *pBehind = nullptr;

    for(unsigned int i = 0; i < k - 1; ++ i)
    {
        pAhead = pAhead->m_pNext;
    }

    pBehind = pListHead;
    while(pAhead->m_pNext != nullptr)
    {
        pAhead = pAhead->m_pNext;
        pBehind = pBehind->m_pNext;
    }

    return pBehind;
}
```

写完之后，应聘者看到自己已经判断了输入的指针是不是空指针并进行了特殊处理，于是以为这次面试必定能顺利通过。可是他没有想到的是这段代码中仍然有很严重的问题：当链表中的节点总数小于 k 的时候，程序还是会崩溃；另外，当输入的 k 为 0 时，同样也会引起程序崩溃。因此，几天之后他收到的仍然不是 Offer 而是拒信。

要想很好地解决前面的问题，最好的办法是在动手写代码之前想好测试用例。只有把各种可能的输入事先都想好了，才能在写代码的时候把各种情况都进行相应的处理。写完代码之后，也不要立刻给面试官检查，而是先在心里默默地运行。当输入之前想好的所有测试用例都能得到合理的输出时，再把代码交给面试官。做到了这一步，通过面试拿到 Offer 就是顺理成章的事情了。

在本书的第 3 章"高质量的代码"中，我们将详细讨论提高代码质量的方法。

 面试小提示：

面试官除了希望应聘者的代码能够完成基本的功能，还会关注应聘者是否考虑了边界条件、特殊输入（如 nullptr 指针、空字符串等）及错误处理。

3. 清晰的思路

只有思路清晰，应聘者才有可能在面试过程中解决复杂的问题。有时候面试官会有意出一些比较复杂的问题，以考查应聘者能否在短时间内形成清晰的思路并解决问题。对于确实很复杂的问题，面试官甚至不期待应聘者能在面试不到一小时的时间里给出完整的答案，他更看重的可能还是应聘者是否有清晰的思路。面试官通常不喜欢应聘者在没有形成清晰思路之前就草率地开始写代码，这样写出来的代码容易逻辑混乱、错误百出。

应聘者可以用几个简单的方法帮助自己形成清晰的思路。首先，举几个简单的具体例子让自己理解问题。当我们一眼看不出问题中隐藏的规律的时候，可以试着用一两个具体的例子模拟操作的过程，这样说不定就能通过具体的例子找到抽象的规律。其次，可以试着用图形表示抽象的数据结构。像分析与链表、二叉树相关的题目，我们都可以画出它们的结构来简化题目。最后，可以试着把复杂的问题分解成若干简单的子问题，再一一解决。很多基于递归的思路，包括分治法和动态规划，都是把复杂的问题分解成一个或者多个简单的子问题。

比如把二叉搜索树转换成排序的双向链表这个问题就很复杂。遇到这个问题，我们不妨先画出一两棵具体的二叉搜索树，直观地感受二叉搜索树和排序的双向链表有哪些联系。如果一下子找不出转换的规律，则可以把整棵二叉树看成 3 个部分：根节点、左子树和右子树。当我们递归地把转换左右子树这两个子问题解决之后，再把转换左右子树得到的链表和根节点链接起来，整个问题也就解决了（详见面试题 36 "二叉搜索树与双向链表"）。

在本书的第 4 章"解决面试题的思路"中，我们将详细讨论遇到复杂问题时如何采用画图、举例和分解问题等方法帮助我们解决问题。

 面试小提示：

如果在面试的时候遇到难题，我们有 3 种办法分析、解决复杂的问题：画图能使抽象问题形象化，举例使抽象问题具体化，分解使复杂问题简单化。

4. 优化效率的能力

优秀的程序员对时间和内存的消耗锱铢必较，他们很有激情地不断优化自己的代码。当面试官出的题目有多种解法的时候，通常他会期待应聘者最终能够找到最优解。当面试官提示还有更好的解法的时候，应聘者不能放弃思考，而应该努力寻找在时间消耗或者空间消耗上可以优化的地方。

要想优化时间或者空间效率，首先要知道如何分析效率。即使同一种算法，用不同方法实现的效率可能也会大不相同，我们要能够分析出算法及其代码实现的效率。例如，求斐波那契数列，很多人喜欢用递归公式 $f(n)=f(n-1)+f(n-2)$ 求解。如果分析它的递归调用树，我们就会发现有大量的计算是重复的，时间复杂度以 n 的指数增加。但如果我们先求 $f(1)$ 和 $f(2)$，再根据 $f(1)$ 和 $f(2)$ 求出 $f(3)$，接下来根据 $f(2)$ 和 $f(3)$ 求出 $f(4)$，并以此类推用一个循环求出 $f(n)$，这种计算方法的时间效率就只有 $O(n)$，比前面递归的方法要好得多。

要想优化代码的效率，我们还要熟知各种数据结构的优缺点，并能选择合适的数据结构解决问题。我们在数组中根据下标可以用 $O(1)$ 时间完成查找。数组的这个特征可以实现用简单的哈希表解决很多问题，如面试题 50 "第一个只出现一次的字符"。为了解决面试题 40 "最小的 k 个数"，我们需要一个数据容器来存储 k 个数字。在这个数据容器中，我们希望能够快速地找到最大值，并且能快速地替换其中的数字。经过权衡，我们发现二叉树如最大堆或者红黑树都是实现这个数据容器的不错选择。

要想优化代码的效率，我们也要熟练掌握常用的算法。面试中最常用的算法是查找和排序。如果从头到尾顺序扫描一个数组，那么我们需要 $O(n)$

时间才能完成查找操作。但如果数组是排序的，应用二分查找算法就能把时间复杂度降低到 $O(\log n)$（详见面试题 11 "旋转数组的最小数字"和面试题 53 "在排序数组中查找数字"）。排序算法除了能够给数组排序，还能用来解决其他问题。比如快速排序算法中的 Partition 函数能够用来在 n 个数里查找第 k 大的数字，从而解决面试题 39 "数组中出现次数超过一半的数字"和面试题 40 "最小的 k 个数"。归并排序算法能够实现在 $O(n\log n)$ 时间统计 n 个数字中的逆序对数目（详见面试题 51 "数组中的逆序对"）。

在本书的第 5 章 "优化时间和空间效率"中，我们将详细讨论如何从时间效率和空间效率两方面进行优化。

5．优秀的综合能力

在面试过程中，应聘者除了展示自己的编程能力和技术功底，还需要展示自己的软技能（Soft Skills），诸如自己的沟通能力和学习能力。随着软件系统的规模越来越大，软件开发已经告别了单打独斗的年代，程序员与他人的沟通变得越来越重要。在面试过程中，面试官会观察应聘者在介绍项目经验或者算法思路时是否观点明确、逻辑清晰，并以此判断其沟通能力的强弱。另外，面试官也会从应聘者说话的神态和语气来判断他是否有团队合作的意识。通常面试官不会喜欢高傲或者轻视合作者的人。

IT 行业知识更新很快，因此程序员只有具备很好的学习能力才能跟上知识更替的步伐。通常面试官有两种办法考查应聘者的学习能力。第一种方法是询问应聘者最近在看什么书、从中学到了哪些新技术。面试官可以用这个问题了解应聘者的学习愿望和学习能力。第二种方法是抛出一个新概念，接下来他会观察应聘者能不能在较短的时间内理解这个新概念并解决相关的问题。比如面试官要求应聘者计算第 1500 个丑数。很多人都没有听说过丑数这个概念。这时候面试官就会观察应聘者面对丑数这个新概念时，能不能经过提问、思考、再提问的过程，最终找出丑数的规律，从而找到解决方案（详见面试题 49 "丑数"）。

知识迁移能力是一种特殊的学习能力。如果我们能够把已经掌握的知识迁移到其他领域，那么学习新技术或者解决新问题就会变得容易。面试官经常会先问一个简单的问题，再问一个很复杂但和前面的简单问题相关的问题。这时候面试官期待应聘者能够从简单问题中得到启示，从而找到解决复杂问题的窍门。比如面试官先要求应聘者写一个函数求斐波那契数列，再问一个青蛙跳台阶的问题：一只青蛙一次可以跳上 1 级台阶，也可以跳上 2 级台阶。请问这只青蛙跳上 n 级台阶总共有多少种跳法。应聘者如果具有较强的知识迁移能力，就能分析出青蛙跳台阶问题实质上只是斐波那契数列的一个应用（详见面试题 10 "斐波那契数列"）。

还有不少面试官喜欢考查应聘者的抽象建模能力和发散思维能力。面试官从日常生活中提炼出问题，比如面试题 61 "扑克牌的顺子"，考查应聘者能不能把问题抽象出来用合理的数据结构表示，并找到其中的规律解决这个问题。面试官也可以限制应聘者不得使用常规方法，这要求应聘者具备创新精神，能够打开思路从多角度去分析、解决问题。比如在面试题 65 "不用加减乘除做加法"中，面试官期待应聘者能够打开思路，用位运算实现整数的加法。

我们将在本书的第 6 章 "面试中的各项能力"中用具体的面试题详细讨论上述能力在面试中的重要作用。

1.3.3　应聘者提问环节

在结束面试前的 5~10 分钟，面试官会给应聘者机会问几个问题，应聘者的问题质量对面试的结果也有一定的影响。有些人的沟通能力很强，马上就能想到有意思的问题。但对于大多数人而言，在经受了面试官将近一小时的拷问之后可能已经精疲力竭，再迅速想出几个问题难度很大。因此建议应聘者不妨在面试之前做些功课，为每一轮面试准备 2~3 个问题，这样到提问环节的时候就游刃有余了。

面试官让应聘者问几个问题，主要是想了解他最关心的问题有哪些，因此应聘者至少要问一两个问题，否则面试官就会觉得你对我们公司、职位等都不感兴趣，那你来面试做什么？但也不是什么问题都可以在这个时候问。如果问题问得比较合适，则对应聘者来说是个加分的好机会；但如果问的问题不太合适，则面试官对他的印象就会大打折扣。

有些问题是不适合在技术面试这个环节里问的。首先，不要问和自己的职位没有关系的问题，比如问 "公司未来五年的发展战略是什么"。如果应聘的职位是 CTO，而面试官是 CEO，那么这倒是个合适的问题。如果应聘的只是在一线开发的职位，那这个问题离我们就太远了，与我们的切身利益没有多少关系。另外，坐在对面的面试官很有可能也只是一个在一线开发的程序员，他该怎么回答这个关系公司发展战略的问题呢？

其次，不要问薪水。技术面试不是谈薪水的时候，要谈工资要等通过面试之后和 HR 谈。而且这会让面试官觉得你最关心的问题就是薪水，给面试官留下的印象也不好。

再次，不要立即打听面试结果，比如问"您觉得我能拿到 Offer 吗"之类的问题。现在大部分公司的面试都有好几轮，最终决定应聘者能不能通过面试，是要把所有面试官的评价综合起来的。问这个问题相当于白问，因为问了面试官也不可能告诉应聘者结果，还会让面试官觉得你没有自我评估的能力。

最后，推荐问的问题是与应聘的职位或者项目相关的问题。如果这种类型的问题问得很到位，那么面试官就会觉得你对应聘的职位很有兴趣。不过要问好这种类型的问题也不容易，因为首先要对应聘的职位或者项目的背景有一定的了解。我们可以从两方面去了解相关的信息：一是面试前做足功课，到网上去搜集一些相关的信息，做到对公司成立时间、主要业务、职位要求等都了然于胸；二是面试过程中留心面试官说过的话。有不少面试官在面试之前会简单介绍与招聘职位相关的项目，其中会包含从其他渠道无法得到的信息，比如项目进展情况等。应聘者可以从中找出一两个点，然后向面试官提问。

下面的例子是笔者去思科面试时问的几个问题。一个面试官介绍项目时说这次招聘是项目组第一次在中国招人，目前这个项目所有人员都在美国总部。这轮面试笔者最后问的问题是：这个项目所有的老员工都在美国，那怎么对中国这一批新员工进行培训？中国的新员工有没有机会去美国总部学习？最后一轮面试是老板面试，她介绍说正在招聘的项目组负责开发一个测试系统，思科用它来测试供应商生产的网络设备。这轮面试笔者问的几个问题是：这个组是做系统测试的，那这个组的人员是不是也要参与网络设备的测试？是不是需要学习与硬件测试相关的知识？因为我们测试的对象是网络设备，那么这个职位对网络硬件的掌握程度有没有要求？

1.4 本章小结

本章重点介绍了面试的流程。通常面试是从电话面试开始的。接下来可能有一两轮共享桌面远程面试，面试官通过桌面共享软件远程考查应聘者的编程和调试能力。如果应聘者的表现足够优秀，那么公司将邀请他到公司去接受现场面试。

一般每一轮面试都有 3 个环节。首先是行为面试环节，面试官在这一环节中对照简历询问应聘者的项目经验和掌握的技能。接下来就是技术面试环节，这是面试的重头戏。在这一环节里，面试官除了关注应聘者的编程能力和技术功底，还会注意考查他的沟通能力和学习能力。在面试的最后，通常面试官会留几分钟时间让应聘者问几个他感兴趣的问题。

1.3.2 节是全书的大纲，介绍了面试官关注应聘者 5 个方面的素质：基础知识是否扎实、能否写出高质量的代码、思路是否清晰、是否有优化效率的能力，以及包括学习能力、沟通能力在内的综合素质是否优秀。在接下来的第 2～6 章中，我们将一一深入探讨这 5 个方面的素质。

第 2 章 面试需要的基础知识

2.1 面试官谈基础知识

"C++的基础知识，如面向对象的特性、构造函数、析构函数、动态绑定等，能够反映出应聘者是否善于把握问题本质，有没有耐心深入一个问题。另外还有常用的设计模式、UML 图等，这些都能体现应聘者是否有软件工程方面的经验。"

——王海波（Autodesk，软件工程师）

"对基础知识的考查我特别重视 C++中对内存的使用管理。我觉得内存管理是 C++程序员特别要注意的，因为内存的使用和管理会影响程序的效率和稳定性。"

——蓝诚（Autodesk，软件工程师）

"基础知识反映了一个人的基本能力和基础素质，是以后工作中最核心的能力要求。我一般考查：（1）数据结构和算法；（2）编程能力；（3）部分数学知识，如概率；（4）问题的分析和推理能力。"

——张晓禹（百度，技术经理）

"我比较重视四块基础知识：（1）编程基本功（特别喜欢字符串处理这一类的问题）；（2）并发控制；（3）算法、复杂度；（4）语言的基本概念。"

——张珺（百度，高级软件工程师）

"我会考查编程基础、计算机系统基础知识、算法及设计能力。这些是成为一个软件工程师的最基本的要求，这些方面表现出色的人，我们一般认为是有发展潜力的。"

——韩伟东（盛大，高级研究员）

"（1）对 OS 的理解程度。这些知识对于工作中常遇到的内存管理、文件操作、程序性能、多线程、程序安全等有重要帮助。对于 OS 理解比较深入的人对于偏底层的工作上手一般比较快。（2）对于一门编程语言的掌握程度。一个热爱编程的人应该会对某种语言有比较深入的了解。通常这样人对于新的编程语言上手也比较快，而且理解比较深入。（3）常用的算法和数据结构。不了解这些的程序员基本只能写写'Hello World'。"

——陈黎明（微软，SDE II）

2.2 编程语言

程序员写代码总是基于某一种编程语言，因此技术面试的时候都会直接或者间接涉及至少一种编程语言。在面试过程中，面试官要么直接问语言的语法，要么让应聘者用一种编程语言写代码解决一个问题，通过写出的代码来判断应聘者对他使用的语言的掌握程度。现在流行的编程语言很多，不同公司开发用的语言也不尽相同。做底层开发比如经常写驱动的人更习惯用 C，Linux 下有很多程序员用 C++开发应用程序，基于 Windows 的 C#项目已经越来越多，跨平台开发的程序员则可能更喜欢 Java，随着苹果 iPad、iPhone 的热销已经有很多程序员投向了 Objective C 的阵营，同时还有很多人喜欢用脚本语言如 Perl、Python 开发短小精致的小应用软件。

因此，不同公司面试的时候对编程语言的要求也有所不同。每一种编程语言都可以写出一本大部头的书籍，本书限于篇幅不可能面面俱到。本书中所有代码都用 C/C++/C#实现，下面简要介绍一些 C++/C#常见的面试题。

2.2.1　C++

国内绝大部分高校都开设 C++的课程，因此绝大部分程序员都学过 C++，于是 C++成了各公司面试的首选编程语言。包括 Autodesk 在内的很多公司在面试的时候会有大量的 C++的语法题，其他公司虽然不直接面试 C++的语法，但面试题要求用 C++实现算法。因此，总的来说，应聘者不管去什么公司求职，都应该在一定程度上掌握 C++。

通常语言面试有 3 种类型。第一种题型是面试官直接询问应聘者对 C++概念的理解。这种类型的问题，面试官特别喜欢了解应聘者对 C++关键字的理解程度。例如，在 C++中，有哪 4 个与类型转换相关的关键字？这些关键字各有什么特点，应该在什么场合下使用？

在这种类型的题目中，sizeof 是经常被问到的一个概念。比如下面的面试片段，就反复出现在各公司的技术面试中。

面试官：定义一个空的类型，里面没有任何成员变量和成员函数。对该类型求 sizeof，得到的结果是多少？

应聘者：答案是 1。

面试官：为什么不是 0？

应聘者：空类型的实例中不包含任何信息，本来求 sizeof 应该是 0，但是当我们声明该类型的实例的时候，它必须在内存中占有一定的空间，否则无法使用这些实例。至于占用多少内存，由编译器决定。在 Visual Studio 中，每个空类型的实例占用 1 字节的空间。

面试官：如果在该类型中添加一个构造函数和析构函数，再对该类型求 sizeof，得到的结果又是多少？

应聘者：和前面一样，还是 1。调用构造函数和析构函数只需要知道函数的地址即可，而这些函数的地址只与类型相关，而与类型的实例无关，编译器也不会因为这两个函数而在实例内添加任何额外的信息。

面试官：那如果把析构函数标记为虚函数呢？

应聘者：C++的编译器一旦发现一个类型中有虚函数，就会为该类型生成虚函数表，并在该类型的每一个实例中添加一个指向虚函数表的指针。在 32 位的机器上，一个指针占 4 字节的空间，因此求 sizeof 得到 4；如果是 64 位的机器，则一个指针占 8 字节的空间，因此求 sizeof 得到 8。

第二种题型就是面试官拿出事先准备好的代码，让应聘者分析代码的运行结果。这种题型选择的代码通常包含比较复杂微妙的语言特性，这要求应聘者对 C++考点有着透彻的理解。即使应聘者对考点有一点点模糊，那么最终他得到的结果和实际运行的结果可能就会差距甚远。

比如，面试官递给应聘者一张有如下代码的 A4 打印纸要求他分析编译运行的结果，并提供 3 个选项：A．编译错误；B．编译成功，运行时程序崩溃；C．编译运行正常，输出 10。

```cpp
class A
{
private:
    int value;

public:
    A(int n) { value = n; }
    A(A other) { value = other.value; }

    void Print() { std::cout << value << std::endl; }
};

int _tmain(int argc, _TCHAR* argv[])
{
    A a = 10;
    A b = a;
    b.Print();

    return 0;
}
```

在上述代码中，复制构造函数 A(A other)传入的参数是 A 的一个实例。由于是传值参数，我们把形参复制到实参会调用复制构造函数。因此，如果允许复制构造函数传值，就会在复制构造函数内调用复制构造函数，就会形成永无休止的递归调用从而导致栈溢出。因此，C++的标准不允许复制构造函数传值参数，在 Visual Studio 和 GCC 中，都将编译出错。要解决这个问题，我们可以把构造函数修改为 A(const A& other)，也就是把传值参数改成常量引用。

第三种题型就是要求应聘者写代码定义一个类型或者实现类型中的成员函数。让应聘者写代码的难度自然比让应聘者分析代码要高不少，因为能想明白的未必就能写得清楚。很多考查 C++ 语法的代码题重点考查构造函数、析构函数及运算符重载，比如面试题 1 "赋值运算符函数"就是一个例子。

为了让大家能顺利地通过 C++ 面试，更重要的是能更好地学习掌握 C++ 这门编程语言，这里推荐几本 C++ 的书，大家可以根据自己的具体情况选择阅读的顺序。

- 《**Effective C++**》：这本书很适合在面试之前突击 C++。这本书列举了使用 C++ 经常出现的问题及解决这些问题的技巧。该书中提到的问题也是面试官很喜欢问的问题。
- 《**C++ Primer**》：读完这本书，就会对 C++ 的语法有全面的了解。
- 《**深度探索 C++ 对象模型**》：这本书有助于我们深入了解 C++ 对象的内部。读懂这本书后，很多 C++ 难题，比如前面的 sizeof 的问题、虚函数的调用机制等，都会变得很容易。
- 《**The C++ Programming Language**》：如果想全面深入掌握 C++，那么没有哪本书比这本书更适合的了。

面试题 1：赋值运算符函数

> 题目：如下为类型 CMyString 的声明，请为该类型添加赋值运算符函数。

```
class CMyString
{
public:
    CMyString(char* pData = nullptr);
    CMyString(const CMyString& str);
    ~CMyString(void);

private:
    char* m_pData;
};
```

当面试官要求应聘者定义一个赋值运算符函数时，他会在检查应聘者写出的代码时关注如下几点：

- 是否把返回值的类型声明为该类型的引用，并在函数结束前返回实例自身的引用（*this）。只有返回一个引用，才可以允许连续赋值。否则，如果函数的返回值是 void，则应用该赋值运算符将不能进行连续赋值。假设有 3 个 CMyString 的对象：str1、str2 和 str3，在程序中语句 str1=str2=str3 将不能通过编译。
- 是否把传入的参数的类型声明为常量引用。如果传入的参数不是引用而是实例，那么从形参到实参会调用一次复制构造函数。把参数声明为引用可以避免这样的无谓消耗，能提高代码的效率。同时，我们在赋值运算符函数内不会改变传入的实例的状态，因此应该为传入的引用参数加上 const 关键字。
- 是否释放实例自身已有的内存。如果我们忘记在分配新内存之前释放自身已有的空间，则程序将出现内存泄漏。
- 判断传入的参数和当前的实例（*this）是不是同一个实例。如果是同一个，则不进行赋值操作，直接返回。如果事先不判断就进行赋值，那么在释放实例自身内存的时候就会导致严重的问题：当*this和传入的参数是同一个实例时，一旦释放了自身的内存，传入的参数的内存也同时被释放了，因此再也找不到需要赋值的内容了。

❖ 经典的解法，适用于初级程序员

当我们完整地考虑了上述 4 个方面之后，可以写出如下的代码：

```cpp
CMyString& CMyString::operator =(const CMyString &str)
{
    if(this == &str)
        return *this;

    delete []m_pData;
    m_pData = nullptr;

    m_pData = new char[strlen(str.m_pData) + 1];
    strcpy(m_pData, str.m_pData);

    return *this;
}
```

这是一般 C++教材上提供的参考代码。如果接受面试的是应届毕业生或者 C++初级程序员，能全面地考虑到前面 4 点并完整地写出代码，那么面试官可能会让他通过这轮面试。但如果面试的是 C++高级程序员，则面试官可能会提出更高的要求。

❖ 考虑异常安全性的解法，高级程序员必备

在前面的函数中，我们在分配内存之前先用 delete 释放了实例 m_pData

的内存。如果此时内存不足导致 new char 抛出异常，则 m_pData 将是一个空指针，这样非常容易导致程序崩溃。也就是说，一旦在赋值运算符函数内部抛出一个异常，CMyString 的实例不再保持有效的状态，这就违背了异常安全性（Exception Safety）原则。

要想在赋值运算符函数中实现异常安全性，我们有两种方法。一种简单的办法是我们先用 new 分配新内容，再用 delete 释放已有的内容。这样只在分配内容成功之后再释放原来的内容，也就是当分配内存失败时我们能确保 CMyString 的实例不会被修改。我们还有一种更好的办法，即先创建一个临时实例，再交换临时实例和原来的实例。下面是这种思路的参考代码：

```
CMyString& CMyString::operator =(const CMyString &str)
{
    if(this != &str)
    {
        CMyString strTemp(str);

        char* pTemp = strTemp.m_pData;
        strTemp.m_pData = m_pData;
        m_pData = pTemp;
    }

    return *this;
}
```

在这个函数中，我们先创建一个临时实例 strTemp，接着把 strTemp.m_pData 和实例自身的 m_pData 进行交换。由于 strTemp 是一个局部变量，但程序运行到 if 的外面时也就出了该变量的作用域，就会自动调用 strTemp 的析构函数，把 strTemp.m_pData 所指向的内存释放掉。由于 strTemp.m_pData 指向的内存就是实例之前 m_pData 的内存，这就相当于自动调用析构函数释放实例的内存。

在新的代码中，我们在 CMyString 的构造函数里用 new 分配内存。如果由于内存不足抛出诸如 bad_alloc 等异常，但我们还没有修改原来实例的状态，因此实例的状态还是有效的，这也就保证了异常安全性。

如果应聘者在面试的时候能够考虑到这个层面，面试官就会觉得他对代码的异常安全性有很深的理解，那么他自然也就能通过这轮面试了。

 源代码：

本题完整的源代码：

https://github.com/zhedahht/CodingInterviewChinese2/tree/master/01_AssignmentOperator

测试用例：

- 把一个 CMyString 的实例赋值给另外一个实例。
- 把一个 CMyString 的实例赋值给它自己。
- 连续赋值。

本题考点：

- 考查应聘者对 C++ 基础语法的理解，如运算符函数、常量引用等。
- 考查应聘者对内存泄漏的理解。
- 对于高级 C++ 程序员，面试官还将考查应聘者对代码异常安全性的理解。

2.2.2 C#

C# 是微软在推出新的开发平台 .NET 时同步推出的编程语言。由于 Windows 至今仍然是用户最多的操作系统，而 .NET 又是微软近年来力推的开发平台，因此 C# 无论是在桌面软件还是在网络应用的开发上都有着广泛的应用，所以我们也不难理解为什么现在很多基于 Windows 系统开发的公司都会要求应聘者掌握 C#。

C# 可以看成一门以 C++ 为基础发展起来的托管语言，因此它的很多关键字甚至语法都和 C++ 类似。对于一个学习过 C++ 编程的程序员而言，他用不了多长时间的学习就能用 C# 来开发软件。然而我们也要清醒地认识到，虽然学习 C# 与 C++ 相同或者类似的部分很容易，但要掌握并区分两者不同的地方却不是一件很容易的事情。面试官总是喜欢深究我们模棱两可的地方以考查我们是不是真的理解了，因此我们要着重注意 C# 与 C++ 不同的语法特点。下面的面试片段就是一个例子。

面试官：在 C++ 中可以用 struct 和 class 来定义类型。这两种类型有什么区别？

应聘者：如果没有标明成员函数或者成员变量的访问权限级别，那么在 struct 中默认的是 public，而在 class 中默认的是 private。

面试官：那在 C# 中呢？

应聘者：C# 和 C++ 不一样。在 C# 中如果没有标明成员函数或者成员变量的访问权限级别，则在 struct 和 class 中都是 private 的。struct 和 class 的区别是 struct 定义的是值类型，值类型的实例在栈上分配内存；而 class 定义的是引用类型，引用类型的实例在堆上分配内存。

和 C++ 一样，在 C# 中，每个类型中都有构造函数。但和 C++ 不同的是，我们在 C# 中可以为类型定义一个 Finalizer 和 Dispose 方法以释放资源。Finalizer 方法虽然写法与 C++ 的析构函数看起来一样，都是~后面跟类型名字，但与 C++ 析构函数的调用时机是确定的不同，C# 的 Finalizer 是在运行时（CLR）进行垃圾回收时才会被调用的，它的调用时机是由运行时决定的，因此对程序员来说是不确定的。另外，在 C# 中可以为类型定义一个特殊的构造函数：静态构造函数。这个函数的特点是在类型第一次被使用之前由运行时自动调用，而且保证只调用一次。关于静态构造函数，我们有很多有意思的面试题，比如运行下面的 C# 代码，输出的结果是什么？

```csharp
class A
{
    public A(string text)
    {
        Console.WriteLine(text);
    }
}

class B
{
    static A a1 = new A("a1");
    A a2 = new A("a2");

    static B()
    {
        a1 = new A("a3");
    }

    public B()
    {
        a2 = new A("a4");
    }
}

class Program
{
    static void Main(string[] args)
```

```csharp
    {
        B b = new B();
    }
}
```

在调用类型 B 的代码之前先执行 B 的静态构造函数。静态构造函数先初始化类型的静态变量，再执行函数体内的语句。因此，先打印 a1 再打印 a3。接下来执行 B b = new B()，即调用 B 的普通构造函数。构造函数先初始化成员变量，再执行函数体内的语句，因此先后打印出 a2、a4。因此，运行上面的代码，得到的结果将是打印出 4 行，分别是 a1、a3、a2、a4。

我们除了要关注 C#和 C++不同的知识点，还要格外关注 C#一些特有的功能，比如反射、应用程序域（AppDomain）等。这些概念还相互关联，要花很多时间学习研究才能透彻地理解它们。下面就是一段关于反射和应用程序域的代码，运行它得到的结果是什么？

```csharp
[Serializable]
internal class A : MarshalByRefObject
{
    public static int Number;

    public void SetNumber(int value)
    {
        Number = value;
    }
}

[Serializable]
internal class B
{
    public static int Number;

    public void SetNumber(int value)
    {
        Number = value;
    }
}

class Program
{
    static void Main(string[] args)
    {
        String assembly = Assembly.GetEntryAssembly().FullName;
        AppDomain domain = AppDomain.CreateDomain("NewDomain");

        A.Number = 10;
        String nameOfA = typeof(A).FullName;
        A a = domain.CreateInstanceAndUnwrap(assembly, nameOfA) as A;
        a.SetNumber(20);
        Console.WriteLine("Number in class A is {0}", A.Number);
```

```
        B.Number = 10;
        String nameOfB = typeof(B).FullName;
        B b = domain.CreateInstanceAndUnwrap(assembly, nameOfB) as B;
        b.SetNumber(20);
        Console.WriteLine("Number in class B is {0}", B.Number);
    }
```

上述 C#代码先创建一个名为 NewDomain 的应用程序域，并在该域中利用反射机制创建类型 A 的一个实例和类型 B 的一个实例。我们注意到类型 A 继承自 MarshalByRefObject，而 B 不是。虽然这两个类型的结构一样，但由于基类不同而导致在跨越应用程序域的边界时表现出的行为将大不相同。

先考虑 A 的情况。由于 A 继承自 MarshalByRefObject，那么 a 实际上只是在默认的域中的一个代理实例（Proxy），它指向位于 NewDomain 域中的 A 的一个实例。当调用 a 的方法 SetNumber 时，是在 NewDomain 域中调用该方法的，它将修改 NewDomain 域中静态变量 A.Number 的值并设为 20。由于静态变量在每个应用程序域中都有一份独立的拷贝，修改 NewDomain 域中的静态变量 A.Number 对默认域中的静态变量 A.Number 没有任何影响。由于 Console.WriteLine 是在默认的应用程序域中输出 A.Number，因此输出仍然是 10。

接着讨论 B。由于 B 只是从 Object 继承而来的类型，它的实例穿越应用程序域的边界时，将会完整地复制实例。因此，在上述代码中，我们尽管试图在 NewDomain 域中生成 B 的实例，但会把实例 b 复制到默认的应用程序域。此时调用方法 b.SetNumber 也是在默认的应用程序域上进行，它将修改默认的域上的 B.Number 并设为 20。再在默认的域上调用 Console.WriteLine 时，它将输出 20。

下面推荐两本与 C#相关的书籍，以方便大家应对 C#面试并学习好 C#。

- 《Professional C#》：这本书最大的特点是在附录中有几章专门写给已经有其他语言（如 VB、C++和 Java）经验的程序员，它详细讲述了 C#和其他语言的区别，看了这几章之后就不会把 C#和之前掌握的语言相混淆。

- Jeffrey Richter 的《CLR Via C#》：该书不仅深入地介绍了 C#语言，

同时对 CLR 及 .NET 进行了全面的剖析。如果能够读懂这本书，那么我们就能深入理解装箱卸箱、垃圾回收、反射等概念，知其然的同时也能知其所以然，通过与 C#相关的面试自然也就不难了。

面试题 2：实现 Singleton 模式

> 题目：设计一个类，我们只能生成该类的一个实例。

只能生成一个实例的类是实现了 Singleton（单例）模式的类型。由于设计模式在面向对象程序设计中起着举足轻重的作用，在面试过程中很多公司都喜欢问一些与设计模式相关的问题。在常用的模式中，Singleton 是唯一一个能够用短短几十行代码完整实现的模式。因此，写一个 Singleton 的类型是一个很常见的面试题。

❖ **不好的解法一：只适用于单线程环境**

由于要求只能生成一个实例，因此我们必须把构造函数设为私有函数以禁止他人创建实例。我们可以定义一个静态的实例，在需要的时候创建该实例。下面定义类型 Singleton1 就是基于这个思路的实现：

```
public sealed class Singleton1
{
    private Singleton1()
    {
    }

    private static Singleton1 instance = null;
    public static Singleton1 Instance
    {
        get
        {
            if (instance == null)
                instance = new Singleton1();

            return instance;
        }
    }
}
```

上述代码在 Singleton1 的静态属性 Instance 中，只有在 instance 为 null 的时候才创建一个实例以避免重复创建。同时我们把构造函数定义为私有函数，这样就能确保只创建一个实例。

❖ **不好的解法二:虽然在多线程环境中能工作,但效率不高**

解法一中的代码在单线程的时候工作正常,但在多线程的情况下就有问题了。设想如果两个线程同时运行到判断 instance 是否为 null 的 if 语句,并且 instance 的确没有创建时,那么两个线程都会创建一个实例,此时类型 Singleton1 就不再满足单例模式的要求了。为了保证在多线程环境下我们还是只能得到类型的一个实例,需要加上一个同步锁。把 Singleton1 稍作修改得到了如下代码:

```
public sealed class Singleton2
{
    private Singleton2()
    {
    }

    private static readonly object syncObj = new object();

    private static Singleton2 instance = null;
    public static Singleton2 Instance
    {
        get
        {
            lock (syncObj)
            {
                if (instance == null)
                    instance = new Singleton2();
            }

            return instance;
        }
    }
}
```

我们还是假设有两个线程同时想创建一个实例。由于在一个时刻只有一个线程能得到同步锁,当第一个线程加上锁时,第二个线程只能等待。当第一个线程发现实例还没有创建时,它创建出一个实例。接着第一个线程释放同步锁,此时第二个线程可以加上同步锁,并运行接下来的代码。这时候由于实例已经被第一个线程创建出来了,第二个线程就不会重复创建实例了,这样就保证了我们在多线程环境中也只能得到一个实例。

但是类型 Singleton2 还不是很完美。我们每次通过属性 Instance 得到 Singleton2 的实例,都会试图加上一个同步锁,而加锁是一个非常耗时的操作,在没有必要的时候我们应该尽量避免。

❖ **可行的解法：加同步锁前后两次判断实例是否已存在**

我们只是在实例还没有创建之前需要加锁操作，以保证只有一个线程创建出实例。而当实例已经创建之后，我们已经不需要再执行加锁操作了。于是我们可以把解法二中的代码再做进一步的改进：

```csharp
public sealed class Singleton3
{
    private Singleton3()
    {
    }

    private static object syncObj = new object();

    private static Singleton3 instance = null;
    public static Singleton3 Instance
    {
        get
        {
            if (instance == null)
            {
                lock (syncObj)
                {
                    if (instance == null)
                        instance = new Singleton3();
                }
            }

            return instance;
        }
    }
}
```

Singleton3 中只有当 instance 为 null 即没有创建时，需要加锁操作。当 instance 已经创建出来之后，则无须加锁。因为只在第一次的时候 instance 为 null，因此只在第一次试图创建实例的时候需要加锁。这样 Singleton3 的时间效率比 Singleton2 要好很多。

Singleton3 用加锁机制来确保在多线程环境下只创建一个实例，并且用两个 if 判断来提高效率。这样的代码实现起来比较复杂，容易出错，我们还有更加优秀的解法。

❖ **强烈推荐的解法一：利用静态构造函数**

C#的语法中有一个函数能够确保只调用一次，那就是静态构造函数，我们可以利用 C#的这个特性实现单例模式。

```csharp
public sealed class Singleton4
{
    private Singleton4()
    {
    }

    private static Singleton4 instance = new Singleton4();
    public static Singleton4 Instance
    {
        get
        {
            return instance;
        }
    }
}
```

Singleton4 的实现代码非常简洁。我们在初始化静态变量 instance 的时候创建一个实例。由于 C#是在调用静态构造函数时初始化静态变量，.NET 运行时能够确保只调用一次静态构造函数，这样我们就能够保证只初始化一次 instance。

C#中调用静态构造函数的时机不是由程序员掌控的，而是当.NET 运行时发现第一次使用一个类型的时候自动调用该类型的静态构造函数。因此在 Singleton4 中，实例 instance 并不是在第一次调用属性 Singleton4.Instance 的时候被创建的，而是在第一次用到 Singleton4 的时候就会被创建。假设我们在 Singleton4 中添加一个静态方法，调用该静态函数是不需要创建一个实例的，但如果按照 Singleton4 的方式实现单例模式，则仍然会过早地创建实例，从而降低内存的使用效率。

❖ **强烈推荐的解法二：实现按需创建实例**

最后一个实现 Singleton5 则很好地解决了 Singleton4 中的实例创建时机过早的问题。

```csharp
public sealed class Singleton5
{
    Singleton5()
    {
    }

    public static Singleton5 Instance
    {
        get
        {
            return Nested.instance;
        }
    }
```

```
class Nested
{
    static Nested()
    {
    }

    internal static readonly Singleton5 instance = new Singleton5();
}
```

在上述 Singleton5 的代码中，我们在内部定义了一个私有类型 Nested。当第一次用到这个嵌套类型的时候，会调用静态构造函数创建 Singleton5 的实例 instance。类型 Nested 只在属性 Singleton5.Instance 中被用到，由于其私有属性，他人无法使用 Nested 类型。因此，当我们第一次试图通过属性 Singleton5.Instance 得到 Singleton5 的实例时，会自动调用 Nested 的静态构造函数创建实例 instance。如果我们不调用属性 Singleton5.Instance，就不会触发.NET 运行时调用 Nested，也不会创建实例，这样就真正做到了按需创建。

❖ 解法比较

在前面的 5 种实现单例模式的方法中，第一种方法在多线程环境中不能正常工作，第二种模式虽然能在多线程环境中正常工作，但时间效率很低，都不是面试官期待的解法。在第三种方法中，我们通过两次判断一次加锁确保在多线程环境中能高效率地工作。第四种方法利用 C#的静态构造函数的特性，确保只创建一个实例。第五种方法利用私有嵌套类型的特性，做到只在真正需要的时候才会创建实例，提高空间使用效率。如果在面试中给出第四种或者第五种解法，则毫无疑问会得到面试官的青睐。

 源代码：

本题完整的源代码：

https://github.com/zhedahht/CodingInterviewChinese2/tree/master/02_Singleton

本题考点：

● 考查应聘者对单例（Singleton）模式的理解。

- 考查应聘者对 C#基础语法的理解，如静态构造函数等。
- 考查应聘者对多线程编程的理解。

本题扩展：

在前面的代码中，5 种单例模式的实现把类型标记为 sealed，表示它们不能作为其他类型的基类。现在我们要求定义一个表示总统的类型 President，可以从该类型继承出 FrenchPresident 和 AmericanPresident 等类型。这些派生类型都只能产生一个实例。请问该如何设计实现这些类型？

2.3 数据结构

数据结构一直是技术面试的重点，大多数面试题都是围绕着数组、字符串、链表、树、栈及队列这几种常见的数据结构展开的，因此每一个应聘者都要熟练掌握这几种数据结构。

数组和字符串是两种最基本的数据结构，它们用连续内存分别存储数字和字符。链表和树是面试中出现频率最高的数据结构。由于操作链表和树需要操作大量的指针，应聘者在解决相关问题的时候一定要留意代码的鲁棒性，否则容易出现程序崩溃的问题。栈是一个与递归紧密相关的数据结构，同样队列也与广度优先遍历算法紧密相关，深刻理解这两种数据结构能帮助我们解决很多算法问题。

2.3.1 数组

数组可以说是最简单的一种数据结构，它占据一块连续的内存并按照顺序存储数据。创建数组时，我们需要首先指定数组的容量大小，然后根据大小分配内存。即使我们只在数组中存储一个数字，也需要为所有的数据预先分配内存。因此数组的空间效率不是很好，经常会有空闲的区域没有得到充分利用。

由于数组中的内存是连续的，于是可以根据下标在 $O(1)$ 时间读/写任何元素，因此它的时间效率是很高的。我们可以根据数组时间效率高的优点，用数组来实现简单的哈希表：把数组的下标设为哈希表的键值（Key），而把数组中的每一个数字设为哈希表的值（Value），这样每一个下标及数组中该下标对应的数字就组成了一个"键值-值"的配对。有了这样的哈希表，我们就可以在 $O(1)$ 时间内实现查找，从而快速、高效地解决很多问题。面试题 50 "第一个只出现一次的字符"就是一个很好的例子。

为了解决数组空间效率不高的问题，人们又设计实现了多种动态数组，比如 C++的 STL 中的 vector。为了避免浪费，我们先为数组开辟较小的空间，然后往数组中添加数据。当数据的数目超过数组的容量时，我们再重新分配一块更大的空间（STL 的 vector 每次扩充容量时，新的容量都是前一次的两倍），把之前的数据复制到新的数组中，再把之前的内存释放，这样就能减少内存的浪费。但我们也注意到每一次扩充数组容量时都有大量的额外操作，这对时间性能有负面影响，因此使用动态数组时要尽量减少改变数组容量大小的次数。

在 C/C++中，数组和指针是既相互关联又有区别的两个概念。当我们声明一个数组时，其数组的名字也是一个指针，该指针指向数组的第一个元素。我们可以用一个指针来访问数组。但值得注意的是，C/C++没有记录数组的大小，因此在用指针访问数组中的元素时，程序员要确保没有超出数组的边界。下面通过一个例子来了解数组和指针的区别。运行下面的代码，请问输出是什么？

```
int GetSize(int data[])
{
    return sizeof(data);
}

int _tmain(int argc, _TCHAR* argv[])
{
    int data1[] = {1, 2, 3, 4, 5};
    int size1 = sizeof(data1);

    int* data2 = data1;
    int size2 = sizeof(data2);

    int size3 = GetSize(data1);

    printf("%d, %d, %d", size1, size2, size3);
}
```

答案是输出"20, 4, 4"。data1 是一个数组，sizeof(data1)是求数组的大小。这个数组包含 5 个整数，每个整数占 4 字节，因此共占用 20 字节。data2 声明为指针，尽管它指向了数组 data1 的第一个数字，但它的本质仍然是一个指针。在 32 位系统上，对任意指针求 sizeof，得到的结果都是 4。在 C/C++

中，当数组作为函数的参数进行传递时，数组就自动退化为同类型的指针。因此，尽管函数 GetSize 的参数 data 被声明为数组，但它会退化为指针，size3 的结果仍然是 4。

面试题 3：数组中重复的数字

> 题目一：找出数组中重复的数字。
>
> 在一个长度为 n 的数组里的所有数字都在 $0\sim n-1$ 的范围内。数组中某些数字是重复的，但不知道有几个数字重复了，也不知道每个数字重复了几次。请找出数组中任意一个重复的数字。例如，如果输入长度为 7 的数组{2, 3, 1, 0, 2, 5, 3}，那么对应的输出是重复的数字 2 或者 3。

解决这个问题的一个简单的方法是先把输入的数组排序。从排序的数组中找出重复的数字是一件很容易的事情，只需要从头到尾扫描排序后的数组就可以了。排序一个长度为 n 的数组需要 $O(n\log n)$ 的时间。

还可以利用哈希表来解决这个问题。从头到尾按顺序扫描数组的每个数字，每扫描到一个数字的时候，都可以用 $O(1)$ 的时间来判断哈希表里是否已经包含了该数字。如果哈希表里还没有这个数字，就把它加入哈希表。如果哈希表里已经存在该数字，就找到一个重复的数字。这个算法的时间复杂度是 $O(n)$，但它提高时间效率是以一个大小为 $O(n)$ 的哈希表为代价的。我们再看看有没有空间复杂度是 $O(1)$ 的算法。

我们注意到数组中的数字都在 $0\sim n-1$ 的范围内。如果这个数组中没有重复的数字，那么当数组排序之后数字 i 将出现在下标为 i 的位置。由于数组中有重复的数字，有些位置可能存在多个数字，同时有些位置可能没有数字。

现在让我们重排这个数组。从头到尾依次扫描这个数组中的每个数字。当扫描到下标为 i 的数字时，首先比较这个数字（用 m 表示）是不是等于 i。如果是，则接着扫描下一个数字；如果不是，则再拿它和第 m 个数字进行比较。如果它和第 m 个数字相等，就找到了一个重复的数字（该数字在下标为 i 和 m 的位置都出现了）；如果它和第 m 个数字不相等，就把第 i 个数字和第 m 个数字交换，把 m 放到属于它的位置。接下来再重复这个比较、交换的过程，直到我们发现一个重复的数字。

以数组{2, 3, 1, 0, 2, 5, 3}为例来分析找到重复数字的步骤。数组的第 0

个数字（从 0 开始计数，和数组的下标保持一致）是 2，与它的下标不相等，于是把它和下标为 2 的数字 1 交换。交换之后的数组是{1, 3, 2, 0, 2, 5, 3}。此时第 0 个数字是 1，仍然与它的下标不相等，继续把它和下标为 1 的数字 3 交换，得到数组{3, 1, 2, 0, 2, 5, 3}。接下来继续交换第 0 个数字 3 和第 3 个数字 0，得到数组{0, 1, 2, 3, 2, 5, 3}。此时第 0 个数字的数值为 0，接着扫描下一个数字。在接下来的几个数字中，下标为 1、2、3 的 3 个数字分别为 1、2、3，它们的下标和数值都分别相等，因此不需要执行任何操作。接下来扫描到下标为 4 的数字 2。由于它的数值与它的下标不相等，再比较它和下标为 2 的数字。注意到此时数组中下标为 2 的数字也是 2，也就是数字 2 在下标为 2 和下标为 4 的两个位置都出现了，因此找到一个重复的数字。

上述思路可以用如下代码实现：

```cpp
bool duplicate(int numbers[], int length, int* duplication)
{
    if(numbers == nullptr || length <= 0)
    {
        return false;
    }

    for(int i = 0; i < length; ++i)
    {
        if(numbers[i] < 0 || numbers[i] > length - 1)
            return false;
    }

    for(int i = 0; i < length; ++i)
    {
        while(numbers[i] != i)
        {
            if(numbers[i] == numbers[numbers[i]])
            {
                *duplication = numbers[i];
                return true;
            }

            // swap numbers[i] and numbers[numbers[i]]
            int temp = numbers[i];
            numbers[i] = numbers[temp];
            numbers[temp] = temp;
        }
    }

    return false;
}
```

在上述代码中，找到的重复数字通过参数 duplication 传给函数的调用者,而函数的返回值表示数组中是否有重复的数字。当输入的数组中存在重复的数字时,返回 true;否则返回 false。

代码中尽管有一个两重循环,但每个数字最多只要交换两次就能找到属于它自己的位置,因此总的时间复杂度是 $O(n)$。另外,所有的操作步骤都是在输入数组上进行的,不需要额外分配内存,因此空间复杂度为 $O(1)$。

 源代码:

本题完整的源代码:

https://github.com/zhedahht/CodingInterviewChinese2/tree/master/03_01_DuplicationInArray

 测试用例:

- 长度为 n 的数组里包含一个或多个重复的数字。
- 数组中不包含重复的数字。
- 无效输入测试用例(输入空指针;长度为 n 的数组中包含 0~n-1 之外的数字)。

本题考点:

- 考查应聘者对一维数组的理解及编程能力。一维数组在内存中占据连续的空间,因此我们可以根据下标定位对应的元素。
- 考查应聘者分析问题的能力。当应聘者发现问题比较复杂时,能不能通过具体的例子找出其中的规律,是能否解决这个问题的关键所在。

> **题目二:不修改数组找出重复的数字。**
>
> 在一个长度为 n+1 的数组里的所有数字都在 1~n 的范围内,所以数组中至少有一个数字是重复的。请找出数组中任意一个重复的数字,但不能修改输入的数组。例如,如果输入长度为 8 的数组{2, 3, 5, 4, 3, 2, 6, 7},那么对应的输出是重复的数字 2 或者 3。

这一题看起来和上面的面试题类似。由于题目要求不能修改输入的数组，我们可以创建一个长度为 $n+1$ 的辅助数组，然后逐一把原数组的每个数字复制到辅助数组。如果原数组中被复制的数字是 m，则把它复制到辅助数组中下标为 m 的位置。这样很容易就能发现哪个数字是重复的。由于需要创建一个数组，该方案需要 $O(n)$ 的辅助空间。

接下来我们尝试避免使用 $O(n)$ 的辅助空间。为什么数组中会有重复的数字？假如没有重复的数字，那么在从 1~n 的范围里只有 n 个数字。由于数组里包含超过 n 个数字，所以一定包含了重复的数字。看起来在某范围里数字的个数对解决这个问题很重要。

我们把从 1~n 的数字从中间的数字 m 分为两部分，前面一半为 1~m，后面一半为 $m+1$~n。如果 1~m 的数字的数目超过 m，那么这一半的区间里一定包含重复的数字；否则，另一半 $m+1$~n 的区间里一定包含重复的数字。我们可以继续把包含重复数字的区间一分为二，直到找到一个重复的数字。这个过程和二分查找算法很类似，只是多了一步统计区间里数字的数目。

我们以长度为 8 的数组 {2, 3, 5, 4, 3, 2, 6, 7} 为例分析查找的过程。根据题目要求，这个长度为 8 的所有数字都在 1~7 的范围内。中间的数字 4 把 1~7 的范围分为两段，一段是 1~4，另一段是 5~7。接下来我们统计 1~4 这 4 个数字在数组中出现的次数，它们一共出现了 5 次，因此这 4 个数字中一定有重复的数字。

接下来我们再把 1~4 的范围一分为二，一段是 1、2 两个数字，另一段是 3、4 两个数字。数字 1 或者 2 在数组中一共出现了两次。我们再统计数字 3 或者 4 在数组中出现的次数，它们一共出现了三次。这意味着 3、4 两个数字中一定有一个重复了。我们再分别统计这两个数字在数组中出现的次数。接着我们发现数字 3 出现了两次，是一个重复的数字。

上述思路可以用如下代码实现：

```
int getDuplication(const int* numbers, int length)
{
    if(numbers == nullptr || length <= 0)
        return -1;

    int start = 1;
    int end = length - 1;
    while(end >= start)
    {
        int middle = ((end - start) >> 1) + start;
```

```
        int count = countRange(numbers, length, start, middle);
        if(end == start)
        {
            if(count > 1)
                return start;
            else
                break;
        }

        if(count > (middle - start + 1))
            end = middle;
        else
            start = middle + 1;
    }
    return -1;
}

int countRange(const int* numbers, int length, int start, int end)
{
    if(numbers == nullptr)
        return 0;

    int count = 0;
    for(int i = 0; i < length; i++)
        if(numbers[i] >= start && numbers[i] <= end)
            ++count;
    return count;
}
```

上述代码按照二分查找的思路，如果输入长度为 n 的数组，那么函数 countRange 将被调用 $O(\log n)$ 次，每次需要 $O(n)$ 的时间，因此总的时间复杂度是 $O(n\log n)$，空间复杂度为 $O(1)$。和最前面提到的需要 $O(n)$ 的辅助空间的算法相比，这种算法相当于以时间换空间。

需要指出的是，这种算法不能保证找出所有重复的数字。例如，该算法不能找出数组{2, 3, 5, 4, 3, 2, 6, 7}中重复的数字2。这是因为在1~2的范围里有1和2两个数字，这个范围的数字也出现2次，此时我们用该算法不能确定是每个数字各出现一次还是某个数字出现了两次。

从上述分析中我们可以看出，如果面试官提出不同的功能要求（找出任意一个重复的数字、找出所有重复的数字）或者性能要求（时间效率优先、空间效率优先），那么我们最终选取的算法也将不同。这也说明在面试中和面试官交流的重要性，我们一定要在动手写代码之前弄清楚面试官的需求。

源代码:

本题完整的源代码:

https://github.com/zhedahht/CodingInterviewChinese2/tree/master/03_02_DuplicationInArrayNoEdit

 测试用例:

- 长度为 n 的数组里包含一个或多个重复的数字。
- 数组中不包含重复的数字。
- 无效输入测试用例（输入空指针）。

 本题考点:

- 考查应聘者对一维数组的理解及编程能力。一维数组在内存中占据连续的空间，因此我们可以根据下标定位对应的元素。
- 考查应聘者对二分查找算法的理解，并能快速、正确地实现二分查找算法的代码。
- 考查应聘者的沟通能力。应聘者只有具备良好的沟通能力，才能充分了解面试官的需求，从而有针对性地选择算法解决问题。

面试题 4：二维数组中的查找

> 题目：在一个二维数组中，每一行都按照从左到右递增的顺序排序，每一列都按照从上到下递增的顺序排序。请完成一个函数，输入这样的一个二维数组和一个整数，判断数组中是否含有该整数。

例如下面的二维数组就是每行、每列都递增排序。如果在这个数组中查找数字 7，则返回 true；如果查找数字 5，由于数组不含有该数字，则返回 false。

1	2	8	9
2	4	9	12
4	7	10	13
6	8	11	15

在分析这个问题的时候，很多应聘者都会把二维数组画成矩形，然后从数组中选取一个数字，分 3 种情况来分析查找的过程。当数组中选取的数字刚好和要查找的数字相等时，就结束查找过程。如果选取的数字小于要查找的数字，那么根据数组排序的规则，要查找的数字应该在当前选取位置的右边或者下边，如图 2.1（a）所示。同样，如果选取的数字大于要查找的数字，那么要查找的数字应该在当前选取位置的上边或者左边，如图 2.1（b）所示。

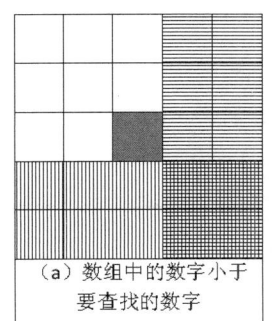
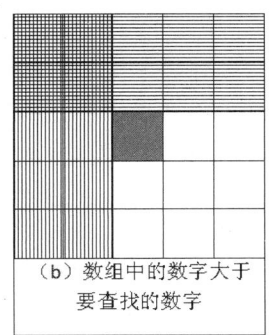

（a）数组中的数字小于要查找的数字
（b）数组中的数字大于要查找的数字

图 2.1 二维数组中的查找

注：在数组中间选择一个数（深色方格），根据它的大小判断要查找的数字可能出现的区域（阴影部分）。

在上面的分析中，由于要查找的数字相对于当前选取的位置有可能在两个区域中出现，而且这两个区域还有重叠，这问题看起来就复杂了，于是很多人就卡在这里束手无策了。

当我们需要解决一个复杂的问题时，一个很有效的办法就是从一个具体的问题入手，通过分析简单具体的例子，试图寻找普遍的规律。针对这个问题，我们不妨也从一个具体的例子入手。下面我们以在题目中给出的数组中查找数字 7 为例来一步步分析查找的过程。

前面我们之所以遇到难题，是因为我们在二维数组的中间选取一个数字来和要查找的数字进行比较，这就导致下一次要查找的是两个相互重叠的区域。如果我们从数组的一个角上选取数字来和要查找的数字进行比较，那么情况会不会变简单呢？

首先我们选取数组右上角的数字 9。由于 9 大于 7，并且 9 还是第 4 列的第一个（也是最小的）数字，因此 7 不可能出现在数字 9 所在的列。于是我们把这一列从需要考虑的区域内剔除,之后只需要分析剩下的 3 列,如图 2.2(a)所示。在剩下的矩阵中,位于右上角的数字是 8。同样 8 大于 7,因此 8 所在的列我们也可以剔除。接下来我们只要分析剩下的两列即可,如图 2.2(b)所示。

在由剩余的两列组成的数组中,数字 2 位于数组的右上角。2 小于 7,那么要查找的 7 可能在 2 的右边,也可能在 2 的下边。在前面的步骤中,我们已经发现 2 右边的列都已经被剔除了,也就是说 7 不可能出现在 2 的右边,因此 7 只有可能出现在 2 的下边。于是我们把数字 2 所在的行也剔除,只分析剩下的三行两列数字,如图 2.2(c)所示。在剩下的数字中,数字 4 位于右上角,和前面一样,我们把数字 4 所在的行也删除,最后剩下两行两列数字,如图 2.2(d)所示。

在剩下的两行两列 4 个数字中,位于右上角的刚好就是我们要查找的数字 7,于是查找过程就可以结束了。

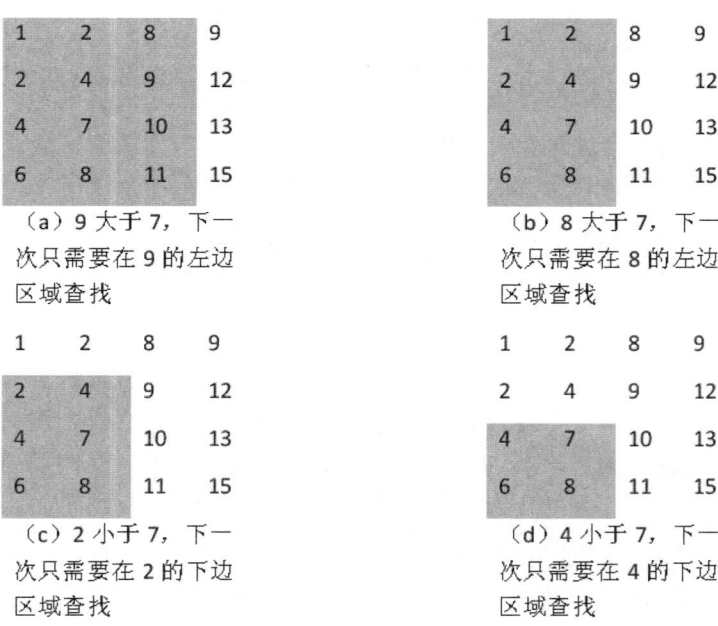

图 2.2　在二维数组中查找 7 的步骤

注:矩阵中加阴影的区域是下一步查找的范围。

总结上述查找的过程,我们发现如下规律:首先选取数组中右上角的数字。如果该数字等于要查找的数字，则查找过程结束；如果该数字大于要查找的数字，则剔除这个数字所在的列；如果该数字小于要查找的数字，则剔除这个数字所在的行。也就是说，如果要查找的数字不在数组的右上角，则每一次都在数组的查找范围中剔除一行或者一列，这样每一步都可以缩小查找的范围，直到找到要查找的数字，或者查找范围为空。

把整个查找过程分析清楚之后，我们再写代码就不是一件很难的事情了。下面是上述思路对应的参考代码：

```cpp
bool Find(int* matrix, int rows, int columns, int number)
{
    bool found = false;

    if(matrix != nullptr && rows > 0 && columns > 0)
    {
        int row = 0;
        int column = columns - 1;
        while(row < rows && column >=0)
        {
            if(matrix[row * columns + column] == number)
            {
                found = true;
                break;
            }
            else if(matrix[row * columns + column] > number)
                -- column;
            else
                ++ row;
        }
    }

    return found;
}
```

在前面的分析中，我们每次都选取数组查找范围内的右上角数字。同样，我们也可以选取左下角的数字。感兴趣的读者不妨自己分析一下每次都选取左下角数字的查找过程。但我们不能选择左上角数字或者右下角数字。以左上角数字为例，最初数字 1 位于初始数组的左上角，由于 1 小于 7，那么 7 应该位于 1 的右边或者下边。此时我们既不能从查找范围内剔除 1 所在的行，也不能剔除 1 所在的列，这样我们就无法缩小查找的范围。

 源代码：

本题完整的源代码：

https://github.com/zhedahht/CodingInterviewChinese2/tree/master/04_FindInPartiallySortedMatrix

测试用例：

- 二维数组中包含查找的数字（查找的数字是数组中的最大值和最小值；查找的数字介于数组中的最大值和最小值之间）。
- 二维数组中没有查找的数字（查找的数字大于数组中的最大值；查找的数字小于数组中的最小值；查找的数字在数组的最大值和最小值之间但数组中没有这个数字）。
- 特殊输入测试（输入空指针）。

本题考点：

- 考查应聘者对二维数组的理解及编程能力。二维数组在内存中占据连续的空间。在内存中从上到下存储各行元素，在同一行中按照从左到右的顺序存储。因此我们可以根据行号和列号计算出相对于数组首地址的偏移量，从而找到对应的元素。
- 考查应聘者分析问题的能力。当应聘者发现问题比较复杂时，能不能通过具体的例子找出其中的规律，是能否解决这个问题的关键所在。这个题目只要从一个具体的二维数组的右上角开始分析，就能找到查找的规律，从而找到解决问题的突破口。

2.3.2 字符串

字符串是由若干字符组成的序列。由于字符串在编程时使用的频率非常高，为了优化，很多语言都对字符串做了特殊的规定。下面分别讨论C/C++和C#中字符串的特性。

C/C++中每个字符串都以字符'\0'作为结尾，这样我们就能很方便地找到字符串的最后尾部。但由于这个特点，每个字符串中都有一个额外字符的开销，稍不留神就会造成字符串的越界。比如下面的代码：

```
char str[10];
strcpy(str, "0123456789");
```

我们先声明一个长度为 10 的字符数组，然后把字符串"0123456789"复制到数组中。"0123456789"这个字符串看起来只有 10 个字符，但实际上它的末尾还有一个'\0'字符，因此它的实际长度为 11 字节。要正确地复制该字符串，至少需要一个长度为 11 字节的数组。

为了节省内存，C/C++把常量字符串放到单独的一个内存区域。当几个指针赋值给相同的常量字符串时，它们实际上会指向相同的内存地址。但用常量内存初始化数组，情况却有所不同。下面通过一个面试题来学习这一知识点。运行下面的代码，得到的结果是什么？

```
int _tmain(int argc, _TCHAR* argv[])
{
    char str1[] = "hello world";
    char str2[] = "hello world";

    char* str3 = "hello world";
    char* str4 = "hello world";

    if(str1 == str2)
        printf("str1 and str2 are same.\n");
    else
        printf("str1 and str2 are not same.\n");

    if(str3 == str4)
        printf("str3 and str4 are same.\n");
    else
        printf("str3 and str4 are not same.\n");

    return 0;
}
```

str1 和 str2 是两个字符串数组，我们会为它们分配两个长度为 12 字节的空间，并把"hello world"的内容分别复制到数组中去。这是两个初始地址不同的数组，因此 str1 和 str2 的值也不相同，所以输出的第一行是"str1 and str2 are not same"。

str3 和 str4 是两个指针，我们无须为它们分配内存以存储字符串的内容，而只需要把它们指向"hello world"在内存中的地址就可以了。由于"hello world"是常量字符串，它在内存中只有一个拷贝，因此 str3 和 str4 指向的是同一个地址。所以比较 str3 和 str4 的值得到的结果是相同的，输出的第二行是"str3 and str4 are same"。

在 C#中，封装字符串的类型 System.String 有一个非常特殊的性质：String 的内容是不能改变的。一旦试图改变 String 的内容，就会产生一个新的实例。请看下面的 C#代码：

```
String str = "hello";
str.ToUpper();
str.Insert(0, " WORLD");
```

虽然我们对 str 执行了 ToUpper 和 Insert 两个操作，但操作的结果都是生成一个新的 String 实例并在返回值中返回，str 本身的内容都不会发生改变，因此最终 str 的值仍然是"hello"。由此可见，如果试图改变 String 的内容，则改变之后的值只能通过返回值得到。用 String 进行连续多次修改，每一次修改都会产生一个临时对象，这样开销太大会影响效率。为此，C#定义了一个新的与字符串相关的类型 StringBuilder，它能容纳修改后的结果。因此，如果要连续多次修改字符串内容，用 StringBuilder 是更好的选择。

和修改 String 的内容类似，如果我们试图把一个常量字符串赋值给一个 String 实例，那么也不是把 String 的内容改成赋值的字符串，而是生成一个新的 String 实例。请看下面的代码：

```
class Program
{
    internal static void ValueOrReference(Type type)
    {
        String result = "The type " + type.Name;

        if (type.IsValueType)
            Console.WriteLine(result + " is a value type.");
        else
            Console.WriteLine(result + " is a reference type.");
    }

    internal static void ModifyString(String text)
    {
        text = "world";
    }

    static void Main(string[] args)
    {
        String text = "hello";

        ValueOrReference(text.GetType());
        ModifyString(text);

        Console.WriteLine(text);
    }
}
```

在上面的代码中，我们先判断 String 是值类型还是引用类型。类型 String 的定义是 public sealed class String {...}。既然是 class，那么 String 自然就是引用类型。接下来在方法 ModifyString 里，对 text 赋值一个新的字符串。

我们要记得 text 的内容是不能被修改的。此时会先生成一个新的内容是 "world"的 String 实例，然后把 text 指向这个新的实例。由于参数 text 没有加 ref 或者 out，出了方法 ModifyString 之后，text 还是指向原来的字符串，因此输出仍然是"hello"。要想实现出了函数之后 text 变成"world"的效果，我们必须把参数 text 标记 ref 或者 out。

面试题 5：替换空格

> 题目：请实现一个函数，把字符串中的每个空格替换成"%20"。例如，输入"We are happy."，则输出"We%20are%20happy."。

在网络编程中，如果 URL 参数中含有特殊字符，如空格、'#'等，则可能导致服务器端无法获得正确的参数值。我们需要将这些特殊符号转换成服务器可以识别的字符。转换的规则是在'%'后面跟上 ASCII 码的两位十六进制的表示。比如空格的 ASCII 码为 32，即十六进制的 0x20，因此空格被替换成"%20"。再比如'#'的 ASCII 码为 35，即十六进制的 0x23，它在 URL 中被替换为"%23"。

看到这个题目，我们首先应该想到的是原来一个空格字符，替换之后变成'%'、'2'和'0'这 3 个字符，因此字符串会变长。如果是在原来的字符串上进行替换，就有可能覆盖修改在该字符串后面的内存。如果是创建新的字符串并在新的字符串上进行替换，那么我们可以自己分配足够多的内存。由于有两种不同的解决方案，我们应该向面试官问清楚，让他明确告诉我们他的需求。假设面试官让我们在原来的字符串上进行替换，并且保证输入的字符串后面有足够多的空余内存。

❖ **时间复杂度为 $O(n^2)$ 的解法，不足以拿到 Offer**

现在我们考虑怎么执行替换操作。最直观的做法是从头到尾扫描字符串，每次碰到空格字符的时候进行替换。由于是把 1 个字符替换成 3 个字符，我们必须要把空格后面所有的字符都后移 2 字节，否则就有两个字符被覆盖了。

举个例子，我们从头到尾把"We are happy."中的每个空格替换成"%20"。为了形象起见，我们可以用一个表格来表示字符串，表格中的每个格子表示一个字符，如图 2.3（a）所示。

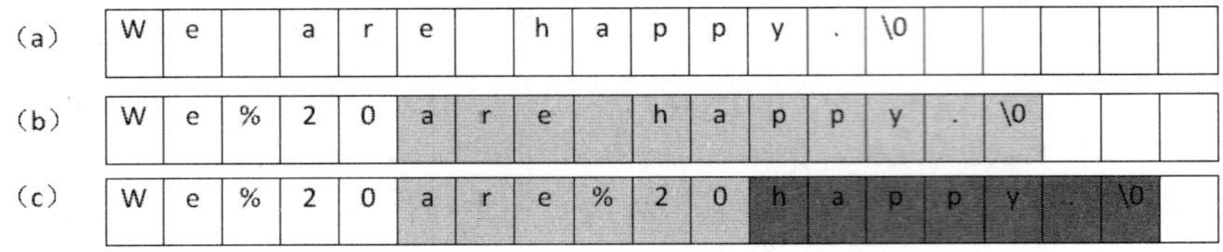

(a)	W	e		a	r	e		h	a	p	p	y	.	\0			
(b)	W	e	%	2	0	a	r	e		h	a	p	p	y	.	\0	
(c)	W	e	%	2	0	a	r	e	%	2	0	h	a	p	p	y	.	\0

图 2.3　从前往后把字符串中的空格替换成'%20'的过程

注：（a）字符串"We are happy."。（b）把字符串中的第一个空格替换成'%20'。灰色背景表示需要移动的字符。（c）把字符串中的第二个空格替换成'%20'。浅灰色背景表示需要移动一次的字符，深灰色背景表示需要移动两次的字符。

我们替换第一个空格，这个字符串变成图 2.3（b）中的内容，表格中灰色背景的格子表示需要进行移动的区域。接着我们替换第二个空格，替换之后的内容如图 2.3（c）所示。同时，我们注意到用深灰色背景标注的"happy"部分被移动了两次。

假设字符串的长度是 n。对每个空格字符，需要移动后面 $O(n)$ 个字符，因此对于含有 $O(n)$ 个空格字符的字符串而言，总的时间效率是 $O(n^2)$。

当我们把这种思路阐述给面试官后，他不会就此满意，他将让我们寻找更快的方法。在前面的分析中，我们发现数组中很多字符都移动了很多次，能不能减少移动次数呢？答案是肯定的。我们换一种思路，把从前向后替换改成从后向前替换。

❖ **时间复杂度为 $O(n)$ 的解法，搞定 Offer 就靠它了**

我们可以先遍历一次字符串，这样就能统计出字符串中空格的总数，并可以由此计算出替换之后的字符串的总长度。每替换一个空格，长度增加 2，因此替换以后字符串的长度等于原来的长度加上 2 乘以空格数目。我们还是以前面的字符串"We are happy."为例。"We are happy."这个字符串的长度是 14（包括结尾符号'\0'），里面有两个空格，因此替换之后字符串的长度是 18。

我们从字符串的后面开始复制和替换。首先准备两个指针：P_1 和 P_2。P_1 指向原始字符串的末尾，而 P_2 指向替换之后的字符串的末尾，如图 2.4（a）所示。接下来我们向前移动指针 P_1，逐个把它指向的字符复制到 P_2 指向的位置，直到碰到第一个空格为止。此时字符串如图 2.4（b）所示，灰色背景的区域是进行了字符复制（移动）的区域。碰到第一个空格之后，把 P_1 向前移动 1 格，在 P_2 之前插入字符串"%20"。由于"%20"的长度为 3，同时也要把 P_2 向前移动 3 格，如图 2.4（c）所示。

我们接着向前复制，直到碰到第二个空格，如图 2.4（d）所示。和上一次一样，我们再把 P_1 向前移动 1 格，并把 P_2 向前移动 3 格插入"%20"，如图 2.4（e）所示。此时 P_1 和 P_2 指向同一位置，表明所有空格都已经替换完毕。

从上面的分析中我们可以看出，所有的字符都只复制（移动）一次，因此这个算法的时间效率是 $O(n)$，比第一个思路要快。

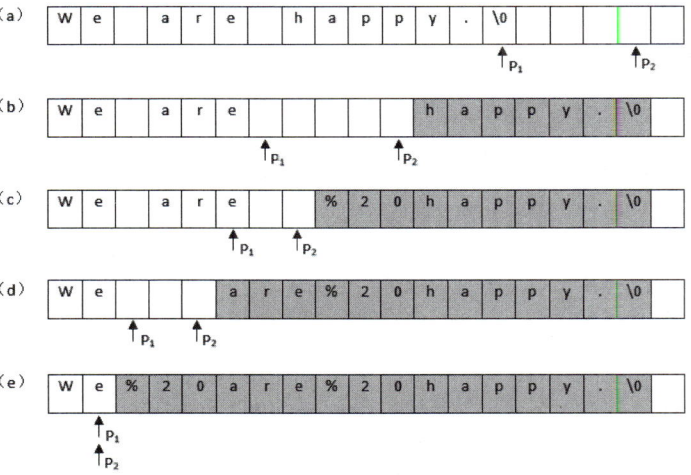

图 2.4 从后往前把字符串中的空格替换成"%20"的过程

注：图中带有阴影的区域表示被移动的字符。(a) 把第一个指针指向字符串的末尾，把第二个指针指向替换之后的字符串的末尾。(b) 依次复制字符串的内容，直至第一个指针碰到第一个空格。(c) 把第一个空格替换成"%20"，把第一个指针向前移动 1 格，把第二个指针向前移动 3 格。(d) 依次向前复制字符串中的字符，直至碰到空格。(e) 替换字符串中的倒数第二个空格，把第一个指针向前移动 1 格，把第二个指针向前移动 3 格。

在面试过程中，我们也可以和前面的分析一样画一两个示意图解释自己的思路，这样既能帮助我们厘清思路，也能使我们和面试官的交流变得更加高效。在面试官肯定我们的思路之后，就可以开始写代码了。下面是参考代码：

```cpp
/*length 为字符数组 string 的总容量*/
void ReplaceBlank(char string[], int length)
{
    if(string == nullptr||length <= 0)
        return;

    /*originalLength 为字符串 string 的实际长度*/
    int originalLength = 0;
    int numberOfBlank = 0;
    int i = 0;
    while(string[i] != '\0')
    {
        ++ originalLength;

        if(string[i] == ' ')
            ++ numberOfBlank;

        ++ i;
    }

    /*newLength 为把空格替换成'%20'之后的长度*/
    int newLength = originalLength + numberOfBlank * 2;
    if(newLength > length)
        return;

    int indexOfOriginal = originalLength;
    int indexOfNew = newLength;
    while(indexOfOriginal >= 0 && indexOfNew > indexOfOriginal)
    {
        if(string[indexOfOriginal] == ' ')
        {
            string[indexOfNew --] = '0';
            string[indexOfNew --] = '2';
            string[indexOfNew --] = '%';
        }
        else
        {
            string[indexOfNew --] = string[indexOfOriginal];
        }

        -- indexOfOriginal;
    }
}
```

 源代码：

本题完整的源代码：

https://github.com/zhedahht/CodingInterviewChinese2/tree/master/05_ReplaceSpaces

测试用例：

- 输入的字符串中包含空格（空格位于字符串的最前面；空格位于字符串的最后面；空格位于字符串的中间；字符串中有连续多个空格）。
- 输入的字符串中没有空格。
- 特殊输入测试（字符串是一个 nullptr 指针；字符串是一个空字符串；字符串只有一个空格字符；字符串中有连续多个空格）。

本题考点：

- 考查应聘者对字符串的编程能力。
- 考查应聘者分析时间效率的能力。我们要能清晰地分析出两种不同方法的时间效率各是多少。
- 考查应聘者对内存覆盖是否有高度的警惕。在分析得知字符串会变长之后，我们能够意识到潜在的问题，并主动和面试官沟通以寻找问题的解决方案。
- 考查应聘者的思维能力。在从前到后替换的思路被面试官否定之后，我们能迅速想到从后往前替换的方法，这是解决此题的关键。

相关题目：

有两个排序的数组 A1 和 A2，内存在 A1 的末尾有足够多的空余空间容纳 A2。请实现一个函数，把 A2 中的所有数字插入 A1 中，并且所有的数字是排序的。

和前面的例题一样，很多人首先想到的办法是在 A1 中从头到尾复制数字，但这样就会出现多次复制一个数字的情况。更好的办法是从尾到头比较 A1 和 A2 中的数字，并把较大的数字复制到 A1 中的合适位置。

举一反三：

在合并两个数组（包括字符串）时，如果从前往后复制每个数字（或字符）则需要重复移动数字（或字符）多次，那么我们可以考虑从后往前复制，这样就能减少移动的次数，从而提高效率。

2.3.3 链表

链表应该是面试时被提及最频繁的数据结构。链表的结构很简单，它由指针把若干个节点连接成链状结构。链表的创建、插入节点、删除节点等操作都只需要 20 行左右的代码就能实现，其代码量比较适合面试。而像哈希表、有向图等复杂数据结构，实现它们的一个操作需要的代码量都较大，很难在几十分钟的面试中完成。另外，由于链表是一种动态的数据结构，其需要对指针进行操作，因此应聘者需要有较好的编程功底才能写出完整的操作链表的代码。而且链表这种数据结构很灵活，面试官可以用链表来设计具有挑战性的面试题。基于上述几个原因，很多面试官都特别青睐与链表相关的题目。

我们说链表是一种动态数据结构，是因为在创建链表时，无须知道链表的长度。当插入一个节点时，我们只需要为新节点分配内存，然后调整指针的指向来确保新节点被链接到链表当中。内存分配不是在创建链表时一次性完成的，而是每添加一个节点分配一次内存。由于没有闲置的内存，链表的空间效率比数组高。如果单向链表的节点定义如下：

```cpp
struct ListNode
{
    int         m_nValue;
    ListNode*   m_pNext;
};
```

那么往该链表的末尾添加一个节点的 C++代码如下：

```cpp
void AddToTail(ListNode** pHead, int value)
{
    ListNode* pNew = new ListNode();
    pNew->m_nValue = value;
    pNew->m_pNext = nullptr;

    if(*pHead == nullptr)
    {
        *pHead = pNew;
    }
    else
    {
        ListNode* pNode = *pHead;

        while(pNode->m_pNext != nullptr)
            pNode = pNode->m_pNext;

        pNode->m_pNext = pNew;
    }
}
```

在上面的代码中，我们要特别注意函数的第一个参数 pHead 是一个指向指针的指针。当我们往一个空链表中插入一个节点时，新插入的节点就是链表的头指针。由于此时会改动头指针，因此必须把 pHead 参数设为指向指针的指针，否则出了这个函数 pHead 仍然是一个空指针。

由于链表中的内存不是一次性分配的，因而我们无法保证链表的内存和数组一样是连续的。因此，如果想在链表中找到它的第 i 个节点，那么我们只能从头节点开始，沿着指向下一个节点的指针遍历链表，它的时间效率为 $O(n)$。而在数组中，我们可以根据下标在 $O(1)$ 时间内找到第 i 个元素。下面是在链表中找到第一个含有某值的节点并删除该节点的代码：

```cpp
void RemoveNode(ListNode** pHead, int value)
{
    if(pHead == nullptr || *pHead == nullptr)
        return;

    ListNode* pToBeDeleted = nullptr;
    if((*pHead)->m_nValue == value)
    {
        pToBeDeleted = *pHead;
        *pHead = (*pHead)->m_pNext;
    }
    else
    {
        ListNode* pNode = *pHead;
        while(pNode->m_pNext != nullptr
            && pNode->m_pNext->m_nValue != value)
            pNode = pNode->m_pNext;

        if(pNode->m_pNext != nullptr && pNode->m_pNext->m_nValue == value)
        {
            pToBeDeleted = pNode->m_pNext;
            pNode->m_pNext = pNode->m_pNext->m_pNext;
        }
    }

    if(pToBeDeleted != nullptr)
    {
        delete pToBeDeleted;
        pToBeDeleted = nullptr;
    }
}
```

除了简单的单向链表经常被设计为面试题（详见面试题 6"从尾到头打印链表"、面试题 18"删除链表的节点"、面试题 22"链表中倒数第 k 个节点"、面试题 24"反转链表"、面试题 25"合并两个排序的链表"、面试题 52"两个链表的第一个公共节点"等），链表的其他形式同样也备受面试官的青睐。

- 把链表的末尾节点的指针指向头节点，从而形成一个环形链表（详见面试题 62 "圆圈中最后剩下的数字"）。
- 链表中的节点中除了有指向下一个节点的指针，还有指向前一个节点的指针。这就是双向链表（详见面试题 36 "二叉搜索树与双向链表"）。
- 链表中的节点中除了有指向下一个节点的指针，还有指向任意节点的指针。这就是复杂链表（详见面试题 35 "复杂链表的复制"）。

面试题 6：从尾到头打印链表

> 题目：输入一个链表的头节点，从尾到头反过来打印出每个节点的值。链表节点定义如下：

```
struct ListNode
{
    int         m_nKey;
    ListNode*   m_pNext;
};
```

看到这道题后，很多人的第一反应是从头到尾输出将会比较简单，于是我们很自然地想到把链表中链接节点的指针反转过来，改变链表的方向，然后就可以从头到尾输出了。但该方法会改变原来链表的结构。是否允许在打印链表的时候修改链表的结构？这取决于面试官的要求，因此在面试的时候我们要询问清楚面试官的要求。

面试小提示：

在面试中，如果我们打算修改输入的数据，则最好先问面试官是不是允许修改。

通常打印是一个只读操作，我们不希望打印时修改内容。假设面试官也要求这个题目不能改变链表的结构。

接下来我们想到解决这个问题肯定要遍历链表。遍历的顺序是从头到尾，可输出的顺序却是从尾到头。也就是说，第一个遍历到的节点最后一个输出，而最后一个遍历到的节点第一个输出。这就是典型的"后进先出"，我们可以用栈实现这种顺序。每经过一个节点的时候，把该节点放到一个栈中。当遍历完整个链表后，再从栈顶开始逐个输出节点的值，此时输出的节点的顺序已经反转过来了。这种思路的实现代码如下：

```cpp
void PrintListReversingly_Iteratively(ListNode* pHead)
{
    std::stack<ListNode*> nodes;

    ListNode* pNode = pHead;
    while(pNode != nullptr)
    {
        nodes.push(pNode);
        pNode = pNode->m_pNext;
    }

    while(!nodes.empty())
    {
        pNode = nodes.top();
        printf("%d\t", pNode->m_nValue);
        nodes.pop();
    }
}
```

既然想到了用栈来实现这个函数，而递归在本质上就是一个栈结构，于是很自然地又想到了用递归来实现。要实现反过来输出链表，我们每访问到一个节点的时候，先递归输出它后面的节点，再输出该节点自身，这样链表的输出结果就反过来了。

基于这样的思路，不难写出如下代码：

```cpp
void PrintListReversingly_Recursively(ListNode* pHead)
{
    if(pHead != nullptr)
    {
        if (pHead->m_pNext != nullptr)
        {
            PrintListReversingly_Recursively(pHead->m_pNext);
        }

        printf("%d\t", pHead->m_nValue);
    }
}
```

上面的基于递归的代码看起来很简洁，但有一个问题：当链表非常长的时候，就会导致函数调用的层级很深，从而有可能导致函数调用栈溢出。显然用栈基于循环实现的代码的鲁棒性要好一些。更多关于循环和递归的讨论，详见本书的 2.4.1 节。

 源代码：

本题完整的源代码：

https://github.com/zhedahht/CodingInterviewChinese2/tree/master/06_PrintListInReversedOrder

测试用例：
- 功能测试（输入的链表有多个节点；输入的链表只有一个节点）。
- 特殊输入测试（输入的链表头节点指针为 nullptr）。

本题考点：
- 考查应聘者对单向链表的理解和编程能力。
- 考查应聘者对循环、递归和栈 3 个相互关联的概念的理解。

2.3.4 树

树是一种在实际编程中经常遇到的数据结构。它的逻辑很简单：除根节点之外每个节点只有一个父节点，根节点没有父节点；除叶节点之外所有节点都有一个或多个子节点，叶节点没有子节点。父节点和子节点之间用指针链接。由于树的操作会涉及大量的指针，因此与树有关的面试题都不太容易。当面试官想考查应聘者在有复杂指针操作的情况下写代码的能力时，他往往会想到用与树有关的面试题。

面试的时候提到的树，大部分是二叉树。所谓二叉树是树的一种特殊结构，在二叉树中每个节点最多只能有两个子节点。在二叉树中最重要的操作莫过于遍历，即按照某一顺序访问树中的所有节点。通常树有如下几种遍历方式。

- 前序遍历：先访问根节点，再访问左子节点，最后访问右子节点。图 2.5 中的二叉树的前序遍历的顺序是 10、6、4、8、14、12、16。
- 中序遍历：先访问左子节点，再访问根节点，最后访问右子节点。图 2.5 中的二叉树的中序遍历的顺序是 4、6、8、10、12、14、16。
- 后序遍历：先访问左子节点，再访问右子节点，最后访问根节点。图 2.5 中的二叉树的后序遍历的顺序是 4、8、6、12、16、14、10。

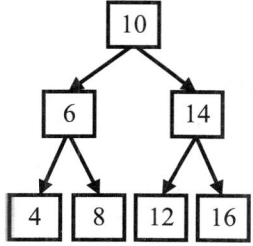

图 2.5　一个二叉树的例子

这 3 种遍历都有递归和循环两种不同的实现方法，每种遍历的递归实现都比循环实现要简洁很多。很多面试官喜欢直接或间接考查遍历（详见面试题 26 "树的子结构"、面试题 34 "二叉树中和为某一值的路径"、面试题 55 "二叉树的深度"）的具体代码实现，面试题 7 "重建二叉树"、面试题 33 "二叉搜索树的后序遍历序列" 也是考查对遍历特点的理解，因此应聘者应该对这 3 种遍历的 6 种实现方法都了如指掌。

- 宽度优先遍历：先访问树的第一层节点，再访问树的第二层节点……一直到访问到最下面一层节点。在同一层节点中，以从左到右的顺序依次访问。我们可以对包括二叉树在内的所有树进行宽度优先遍历。图 2.5 中的二叉树的宽度优先遍历的顺序是 10、6、14、4、8、12、16。

面试题 32 "从上到下打印二叉树" 就是考查宽度优先遍历算法的题目。

二叉树有很多特例，二叉搜索树就是其中之一。在二叉搜索树中，左子节点总是小于或等于根节点，而右子节点总是大于或等于根节点。图 2.5 中的二叉树就是一棵二叉搜索树。我们可以平均在 $O(\log n)$ 的时间内根据数值在二叉搜索树中找到一个节点。二叉搜索树的面试题有很多，如面试题 36 "二叉搜索树与双向链表"、面试题 68 "树中两个节点的最低公共祖先"。

二叉树的另外两个特例是堆和红黑树。堆分为最大堆和最小堆。在最大堆中根节点的值最大，在最小堆中根节点的值最小。有很多需要快速找到最大值或者最小值的问题都可以用堆来解决。红黑树是把树中的节点定义为红、黑两种颜色，并通过规则确保从根节点到叶节点的最长路径的长度不超过最短路径的两倍。在 C++ 的 STL 中，set、multiset、map、multimap 等数据结构都是基于红黑树实现的。与堆和红黑树相关的面试题，请参考面试题 40 "最小的 k 个数"。

面试题7：重建二叉树

> 题目：输入某二叉树的前序遍历和中序遍历的结果，请重建该二叉树。假设输入的前序遍历和中序遍历的结果中都不含重复的数字。例如，输入前序遍历序列{1, 2, 4, 7, 3, 5, 6, 8}和中序遍历序列{4, 7, 2, 1, 5, 3, 8, 6}，则重建如图2.6所示的二叉树并输出它的头节点。二叉树节点的定义如下：

```
struct BinaryTreeNode
{
    int                 m_nValue;
    BinaryTreeNode*     m_pLeft;
    BinaryTreeNode*     m_pRight;
};
```

在二叉树的前序遍历序列中，第一个数字总是树的根节点的值。但在中序遍历序列中，根节点的值在序列的中间，左子树的节点的值位于根节点的值的左边，而右子树的节点的值位于根节点的值的右边。因此我们需要扫描中序遍历序列，才能找到根节点的值。

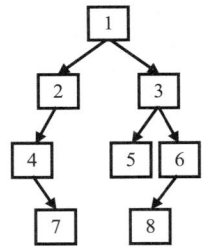

图2.6　根据前序遍历序列{1, 2, 4, 7, 3, 5, 6, 8}和中序遍历序列{4, 7, 2, 1, 5, 3, 8, 6}重建的二叉树

如图2.7所示，前序遍历序列的第一个数字1就是根节点的值。扫描中序遍历序列，就能确定根节点的值的位置。根据中序遍历的特点，在根节点的值1前面的3个数字都是左子树节点的值，位于1后面的数字都是右子树节点的值。

由于在中序遍历序列中，有3个数字是左子树节点的值，因此左子树共有3个左子节点。同样，在前序遍历序列中，根节点后面的3个数字就是3个左子树节点的值，再后面的所有数字都是右子树节点的值。这样我们就在前序遍历和中序遍历两个序列中分别找到了左、右子树对应的子序列。

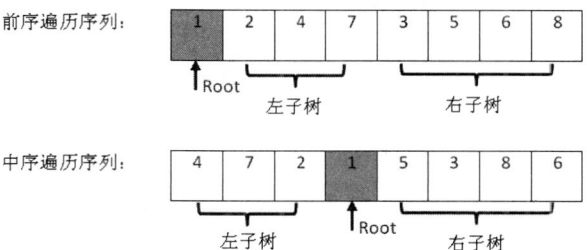

图 2.7 在二叉树的前序遍历和中序遍历序列中确定根节点的值、左子树节点的值和右子树节点的值

既然我们已经分别找到了左、右子树的前序遍历序列和中序遍历序列，我们可以用同样的方法分别构建左、右子树。也就是说，接下来的事情可以用递归的方法去完成。

在想清楚如何在前序遍历和中序遍历序列中确定左、右子树的子序列之后，我们可以写出如下的递归代码：

```
BinaryTreeNode* Construct(int* preorder, int* inorder, int length)
{
    if(preorder == nullptr || inorder == nullptr || length <= 0)
        return nullptr;

    return ConstructCore(preorder, preorder + length - 1,
        inorder, inorder + length - 1);
}

BinaryTreeNode* ConstructCore
(
    int* startPreorder, int* endPreorder,
    int* startInorder, int* endInorder
)
{
    // 前序遍历序列的第一个数字是根节点的值
    int rootValue = startPreorder[0];
    BinaryTreeNode* root = new BinaryTreeNode();
    root->m_nValue = rootValue;
    root->m_pLeft = root->m_pRight = nullptr;

    if(startPreorder == endPreorder)
    {
        if(startInorder == endInorder
            && *startPreorder == *startInorder)
            return root;
        else
            throw std::exception("Invalid input.");
    }
```

```cpp
        // 在中序遍历序列中找到根节点的值
        int* rootInorder = startInorder;
        while(rootInorder <= endInorder && *rootInorder != rootValue)
            ++ rootInorder;

        if(rootInorder == endInorder && *rootInorder != rootValue)
            throw std::exception("Invalid input.");

        int leftLength = rootInorder - startInorder;
        int* leftPreorderEnd = startPreorder + leftLength;
        if(leftLength > 0)
        {
            // 构建左子树
            root->m_pLeft = ConstructCore(startPreorder + 1,
                leftPreorderEnd, startInorder, rootInorder - 1);
        }
        if(leftLength < endPreorder - startPreorder)
        {
            // 构建右子树
            root->m_pRight = ConstructCore(leftPreorderEnd + 1,
                endPreorder, rootInorder + 1, endInorder);
        }

        return root;
}
```

在函数 ConstructCore 中，我们先根据前序遍历序列的第一个数字创建根节点，接下来在中序遍历序列中找到根节点的位置，这样就能确定左、右子树节点的数量。在前序遍历和中序遍历序列中划分了左、右子树节点的值之后，我们就可以递归地调用函数 ConstructCore 去分别构建它的左、右子树。

源代码：

本题完整的源代码：

https://github.com/zhedahht/CodingInterviewChinese2/tree/master/07_ConstructBinaryTree

测试用例：

- 普通二叉树（完全二叉树；不完全二叉树）。
- 特殊二叉树（所有节点都没有右子节点的二叉树；所有节点都没有左子节点的二叉树；只有一个节点的二叉树）。

- 特殊输入测试（二叉树的根节点指针为 nullptr；输入的前序遍历序列和中序遍历序列不匹配）。

本题考点：

- 考查应聘者对二叉树的前序遍历和中序遍历的理解程度。只有对二叉树的不同遍历算法有了深刻的理解，应聘者才有可能在遍历序列中划分出左、右子树对应的子序列。

- 考查应聘者分析复杂问题的能力。我们把构建二叉树的大问题分解成构建左、右子树的两个小问题。我们发现小问题和大问题在本质上是一致的，因此可以用递归的方式解决。更多关于分解复杂问题的讨论，请参考本书的 4.4 节。

面试题 8：二叉树的下一个节点

> 题目：给定一棵二叉树和其中的一个节点，如何找出中序遍历序列的下一个节点？树中的节点除了有两个分别指向左、右子节点的指针，还有一个指向父节点的指针。

在图 2.8 中的二叉树的中序遍历序列是 {d, b, h, e, i, a, f, c, g}。我们将以这棵树为例来分析如何找出二叉树的下一个节点。

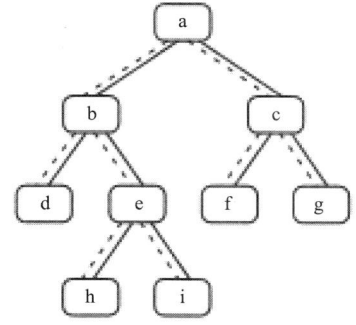

图 2.8 一棵有 9 个节点的二叉树。树中从父节点指向子节点的指针用实线表示，从子节点指向父节点的指针用虚线表示

如果一个节点有右子树，那么它的下一个节点就是它的右子树中的最左子节点。也就是说，从右子节点出发一直沿着指向左子节点的指针，我

们就能找到它的下一个节点。例如，图 2.8 中节点 b 的下一个节点是 h，节点 a 的下一个节点是 f。

接着我们分析一个节点没有右子树的情形。如果节点是它父节点的左子节点，那么它的下一个节点就是它的父节点。例如，图 2.8 中节点 d 的下一个节点是 b，节点 f 的下一个节点是 c。

如果一个节点既没有右子树，并且它还是它父节点的右子节点，那么这种情形就比较复杂。我们可以沿着指向父节点的指针一直向上遍历，直到找到一个是它父节点的左子节点的节点。如果这样的节点存在，那么这个节点的父节点就是我们要找的下一个节点。

为了找到图 2.8 中节点 i 的下一个节点，我们沿着指向父节点的指针向上遍历，先到达节点 e。由于节点 e 是它父节点 b 的右节点，我们继续向上遍历到达节点 b。节点 b 是它父节点 a 的左子节点，因此节点 b 的父节点 a 就是节点 i 的下一个节点。

找出节点 g 的下一个节点的步骤类似。我们先沿着指向父节点的指针到达节点 c。由于节点 c 是它父节点 a 的右子节点，我们继续向上遍历到达节点 a。由于节点 a 是树的根节点，它没有父节点，因此节点 g 没有下一个节点。

我们用如下的 C++代码从二叉树中找出一个节点的下一个节点：

```cpp
BinaryTreeNode* GetNext(BinaryTreeNode* pNode)
{
    if(pNode == nullptr)
        return nullptr;

    BinaryTreeNode* pNext = nullptr;
    if(pNode->m_pRight != nullptr)
    {
        BinaryTreeNode* pRight = pNode->m_pRight;
        while(pRight->m_pLeft != nullptr)
            pRight = pRight->m_pLeft;

        pNext = pRight;
    }
    else if(pNode->m_pParent != nullptr)
    {
        BinaryTreeNode* pCurrent = pNode;
        BinaryTreeNode* pParent = pNode->m_pParent;
        while(pParent != nullptr && pCurrent == pParent->m_pRight)
        {
            pCurrent = pParent;
```

```
            pParent = pParent->m_pParent;
        }

        pNext = pParent;
    }

    return pNext;
}
```

 源代码:

本题完整的源代码:

https://github.com/zhedahht/CodingInterviewChinese2/tree/master/08_NextNodeInBinaryTrees

 测试用例:

- 普通二叉树（完全二叉树；不完全二叉树）。
- 特殊二叉树（所有节点都没有右子节点的二叉树；所有节点都没有左子节点的二叉树；只有一个节点的二叉树；二叉树的根节点指针为 nullptr）。
- 不同位置的节点的下一个节点（下一个节点为当前节点的右子节点、右子树的最左子节点、父节点、跨层的父节点等；当前节点没有下一个节点）。

本题考点:

- 考查应聘者对二叉树中序遍历的理解程度。只有对二叉树的遍历算法有了深刻的理解，应聘者才有可能准确找出每个节点的中序遍历的下一个节点。
- 考查应聘者分析复杂问题的能力。应聘者只有画出二叉树的结构图、通过具体的例子找出中序遍历下一个节点的规律，才有可能设计出可行的算法。关于画图和举例解决复杂问题的讨论，请参考本书的 4.2 和 4.3 节。

2.3.5 栈和队列

栈是一个非常常见的数据结构,它在计算机领域被广泛应用,比如操作系统会给每个线程创建一个栈用来存储函数调用时各个函数的参数、返回地址及临时变量等。栈的特点是后进先出,即最后被压入(push)栈的元素会第一个被弹出(pop)。在面试题 31 "栈的压入、弹出序列"中,我们再详细分析进栈和出栈序列的特点。

通常栈是一个不考虑排序的数据结构,我们需要 $O(n)$ 时间才能找到栈中最大或者最小的元素。如果想要在 $O(1)$ 时间内得到栈的最大值或者最小值,则需要对栈做特殊的设计,详见面试题 30 "包含 min 函数的栈"。

队列是另外一种很重要的数据结构。和栈不同的是,队列的特点是先进先出,即第一个进入队列的元素将会第一个出来。在 2.3.4 节介绍的树的宽度优先遍历算法中,我们在遍历某一层树的节点时,把节点的子节点放到一个队列里,以备下一层节点的遍历。详细的代码参见面试题 32 "从上到下打印二叉树"。

栈和队列虽然是特点针锋相对的两个数据结构,但有意思的是它们却相互联系。请看面试题 9 "用两个栈实现队列",同时读者也可以考虑如何用两个队列实现栈。

面试题 9:用两个栈实现队列

> 题目:用两个栈实现一个队列。队列的声明如下,请实现它的两个函数 appendTail 和 deleteHead,分别完成在队列尾部插入节点和在队列头部删除节点的功能。

```
template <typename T> class CQueue
{
public:
    CQueue(void);
    ~CQueue(void);

    void appendTail(const T& node);
    T deleteHead();

private:
    stack<T> stack1;
    stack<T> stack2;
};
```

从上述队列的声明中可以看出，一个队列包含了两个栈 stack1 和 stack2，因此这道题的意图是要求我们操作这两个"先进后出"的栈实现一个"先进先出"的队列 CQueue。

我们通过一个具体的例子来分析往该队列插入和删除元素的过程。首先插入一个元素 a，不妨先把它插入 stack1，此时 stack1 中的元素有{a}，stack2 为空。再压入两个元素 b 和 c，还是插入 stack1，此时 stack1 中的元素有{a, b, c}，其中 c 位于栈顶，而 stack2 仍然是空的，如图 2.9（a）所示。

这时候我们试着从队列中删除一个元素。按照队列先入先出的规则，由于 a 比 b、c 先插入队列中，最先被删除的元素应该是 a。元素 a 存储在 stack1 中，但并不在栈顶上，因此不能直接进行删除。注意到 stack2 一直没有被使用过，现在是让 stack2 发挥作用的时候了。如果我们把 stack1 中的元素逐个弹出并压入 stack2，则元素在 stack2 中的顺序正好和原来在 stack1 中的顺序相反。因此经过 3 次弹出 stack1 和压入 stack2 的操作之后，stack1 为空，而 stack2 中的元素是{c,b,a}，这时候就可以弹出 stack2 的栈顶 a 了。此时的 stack1 为空，而 stack2 的元素为{c,b}，其中 b 在栈顶，如图 2.9（b）所示。

如果我们还想继续删除队列的头部应该怎么办呢？剩下的两个元素是 b 和 c，b 比 c 早进入队列，因此 b 应该先删除。而此时 b 恰好又在栈顶上，因此直接弹出 stack2 的栈顶即可。在这次弹出操作之后，stack1 仍然为空，而 stack2 中的元素为{c}，如图 2.9（c）所示。

从上面的分析中我们可以总结出删除一个元素的步骤：当 stack2 不为空时，在 stack2 中的栈顶元素是最先进入队列的元素，可以弹出。当 stack2 为空时，我们把 stack1 中的元素逐个弹出并压入 stack2。由于先进入队列的元素被压到 stack1 的底端，经过弹出和压入操作之后就处于 stack2 的顶端，又可以直接弹出。

接下来再插入一个元素 d。我们还是把它压入 stack1，如图 2.9（d）所示，这样会不会有问题呢？我们考虑下一次删除队列的头部 stack2 不为空，直接弹出它的栈顶元素 c，如图 2.9（e）所示。而 c 的确比 d 先进入队列，应该在 d 之前从队列中删除，因此不会出现任何矛盾。

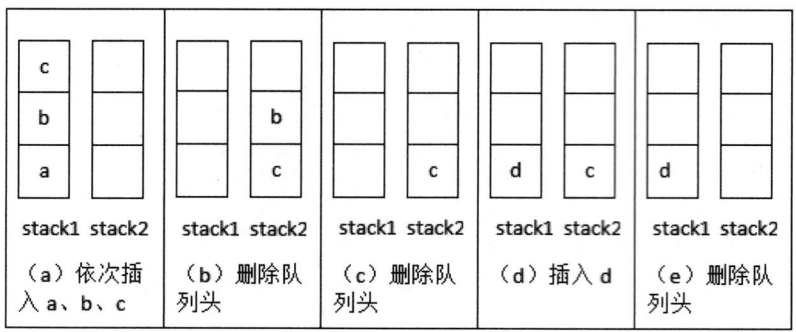

图 2.9 用两个栈模拟一个队列的操作

总结完每一次在队列中插入和删除操作的过程之后，我们就可以开始动手写代码了。参考代码如下：

```cpp
template<typename T> void CQueue<T>::appendTail(const T& element)
{
    stack1.push(element);
}

template<typename T> T CQueue<T>::deleteHead()
{
    if(stack2.size()<= 0)
    {
        while(stack1.size()>0)
        {
            T& data = stack1.top();
            stack1.pop();
            stack2.push(data);
        }
    }

    if(stack2.size() == 0)
        throw new exception("queue is empty");

    T head = stack2.top();
    stack2.pop();

    return head;
}
```

 源代码：

本题完整的源代码：

https://github.com/zhedahht/CodingInterviewChinese2/tree/master/09_QueueWithTwoStacks

测试用例：
- 往空的队列里添加、删除元素。
- 往非空的队列里添加、删除元素。
- 连续删除元素直至队列为空。

本题考点：
- 考查应聘者对栈和队列的理解。
- 考查应聘者写与模板相关的代码的能力。
- 考查应聘者分析复杂问题的能力。本题解法的代码虽然只有二十几行，但形成正确的思路却不容易。应聘者能否通过具体的例子分析问题，通过画图的手段把抽象的问题形象化，从而解决这个相对复杂的问题，是能否顺利通过面试的关键。

相关题目：

用两个队列实现一个栈。

我们通过一系列栈的压入和弹出操作来分析用两个队列模拟一个栈的过程。如图 2.10（a）所示，我们先往栈内压入一个元素 a。由于两个队列现在都是空的，我们可以选择把 a 插入两个队列的任意一个。我们不妨把 a 插入 queue1。接下来继续往栈内压入 b、c 两个元素，我们把它们都插入 queue1。这个时候 queue1 包含 3 个元素 a、b 和 c，其中 a 位于队列的头部，c 位于队列的尾部。

现在我们考虑从栈内弹出一个元素。根据栈的后入先出原则，最后被压入栈的 c 应该最先被弹出。由于 c 位于 queue1 的尾部，而我们每次只能从队列的头部删除元素，因此我们可以先从 queue1 中依次删除元素 a、b 并插入 queue2，再从 queue1 中删除元素 c。这就相当于从栈中弹出元素 c 了，如图 2.10（b）所示。我们可以用同样的方法从栈内弹出元素 b，如图 2.10（c）所示。

接下来我们考虑往栈内压入一个元素 d。此时 queue1 已经有一个元素，我们就把 d 插入 queue1 的尾部，如图 2.10（d）所示。如果我们再从栈内弹出一个元素，那么此时被弹出的应该是最后被压入的 d。由于 d 位于 queue1 的尾部，我们只能先从头删除 queue1 的元素并插入 queue2，直到在 queue1 中遇到 d 再直接把它删除，如图 2.10（e）所示。

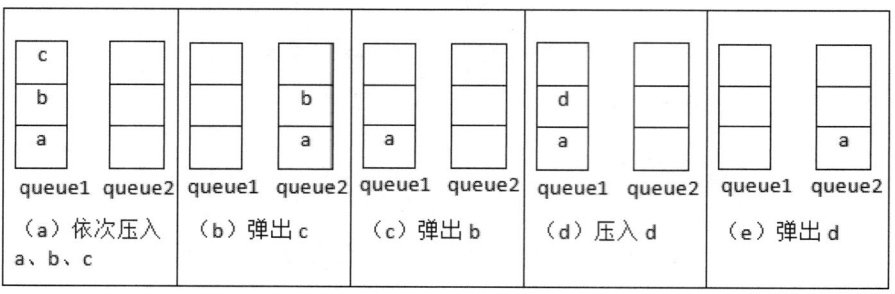

图 2.10　用两个队列模拟一个栈的操作

2.4 算法和数据操作

和数据结构一样，考查算法的面试题也备受面试官的青睐。有很多算法都可以用递归和循环两种不同的方式实现。通常基于递归的实现方法代码会比较简洁，但性能不如基于循环的实现方法。在面试的时候，我们可以根据题目的特点，甚至可以和面试官讨论选择合适的方法编程。

通常排序和查找是面试时考查算法的重点。在准备面试的时候，我们应该重点掌握二分查找、归并排序和快速排序，做到能随时正确、完整地写出它们的代码。

如果面试题要求在二维数组（可能具体表现为迷宫或者棋盘等）上搜索路径，那么我们可以尝试用回溯法。通常回溯法很适合用递归的代码实现。只有当面试官限定不可以用递归实现的时候，我们再考虑用栈来模拟递归的过程。

如果面试题是求某个问题的最优解，并且该问题可以分为多个子问题，那么我们可以尝试用动态规划。在用自上而下的递归思路去分析动态规划问题的时候，我们会发现子问题之间存在重叠的更小的子问题。为了避免不必要的重复计算，我们用自下而上的循环代码来实现，也就是把子问题的最优解先算出来并用数组（一般是一维或者二维数组）保存下来，接下来基于子问题的解计算大问题的解。

如果我们告诉面试官动态规划的思路之后，面试官还在提醒说在分解子问题的时候是不是存在某个特殊的选择，如果采用这个特殊的选择将一定能得到最优解，那么，通常面试官这样的提示意味着该面试题可能适用于贪婪算法。当然，面试官也会要求应聘者证明贪婪选择的确最终能够得到最优解。

位运算可以看成一类特殊的算法，它是把数字表示成二进制之后对 0 和 1 的操作。由于位运算的对象为二进制数字，所以不是很直观，但掌握它也不难，因为总共只有与、或、异或、左移和右移 5 种位运算。

2.4.1 递归和循环

如果我们需要重复地多次计算相同的问题，则通常可以选择用递归或者循环两种不同的方法。递归是在一个函数的内部调用这个函数自身。而循环则是通过设置计算的初始值及终止条件，在一个范围内重复运算。比如求 1+2+⋯+n，我们可以用递归或者循环两种方式求出结果。对应的代码如下：

```
int AddFrom1ToN_Recursive(int n)
{
    return n <= 0 ? 0 : n + AddFrom1ToN_Recursive(n - 1);
}

int AddFrom1ToN_Iterative(int n)
{
    int result = 0;
    for(int i = 1; i <= n; ++ i)
        result += i;

    return result;
}
```

通常递归的代码会比较简洁。在上面的例子中，递归的代码只有一条语句，而循环则需要 4 条语句。在树的前序、中序、后序遍历算法的代码中，递归的实现明显要比循环简单得多。在面试的时候，如果面试官没有特别的要求，则应聘者可以尽量多采用递归的方法编程。

面试小提示：

通常基于递归实现的代码比基于循环实现的代码要简洁很多，更加容易实现。如果面试官没有特殊要求，则应聘者可以优先采用递归的方法编程。

递归虽然有简洁的优点，但它同时也有显著的缺点。递归由于是函数调用自身，而函数调用是有时间和空间的消耗的：每一次函数调用，都需要在内存栈中分配空间以保存参数、返回地址及临时变量，而且往栈里压入数据和弹出数据都需要时间。这就不难理解上述的例子中递归实现的效率不如循环。

另外，递归中有可能很多计算都是重复的，从而对性能带来很大的负面影响。递归的本质是把一个问题分解成两个或者多个小问题。如果多个小问题存在相互重叠的部分，就存在重复的计算。在面试题 10 "斐波那契数列"及面试题 60 "n 个骰子的点数"中，我们将详细地分析递归和循环的性能区别。

通常应用动态规划解决问题时我们都是用递归的思路分析问题，但由于递归分解的子问题中存在大量的重复，因此我们总是用自下而上的循环来实现代码。我们将在面试题 14 "剪绳子"、面试题 47 "礼物的最大价值"及面试题 48 "最长不含重复字符的子字符串"中详细讨论如何用递归分析问题并基于循环写代码。

除效率之外，递归还有可能引起更严重的问题：调用栈溢出。在前面的分析中提到需要为每一次函数调用在内存栈中分配空间，而每个进程的栈的容量是有限的。当递归调用的层级太多时，就会超出栈的容量，从而导致调用栈溢出。在上述例子中，如果输入的参数比较小，如 10，则它们都能返回结果 55。但如果输入的参数很大，如 5000，那么递归代码在运行的时候就会出错，但运行循环的代码能得到正确的结果 12502500。

面试题 10：斐波那契数列

> 题目一：求斐波那契数列的第 n 项。
>
> 写一个函数，输入 n，求斐波那契（Fibonacci）数列的第 n 项。斐波那契数列的定义如下：

$$f(n) = \begin{cases} 0 & n = 0 \\ 1 & n = 1 \\ f(n-1) + f(n-2) & n > 1 \end{cases}$$

❖ **效率很低的解法，挑剔的面试官不会喜欢**

很多 C 语言教科书在讲述递归函数的时候，都会用斐波那契数列作为例子，因此很多应聘者对这道题的递归解法都很熟悉。他们看到这道题的时候心中会忍不住一阵窃喜，因为他们能很快写出如下代码：

```
long long Fibonacci(unsigned int n)
{
    if(n <= 0)
        return 0;

    if(n == 1)
        return 1;

    return Fibonacci(n - 1) + Fibonacci(n - 2);
}
```

我们的教科书上反复用这个问题来讲解递归函数，并不能说明递归的解法最适合这道题目。面试官会提示我们上述递归的解法有很严重的效率问题并要求我们分析原因。

我们以求解 $f(10)$ 为例来分析递归的求解过程。想求得 $f(10)$，需要先求得 $f(9)$ 和 $f(8)$。同样，想求得 $f(9)$，需要先求得 $f(8)$ 和 $f(7)$……我们可以用树形结构来表示这种依赖关系，如图 2.11 所示。

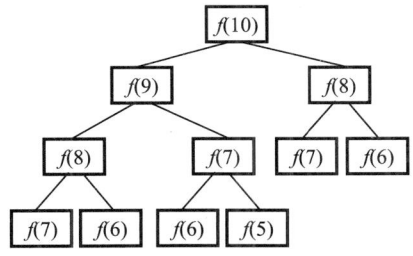

图 2.11 基于递归求斐波那契数列的第 10 项的调用过程

我们不难发现，在这棵树中有很多节点是重复的，而且重复的节点数会随着 n 的增大而急剧增加，这意味着计算量会随着 n 的增大而急剧增大。事实上，用递归方法计算的时间复杂度是以 n 的指数的方式递增的。读者不妨求斐波那契数列的第 100 项试试，感受一下这样递归会慢到什么程度。

❖ 面试官期待的实用解法

其实改进的方法并不复杂。上述递归代码之所以慢，是因为重复的计算太多，我们只要想办法避免重复计算就行了。比如我们可以把已经得到的数列中间项保存起来，在下次需要计算的时候我们先查找一下，如果前面已经计算过就不用再重复计算了。

更简单的办法是从下往上计算，首先根据 $f(0)$ 和 $f(1)$ 算出 $f(2)$，再根据 $f(1)$ 和 $f(2)$ 算出 $f(3)$……以此类推就可以算出第 n 项了。很容易理解，这种思路的时间复杂度是 $O(n)$。实现代码如下：

```cpp
long long Fibonacci(unsigned n)
{
    int result[2] = {0, 1};
    if(n < 2)
        return result[n];

    long long  fibNMinusOne = 1;
    long long  fibNMinusTwo = 0;
    long long  fibN = 0;
    for(unsigned int i = 2; i <= n; ++ i)
    {
        fibN = fibNMinusOne + fibNMinusTwo;

        fibNMinusTwo = fibNMinusOne;
        fibNMinusOne = fibN;
    }

     return fibN;
}
```

❖ 时间复杂度 $O(\log n)$ 但不够实用的解法

通常面试到这里也就差不多了，尽管我们还有比这更快的 $O(\log n)$ 算法。由于这种算法需要用到一个很生僻的数学公式，因此很少有面试官会要求我们掌握。不过以防不时之需，我们还是简要介绍一下这种算法。

在介绍这种方法之前，我们先介绍一个数学公式：

$$\begin{bmatrix} f(n) & f(n-1) \\ f(n-1) & f(n-2) \end{bmatrix} = \begin{bmatrix} 1 & 1 \\ 1 & 0 \end{bmatrix}^{n-1}$$

这个公式用数学归纳法不难证明，感兴趣的读者不妨自己证明一下。

有了这个公式，我们只需要求得矩阵 $\begin{bmatrix} 1 & 1 \\ 1 & 0 \end{bmatrix}^{n-1}$ 即可得到 $f(n)$。现在的问题转

换为如何求矩阵 $\begin{bmatrix} 1 & 1 \\ 1 & 0 \end{bmatrix}$ 的乘方。如果只是简单地从 0 开始循环，n 次方需要 n 次运算，则其时间复杂度仍然是 $O(n)$，并不比前面的方法快。但我们可以考虑乘方的如下性质：

$$a^n = \begin{cases} a^{n/2} \cdot a^{n/2} & n \text{ 为偶数} \\ a^{(n-1)/2} \cdot a^{(n-1)/2} \cdot a & n \text{ 为奇数} \end{cases}$$

从上面的公式中我们可以看出，我们想求得 n 次方，就要先求得 n/2 次方，再把 n/2 次方的结果平方一下即可。这可以用递归的思路实现。

由于很少有面试官要求编程实现这种思路，本书中不再列出完整的代码，感兴趣的读者请参考附带的源代码。不过这种基于递归用 $O(\log n)$ 的时间求得 n 次方的算法却值得我们重视。我们在面试题 16 "数值的整数次方" 中再详细讨论这种算法。

❖ **解法比较**

用不同的方法求解斐波那契数列的时间效率大不相同。第一种基于递归的解法虽然直观但时间效率很低，在实际软件开发中不会用这种方法，也不可能得到面试官的青睐。第二种方法把递归的算法用循环实现，极大地提高了时间效率。第三种方法把求斐波那契数列转换成求矩阵的乘方，是一种很有创意的算法。虽然我们可以用 $O(\log n)$ 求得矩阵的 n 次方，但由于隐含的时间常数较大，很少会有软件采用这种算法。另外，实现这种解法的代码也很复杂，不太适合面试。因此第三种方法不是一种实用的算法，不过应聘者可以用它来展示自己的知识面。

除了面试官直接要求编程实现斐波那契数列，还有不少面试题可以看成斐波那契数列的应用。

> 题目二：青蛙跳台阶问题。
> 一只青蛙一次可以跳上 1 级台阶，也可以跳上 2 级台阶。求该青蛙跳上一个 n 级的台阶总共有多少种跳法。

首先我们考虑最简单的情况。如果只有 1 级台阶，那显然只有一种跳法。如果有 2 级台阶，那就有两种跳法：一种是分两次跳，每次跳 1 级；另一种就是一次跳 2 级。

接着我们再来讨论一般情况。我们把 n 级台阶时的跳法看成 n 的函数，记为 f(n)。当 n>2 时，第一次跳的时候就有两种不同的选择：一是第一次只跳 1 级，此时跳法数目等于后面剩下的 n-1 级台阶的跳法数目，即为 f(n-1)；二是第一次跳 2 级，此时跳法数目等于后面剩下的 n-2 级台阶的跳法数目，即为 f(n-2)。因此，n 级台阶的不同跳法的总数 f(n)=f(n-1)+f(n-2)。分析到这里，我们不难看出这实际上就是斐波那契数列了。

 源代码：

本题完整的源代码：

https://github.com/zhedahht/CodingInterviewChinese2/tree/master/10_Fibonacci

 测试用例：

- 功能测试（如输入 3、5、10 等）。
- 边界值测试（如输入 0、1、2）。
- 性能测试（输入较大的数字，如 40、50、100 等）。

本题考点：

- 考查应聘者对递归、循环的理解及编码能力。
- 考查应聘者对时间复杂度的分析能力。
- 如果面试官采用的是青蛙跳台阶的问题，那么同时还在考查应聘者的数学建模能力。

本题扩展：

在青蛙跳台阶的问题中，如果把条件改成：一只青蛙一次可以跳上 1 级台阶，也可以跳上 2 级……它也可以跳上 n 级，此时该青蛙跳上一个 n 级的台阶总共有多少种跳法？我们用数学归纳法可以证明 $f(n)=2^{n-1}$。

相关题目：

我们可以用 2×1（图 2.12 的左边）的小矩形横着或者竖着去覆盖更大的矩形。请问用 8 个 2×1 的小矩形无重叠地覆盖一个 2×8 的大矩形（图 2.12 的右边），总共有多少种方法？

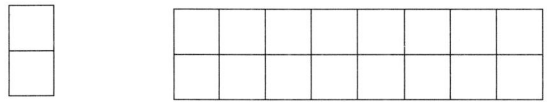

图 2.12　一个 2×1 的矩形和 2×8 的矩形

我们先把 2×8 的覆盖方法记为 $f(8)$。用第一个 2×1 的小矩形去覆盖大矩形的最左边时有两种选择：竖着放或者横着放。当竖着放的时候，右边还剩下 2×7 的区域，这种情形下的覆盖方法记为 $f(7)$。接下来考虑横着放的情况。当 2×1 的小矩形横着放在左上角的时候，左下角必须和横着放一个 2×1 的小矩形，而在右边还剩下 2×6 的区域，这种情形下的覆盖方法记为 $f(6)$，因此 $f(8)=f(7)+f(6)$。此时我们可以看出，这仍然是斐波那契数列。

2.4.2　查找和排序

查找和排序都是在程序设计中经常用到的算法。查找相对而言较为简单，不外乎顺序查找、二分查找、哈希表查找和二叉排序树查找。在面试的时候，不管是用循环还是用递归，面试官都期待应聘者能够信手拈来写出完整正确的二分查找代码，否则可能连继续面试的兴趣都没有。面试题 11 "旋转数组的最小数字"和面试题 53 "在排序数组中查找数字"都可以用二分查找算法解决。

 面试小提示：

如果面试题是要求在排序的数组（或者部分排序的数组）中查找一个数字或者统计某个数字出现的次数，那么我们都可以尝试用二分查找算法。

哈希表和二叉排序树查找的重点在于考查对应的数据结构而不是算法。哈希表最主要的优点是我们利用它能够在 $O(1)$ 时间内查找某一元素，是效率最高的查找方式；但其缺点是需要额外的空间来实现哈希表。面试题 50 "第一个只出现一次的字符"就是用哈希表的特性来实现高效查找的。

与二叉排序树查找算法对应的数据结构是二叉搜索树,我们将在面试题 33 "二叉搜索树的后序遍历序列"和面试题 36 "二叉搜索树与双向链表"中详细介绍二叉搜索树的特点。

排序比查找要复杂一些。面试官会经常要求应聘者比较插入排序、冒泡排序、归并排序、快速排序等不同算法的优劣。强烈建议应聘者在准备面试的时候,一定要对各种排序算法的特点烂熟于胸,能够从额外空间消耗、平均时间复杂度和最差时间复杂度等方面去比较它们的优缺点。需要特别强调的是,很多公司的面试官喜欢在面试环节要求应聘者写出快速排序的代码。应聘者不妨自己写一个快速排序的函数并用各种数据进行测试。当测试都通过之后,再和经典的实现进行比较,看看有什么区别。

实现快速排序算法的关键在于先在数组中选择一个数字,接下来把数组中的数字分为两部分,比选择的数字小的数字移到数组的左边,比选择的数字大的数字移到数组的右边。这个函数可以如下实现:

```cpp
int Partition(int data[], int length, int start, int end)
{
    if(data == nullptr || length <= 0 || start < 0 || end >= length)
        throw new std::exception("Invalid Parameters");

    int index = RandomInRange(start, end);
    Swap(&data[index], &data[end]);

    int small = start - 1;
    for(index = start; index < end; ++ index)
    {
        if(data[index] < data[end])
        {
            ++ small;
            if(small != index)
                Swap(&data[index], &data[small]);
        }
    }

    ++ small;
    Swap(&data[small], &data[end]);

    return small;
}
```

函数 RandomInRange 用来生成一个在 start 和 end 之间的随机数,函数 Swap 的作用是用来交换两个数字。接下来我们可以用递归的思路分别对每次选中的数字的左右两边排序。下面就是递归实现快速排序的参考代码:

```cpp
void QuickSort(int data[], int length, int start, int end)
{
```

```
if(start == end)
    return;

int index = Partition(data, length, start, end);
if(index > start)
    QuickSort(data, length, start, index - 1);
if(index < end)
    QuickSort(data, length, index + 1, end);
```

对一个长度为 n 的数组排序，只需把 start 设为 0、把 end 设为 n-1，调用函数 QuickSort 即可。

在前面的代码中，函数 Partition 除了可以用在快速排序算法中，还可以用来实现在长度为 n 的数组中查找第 k 大的数字。面试题 39 "数组中出现次数超过一半的数字"和面试题 40 "最小的 k 个数"都可以用这个函数来解决。

不同的排序算法适用的场合也不尽相同。快速排序虽然总体的平均效率是最好的，但也不是任何时候都是最优的算法。比如数组本身已经排好序了，而每一轮排序的时候都以最后一个数字作为比较的标准，此时快速排序的效率只有 $O(n^2)$。因此，在这种场合快速排序就不是最优的算法。在面试的时候，如果面试官要求实现一个排序算法，那么应聘者一定要问清楚这个排序应用的环境是什么、有哪些约束条件，在得到足够多的信息之后再选择最合适的排序算法。下面来看一个面试的片段。

面试官：请实现一个排序算法，要求时间效率为 $O(n)$。

应聘者：对什么数字进行排序，有多少个数字？

面试官：我们想对公司所有员工的年龄排序。我们公司总共有几万名员工。

应聘者：也就是说数字的大小是在一个较小的范围之内的，对吧？

面试官：嗯，是的。

应聘者：可以使用辅助空间吗？

面试官：看你用多少辅助内存。只允许使用常量大小辅助空间，不得超过 $O(n)$。

在面试的时候应聘者不要怕问面试官问题，只有多提问，应聘者才有可能明了面试官的意图。在上面的例子中，该应聘者通过几个问题就弄清楚了需排序的数字在一个较小的范围内，并且可以用辅助内存。知道了这些限制条件，就不难写出如下代码了：

```
void SortAges(int ages[], int length)
{
    if(ages == nullptr || length <= 0)
        return;

    const int oldestAge = 99;
    int timesOfAge[oldestAge + 1];

    for(int i = 0; i <= oldestAge; ++ i)
        timesOfAge[i] = 0;

    for(int i = 0; i < length; ++ i)
    {
        int age = ages[i];
        if(age < 0 || age > oldestAge)
            throw new std::exception("age out of range.");

        ++ timesOfAge[age];
    }

    int index = 0;
    for(int i = 0; i <= oldestAge; ++ i)
    {
        for(int j = 0; j < timesOfAge[i]; ++ j)
        {
            ages[index] = i;
            ++ index;
        }
    }
}
```

公司员工的年龄有一个范围。在上面的代码中，允许的范围是 0~99 岁。数组 timesOfAge 用来统计每个年龄出现的次数。某个年龄出现了多少次，就在数组 ages 里设置几次该年龄，这就相当于给数组 ages 排序了。该方法用长度 100 的整数数组作为辅助空间换来了 $O(n)$ 的时间效率。

面试题 11：旋转数组的最小数字

> 题目：把一个数组最开始的若干个元素搬到数组的末尾，我们称之为数组的旋转。输入一个递增排序的数组的一个旋转，输出旋转数组的最小元素。例如，数组 {3, 4, 5, 1, 2} 为 {1, 2, 3, 4, 5} 的一个旋转，该数组的最小值为 1。

这道题最直观的解法并不难，从头到尾遍历数组一次，我们就能找出最小的元素。这种思路的时间复杂度显然是 $O(n)$。但是这种思路没有利用输入的旋转数组的特性，肯定达不到面试官的要求。

我们注意到旋转之后的数组实际上可以划分为两个排序的子数组，而且前面子数组的元素都大于或者等于后面子数组的元素。我们还注意到最小的元素刚好是这两个子数组的分界线。在排序的数组中我们可以用二分查找法实现 $O(\log n)$ 的查找。本题给出的数组在一定程度上是排序的，因此我们可以试着用二分查找法的思路来寻找这个最小的元素。

和二分查找法一样，我们用两个指针分别指向数组的第一个元素和最后一个元素。按照题目中旋转的规则，第一个元素应该是大于或者等于最后一个元素的（这其实不完全对，还有特例，后面再加以讨论）。

接着我们可以找到数组中间的元素。如果该中间元素位于前面的递增子数组，那么它应该大于或者等于第一个指针指向的元素。此时数组中最小的元素应该位于该中间元素的后面。我们可以把第一个指针指向该中间元素，这样可以缩小寻找的范围。移动之后的第一个指针仍然位于前面的递增子数组。

同样，如果中间元素位于后面的递增子数组，那么它应该小于或者等于第二个指针指向的元素。此时该数组中最小的元素应该位于该中间元素的前面。我们可以把第二个指针指向该中间元素，这样也可以缩小寻找的范围。移动之后的第二个指针仍然位于后面的递增子数组。

不管是移动第一个指针还是第二个指针，查找范围都会缩小到原来的一半。接下来我们再用更新之后的两个指针重复做新一轮的查找。

按照上述思路，第一个指针总是指向前面递增数组的元素，而第二个指针总是指向后面递增数组的元素。最终第一个指针将指向前面子数组的最后一个元素，而第二个指针会指向后面子数组的第一个元素。也就是它们最终会指向两个相邻的元素，而第二个指针指向的刚好是最小的元素。这就是循环结束的条件。

以前面的数组 {3, 4, 5, 1, 2} 为例，我们先把第一个指针指向第 0 个元素，把第二个指针指向第 4 个元素，如图 2.13（a）所示。位于两个指针中间（在数组中的下标是 2）的数字是 5，它大于第一个指针指向的数字。因此中间数字 5 一定位于第一个递增子数组，并且最小的数字一定位于它的后面。因此我们可以移动第一个指针，让它指向数组的中间，如图 2.13（b）所示。

此时位于这两个指针中间（在数组中的下标是 3）的数字是 1，它小于第二个指针指向的数字。因此这个中间数字 1 一定位于第二个递增子数组，并且最小的数字一定位于它的前面或者它自己就是最小的数字。因此我们可以移动第二个指针，让它指向两个指针中间的元素，即下标为 3 的元素，如图 2.13（c）所示。

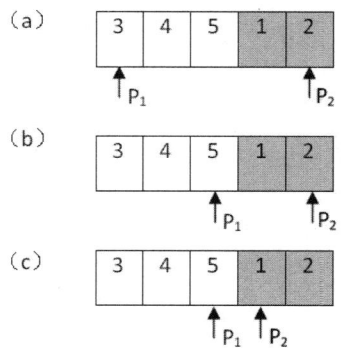

图 2.13 在数组{3, 4, 5, 1, 2}中查找最小值的过程

  注：旋转数组中包含两个递增排序的子数组，有阴影的是第二个子数组。（a）把 P_1 指向数组的第一个数字，P_2 指向数组的最后一个数字。由于 P_1 和 P_2 中间的数字 5 大于 P_1 指向的数字，中间的数字在第一个子数组中。下一步把 P_1 指向中间的数字。（b）P_1 和 P_2 中间的数字 1 小于 P_2 指向的数字，中间的数字在第二个子数组中。下一步把 P_2 指向中间的数字。（c）P_1 和 P_2 指向两个相邻的数字，则 P_2 指向的是数组中的最小数字。

  此时两个指针的距离是 1，表明第一个指针已经指向第一个递增子数组的末尾，而第二个指针指向第二个递增子数组的开头。第二个子数组的第一个数字就是最小的数字，因此第二个指针指向的数字就是我们查找的结果。

  基于这个思路，我们可以写出如下代码：

```cpp
int Min(int* numbers, int length)
{
    if(numbers == nullptr || length <= 0)
        throw new std::exception("Invalid parameters");

    int index1 = 0;
    int index2 = length - 1;
    int indexMid = index1;
    while(numbers[index1] >= numbers[index2])
    {
        if(index2 - index1 == 1)
        {
            indexMid = index2;
```

```
            break;
        }

        indexMid = (index1 + index2) / 2;
        if(numbers[indexMid] >= numbers[index1])
            index1 = indexMid;
        else if(numbers[indexMid] <= numbers[index2])
            index2 = indexMid;
    }

    return numbers[indexMid];
```

前面我们提到，在旋转数组中，由于是把递增排序数组前面的若干个数字搬到数组的后面，因此第一个数字总是大于或者等于最后一个数字。但按照定义还有一个特例：如果把排序数组的前面的 0 个元素搬到最后面，即排序数组本身，这仍然是数组的一个旋转，我们的代码需要支持这种情况。此时，数组中的第一个数字就是最小的数字，可以直接返回。这就是在上面的代码中，把 indexMid 初始化为 index1 的原因。一旦发现数组中第一个数字小于最后一个数字，表明该数组是排序的，就可以直接返回第一个数字。

上述代码是否就完美了呢？面试官会告诉我们其实不然。他将提示我们再仔细分析下标为 index1 和 index2（index1 和 index2 分别与图 2.13 中 P$_1$ 和 P$_2$ 相对应）的两个数相同的情况。在前面的代码中，当这两个数相同，并且它们中间的数字（indexMid 指向的数字）也相同时，我们把 indexMid 赋值给 index1，也就是认为此时最小的数字位于中间数字的后面。是不是一定这样？

我们再来看一个例子。数组{1, 0, 1, 1, 1}和数组{1, 1, 1, 0, 1}都可以看成递增排序数组{0, 1, 1, 1, 1}的旋转，图 2.14 分别画出它们由最小数字分隔开的两个子数组。

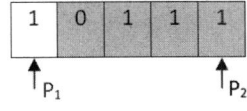 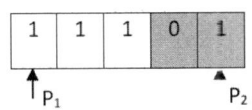

图 2.14　数组{0, 1, 1, 1, 1}的两个旋转{1, 0, 1, 1, 1}和{1, 1, 1, 0, 1}

注：在这两个数组中，第一个数字、最后一个数字和中间数字都是 1，我们无法确定中间的数字 1 是属于第一个递增子数组还是属于第二个递增子数组。第二个递增子数组用灰色背景表示。

在这两种情况中，第一个指针和第二个指针指向的数字都是 1，并且两个指针中间的数字也是 1，这 3 个数字相同。在第一种情况中，中间数字（下标为 2）位于后面的子数组；在第二种情况中，中间数字（下标为 2）位于前面的子数组。因此，当两个指针指向的数字及它们中间的数字三者相同的时候，我们无法判断中间的数字是位于前面的子数组还是后面的子数组，也就无法移动两个指针来缩小查找的范围。此时，我们不得不采用顺序查找的方法。

在把问题分析清楚形成清晰的思路之后，我们就可以把前面的代码修改为：

```cpp
int Min(int* numbers, int length)
{
    if(numbers == nullptr || length <= 0)
        throw new std::exception("Invalid parameters");

    int index1 = 0;
    int index2 = length - 1;
    int indexMid = index1;
    while(numbers[index1] >= numbers[index2])
    {
        if(index2 - index1 == 1)
        {
            indexMid = index2;
            break;
        }

        indexMid = (index1 + index2) / 2;

        // 如果下标为 index1、index2 和 indexMid 指向的三个数字相等，
        // 则只能顺序查找
        if(numbers[index1] == numbers[index2]
            && numbers[indexMid] == numbers[index1])
            return MinInOrder(numbers, index1, index2);

        if(numbers[indexMid] >= numbers[index1])
            index1 = indexMid;
        else if(numbers[indexMid] <= numbers[index2])
            index2 = indexMid;
    }

    return numbers[indexMid];
}

int MinInOrder(int* numbers, int index1, int index2)
{
    int result = numbers[index1];
    for(int i = index1 + 1; i <= index2; ++i)
    {
        if(result > numbers[i])
```

```
        result = numbers[i];
    }
    return result;
}
```

 源代码：

本题完整的源代码：

https://github.com/zhedahht/CodingInterviewChinese2/tree/master/11_MinNumberInRotatedArray

 测试用例：

- 功能测试（输入的数组是升序排序数组的一个旋转，数组中有重复数字或者没有重复数字）。
- 边界值测试（输入的数组是一个升序排序的数组，只包含一个数字的数组）。
- 特殊输入测试（输入 nullptr 指针）。

本题考点：

- 考查应聘者对二分查找的理解。本题变换了二分查找的条件，输入的数组不是排序的，而是排序数组的一个旋转。这要求我们对二分查找的过程有深刻的理解。
- 考查应聘者的沟通能力和学习能力。本题面试官提出了一个新的概念：数组的旋转。我们要在很短的时间内学习、理解这个新概念。在面试过程中，如果面试官提出新的概念，那么我们可以主动和面试官沟通，多问几个问题，把概念弄清楚。
- 考查应聘者思维的全面性。排序数组本身是数组旋转的一个特例。另外，我们要考虑到数组中有相同数字的特例。如果不能很好地处理这些特例，就很难写出让面试官满意的完美代码。

2.4.3 回溯法

回溯法可以看成蛮力法的升级版，它从解决问题每一步的所有可能选项里系统地选择出一个可行的解决方案。回溯法非常适合由多个步骤组成的问题，并且每个步骤都有多个选项。当我们在某一步选择了其中一个选项时，就进入下一步，然后又面临新的选项。我们就这样重复选择，直至到达最终的状态。

用回溯法解决的问题的所有选项可以形象地用树状结构表示。在某一步有 n 个可能的选项，那么该步骤可以看成是树状结构中的一个节点，每个选项看成树中节点连接线，经过这些连接线到达该节点的 n 个子节点。树的叶节点对应着终结状态。如果在叶节点的状态满足题目的约束条件，那么我们找到了一个可行的解决方案。

如果在叶节点的状态不满足约束条件，那么只好回溯到它的上一个节点再尝试其他的选项。如果上一个节点所有可能的选项都已经试过，并且不能到达满足约束条件的终结状态，则再次回溯到上一个节点。如果所有节点的所有选项都已经尝试过仍然不能到达满足约束条件的终结状态，则该问题无解。

接下来以面试题 12 为例，分析用回溯法解决问题的过程。由于矩阵的第一行第二个字母'b'和路径"bfce"的第一个字符相等，我们就从这里开始分析。根据题目的要求，我们此时有 3 个选项，分别是向左到达字母'a'、向右到达字母't'、向下到达字母'f'。我们先尝试选项'a'，由于此时不可能得到路径"bfce"，因此不得不回到节点'b'尝试下一个选项't'。同样，经过节点't'也不可能得到路径"bfce"，因此再次回到节点'b'尝试下一个选项'f'。

在节点'f'我们也有 3 个选项，向左、向右都能到达字母'c'、向下到达字母'd'。我们先选择向左到达字母'c'，此时只有一个选择，即向下到达字母'j'。由于此时的路径为"bfcj"，不满足题目的约束条件，我们只好回到上一个节点左边的节点'c'。注意到左边的节点'c'的所有选项都已经尝试过，因此只好再回溯到上一个节点'f'并尝试它的下一个选项，即向右到达节点'c'。

在右边的节点'c'我们有两个选择，即向右到达节点's'，或者向下到达节点'e'。由于经过节点's'不可能找到满足条件的路径，我们再选择节点'e'，此时路径上的字母刚好组成字符串"bfce"，满足题目的约束条件，因此我们找到了符合要求的解决方案，如图 2.15 所示。

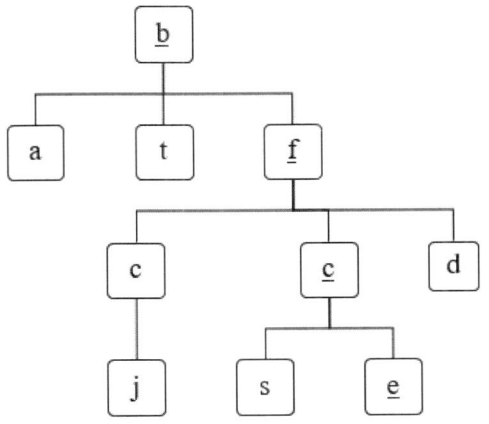

图 2.15 面试题 12 从字母 b 开始的选项组成的树状结构

通常回溯法算法适合用递归实现代码。当我们到达某一个节点时，尝试所有可能的选项并在满足条件的前提下递归地抵达下一个节点。

面试题 12：矩阵中的路径

> 题目：请设计一个函数，用来判断在一个矩阵中是否存在一条包含某字符串所有字符的路径。路径可以从矩阵中的任意一格开始，每一步可以在矩阵中向左、右、上、下移动一格。如果一条路径经过了矩阵的某一格，那么该路径不能再次进入该格子。例如，在下面的 3×4 的矩阵中包含一条字符串"bfce"的路径（路径中的字母用下画线标出）。但矩阵中不包含字符串"abfb"的路径，因为字符串的第一个字符 b 占据了矩阵中的第一行第二个格子之后，路径不能再次进入这个格子。

a b t g
c f c s
j d e h

这是一个可以用回溯法解决的典型题。首先，在矩阵中任选一个格子作为路径的起点。假设矩阵中某个格子的字符为 ch，并且这个格子将对应于路径上的第 i 个字符。如果路径上的第 i 个字符不是 ch，那么这个格子不可能处在路径上的第 i 个位置。如果路径上的第 i 个字符正好是 ch，那么到相邻的格子寻找路径上的第 $i+1$ 个字符。除矩阵边界上的格子之外，其他格子都有 4 个相邻的格子。重复这个过程，直到路径上的所有字符都在矩阵中找到相应的位置。

由于回溯法的递归特性，路径可以被看成一个栈。当在矩阵中定位了路径中前 n 个字符的位置之后，在与第 n 个字符对应的格子的周围都没有找到第 n+1 个字符，这时候只好在路径上回到第 n−1 个字符，重新定位第 n 个字符。

由于路径不能重复进入矩阵的格子，所以还需要定义和字符矩阵大小一样的布尔值矩阵，用来标识路径是否已经进入了每个格子。

下面的代码实现了这个回溯算法：

```cpp
bool hasPath(char* matrix, int rows, int cols, char* str)
{
    if(matrix == nullptr || rows < 1 || cols < 1 || str == nullptr)
        return false;

    bool *visited = new bool[rows * cols];
    memset(visited, 0, rows * cols);

    int pathLength = 0;
    for(int row = 0; row < rows; ++row)
    {
        for(int col = 0; col < cols; ++col)
        {
            if(hasPathCore(matrix, rows, cols, row, col, str,
                pathLength, visited))
            {
                return true;
            }
        }
    }

    delete[] visited;

    return false;
}

bool hasPathCore(const char* matrix, int rows, int cols, int row,
    int col, const char* str, int& pathLength, bool* visited)
{
    if(str[pathLength] == '\0')
        return true;

    bool hasPath = false;
    if(row >= 0 && row < rows && col >= 0 && col < cols
        && matrix[row * cols + col] == str[pathLength]
        && !visited[row * cols + col])
    {
        ++pathLength;
```

```
            visited[row * cols + col] = true;
            hasPath = hasPathCore(matrix, rows, cols, row, col - 1,
                    str, pathLength, visited)
                || hasPathCore(matrix, rows, cols, row - 1, col,
                    str, pathLength, visited)
                || hasPathCore(matrix, rows, cols, row, col + 1,
                    str, pathLength, visited)
                || hasPathCore(matrix, rows, cols, row + 1, col,
                    str, pathLength, visited);

            if(!hasPath)
            {
                --pathLength;
                visited[row * cols + col] = false;
            }
        }

        return hasPath;
```

当矩阵中坐标为 (row, col)的格子和路径字符串中下标为 pathLength 的字符一样时，从 4 个相邻的格子(row, col−1)、(row−1, col)、(row, col + 1) 和 (row + 1, col) 中去定位路径字符串中下标为 pathLength+1 的字符。

如果 4 个相邻的格子都没有匹配字符串中下标为 pathLength+1 的字符，则表明当前路径字符串中下标为 pathLength 的字符在矩阵中的定位不正确，我们需要回到前一个字符（pathLength−1），然后重新定位。

一直重复这个过程，直到路径字符串上的所有字符都在矩阵中找到合适的位置（此时 str[pathLength] == '\0'）。

 源代码：

本题完整的源代码：

https://github.com/zhedahht/CodingInterviewChinese2/tree/master/12_StringPathInMatrix

 测试用例：

- 功能测试（在多行多列的矩阵中存在或者不存在路径）。
- 边界值测试（矩阵只有一行或者只有一列；矩阵和路径中的所有字母都是相同的）。
- 特殊输入测试（输入 nullptr 指针）。

**本题考点**:

- 考查应聘者对回溯法的理解。通常在二维矩阵上找路径这类问题都可以应用回溯法解决。
- 考查应聘者对数组的编程能力。我们一般都把矩阵看成一个二维的数组。只有对数组的特性充分了解,才有可能快速、正确地实现回溯法的代码。

面试题 13:机器人的运动范围

> **题目**:地上有一个 m 行 n 列的方格。一个机器人从坐标(0, 0)的格子开始移动,它每次可以向左、右、上、下移动一格,但不能进入行坐标和列坐标的数位之和大于 k 的格子。例如,当 k 为 18 时,机器人能够进入方格(35, 37),因为3+5+3+7=18。但它不能进入方格(35, 38),因为3+5+3+8=19。请问该机器人能够到达多少个格子?

和前面的题目类似,这个方格也可以看作一个 $m×n$ 的矩阵。同样,在这个矩阵中,除边界上的格子之外,其他格子都有 4 个相邻的格子。

机器人从坐标(0, 0)开始移动。当它准备进入坐标为 (i, j) 的格子时,通过检查坐标的数位和来判断机器人是否能够进入。如果机器人能够进入坐标为 (i, j) 的格子,则再判断它能否进入 4 个相邻的格子 $(i, j-1)$、$(i-1, j)$、$(i, j+1)$ 和 $(i+1, j)$。因此,我们可以用如下的代码来实现回溯算法:

```
int movingCount(int threshold, int rows, int cols)
{
    if(threshold < 0 || rows <= 0 || cols <= 0)
        return 0;

    bool *visited = new bool[rows * cols];
    for(int i = 0; i < rows * cols; ++i)
        visited[i] = false;

    int count = movingCountCore(threshold, rows, cols,
                     0, 0, visited);

    delete[] visited;

    return count;
}

int movingCountCore(int threshold, int rows, int cols, int row,
    int col, bool* visited){
```

```
    int count = 0;
    if(check(threshold, rows, cols, row, col, visited))
    {
        visited[row * cols + col] = true;

        count = 1 + movingCountCore(threshold, rows, cols,
                row - 1, col, visited)
              + movingCountCore(threshold, rows, cols,
                row, col - 1, visited)
              + movingCountCore(threshold, rows, cols,
                row + 1, col, visited)
              + movingCountCore(threshold, rows, cols,
                row, col + 1, visited);
    }

    return count;
}
```

下面的函数 check 用来判断机器人能否进入坐标为(row, col)的方格，而函数 getDigitSum 用来得到一个数字的数位之和。

```
bool check(int threshold, int rows, int cols, int row, int col,
    bool* visited)
{
    if(row >=0 && row < rows && col >= 0 && col < cols
        && getDigitSum(row) + getDigitSum(col) <= threshold
        && !visited[row* cols + col])
        return true;

    return false;
}

int getDigitSum(int number)
{
    int sum = 0;
    while(number > 0)
    {
        sum += number % 10;
        number /= 10;
    }

    return sum;
}
```

 源代码：

本题完整的源代码：

https://github.com/zhedahht/CodingInterviewChinese2/tree/master/13_RobotMove

📝 **测试用例**：
- 功能测试（方格为多行多列；k 为正数）。
- 边界值测试（方格只有一行或者只有一列；k 等于 0）。
- 特殊输入测试（k 为负数）。

💡 **本题考点**：
- 考查应聘者对回溯法的理解。通常物体或者人在二维方格运动这类问题都可以用回溯法解决。
- 考查应聘者对数组编程的能力。我们一般都把矩阵看成一个二维的数组。只有对数组的特性充分了解，才有可能快速、正确地实现回溯法的代码编写。

2.4.4　动态规划与贪婪算法

动态规划现在是编程面试中的热门话题。如果面试题是求一个问题的最优解（通常是求最大值或者最小值），而且该问题能够分解成若干个子问题，并且子问题之间还有重叠的更小的子问题，就可以考虑用动态规划来解决这个问题。

我们在应用动态规划之前要分析能否把大问题分解成小问题，分解后的每个小问题也存在最优解。如果把小问题的最优解组合起来能够得到整个问题的最优解，那么我们可以应用动态规划解决这个问题。

例如在面试题 14 中，我们如何把长度为 n 的绳子剪成若干段，使得得到的各段长度的乘积最大。这个问题的目标是求剪出的各段绳子长度的乘积最大值，也就是求一个问题的最优解——这是可以应用动态规划求解的问题的第一个特点。

我们把长度为 n 的绳子剪成若干段后得到的乘积最大值定义为函数 $f(n)$。假设我们把第一刀剪在长度为 i（$0<i<n$）的位置，于是把绳子剪成了长度分别为 i 和 $n-i$ 的两段。我们要想得到整个问题的最优解 $f(n)$，那么要同样用最优化的方法把长度为 i 和 $n-i$ 的两段分别剪成若干段，使得它们各自剪出的每段绳子的长度乘积最大。也就是说整体问题的最优解是依赖各

个子问题的最优解——这是可以应用动态规划求解的问题的第二个特点。

我们把大问题分解成若干个小问题，这些小问题之间还有相互重叠的更小的子问题——这是可以应用动态规划求解的问题的第三个特点。还是以面试题 14 为例，假设绳子最初的长度为 10，我们可以把绳子剪成长度分别为 4 和 6 的两段，也就是 $f(4)$ 和 $f(6)$ 都是 $f(10)$ 的子问题。接下来分别求解这两个子问题。我们可以把长度为 4 的绳子剪成均为 2 的两段，即 $f(2)$ 是 $f(4)$ 的子问题。同样，我们也可以把长度为 6 的绳子剪成长度分别为 2 和 4 的两段，即 $f(2)$ 和 $f(4)$ 都是 $f(6)$ 的子问题。我们注意到 $f(2)$ 是 $f(4)$ 和 $f(6)$ 公共的更小的子问题。

由于子问题在分解大问题的过程中重复出现，为了避免重复求解子问题，我们可以用从下往上的顺序先计算小问题的最优解并存储下来，再以此为基础求取大问题的最优解。从上往下分析问题，从下往上求解问题，这是可以应用动态规划求解的问题的第四个特点。在应用动态规划解决问题的时候，我们总是从解决最小问题开始，并把已经解决的子问题的最优解存储下来（大部分面试题都是存储在一维或者二维数组里），并把子问题的最优解组合起来逐步解决大的问题。

在应用动态规划的时候，我们每一步都可能面临若干个选择。在求解面试题 14 时，我们在剪第一刀的时候就有 $n–1$ 个选择。我们可以剪在长度为 $1,2,\cdots,n–1$ 的任意位置。由于我们事先不知道剪在哪个位置是最优的解法，只好把所有的可能都尝试一遍，然后比较得出最优的剪法。如果用数学的语言来表示，这就是 $f(n)=\max(f(i)\times f(n-i))$，其中 $0<i<n$。

贪婪算法和动态规划不一样。当我们应用贪婪算法解决问题的时候，每一步都可以做出一个贪婪的选择，基于这个选择，我们确定能够得到最优解。还是以面试题 14 "剪绳子"为例，如果绳子的长度大于 5，则每次都剪出一段长度为 3 的绳子。如果剩下的绳子的长度仍然大于 5，则接着剪出一段长度为 3 的绳子。接下来重复这个步骤，直到剩下的绳子的长度小于 5。剪出一段长度为 3 的绳子，就是我们在每一步做出的贪婪选择。为什么这样的贪婪选择能得到最优解？这是我们应用贪婪算法时都需要问的问题，需要用数学方式来证明贪婪选择是正确的。

面试题 14：剪绳子

> 题目：给你一根长度为 n 的绳子，请把绳子剪成 m 段（m、n 都是整数，$n>1$ 并且 $m>1$），每段绳子的长度记为 $k[0],k[1],\cdots,k[m]$。请问 $k[0]\times k[1]\times\cdots\times k[m]$ 可能的最大乘积是多少？例如，当绳子的长度是 8 时，我们把它剪成长度分别为 2、3、3 的三段，此时得到的最大乘积是 18。

我们有两种不同的方法解决这个问题。先用常规的需要 $O(n^2)$ 时间和 $O(n)$ 空间的动态规划的思路，接着用只需要 $O(1)$ 时间和空间的贪婪算法来分析解决这个问题。

❖ 动态规划

首先定义函数 $f(n)$ 为把长度为 n 的绳子剪成若干段后各段长度乘积的最大值。在剪第一刀的时候，我们有 $n-1$ 种可能的选择，也就是剪出来的第一段绳子的可能长度分别为 $1,2,\cdots,n-1$。因此 $f(n)=\max(f(i)\times f(n-i))$，其中 $0<i<n$。

这是一个从上至下的递归公式。由于递归会有很多重复的子问题，从而有大量不必要的重复计算。一个更好的办法是按照从下而上的顺序计算，也就是说我们先得到 $f(2)$、$f(3)$，再得到 $f(4)$、$f(5)$，直到得到 $f(n)$。

当绳子的长度为 2 时，只可能剪成长度都为 1 的两段，因此 $f(2)$ 等于 1。当绳子的长度为 3 时，可能把绳子剪成长度分别为 1 和 2 的两段或者长度都为 1 的三段，由于 $1\times 2>1\times 1\times 1$，因此 $f(3)=2$。

下面是这一思路对应的参考代码：

```
int maxProductAfterCutting_solution1(int length)
{
    if(length < 2)
        return 0;
    if(length == 2)
        return 1;
    if(length == 3)
        return 2;

    int* products = new int[length + 1];
    products[0] = 0;
    products[1] = 1;
    products[2] = 2;
    products[3] = 3;

    int max = 0;
```

```
for(int i = 4; i <= length; ++i)
{
    max = 0;
    for(int j = 1; j <= i / 2; ++j)
    {
        int product = products[j] * products[i - j];
        if(max < product)
            max = product;

        products[i] = max;
    }
}

max = products[length];
delete[] products;

return max;
}
```

在上述代码中，子问题的最优解存储在数组 products 里。数组中第 i 个元素表示把长度为 i 的绳子剪成若干段之后各段长度乘积的最大值，即 $f(i)$。我们注意到代码中第一个 for 循环变量 i 是顺序递增的，这意味着计算顺序是自下而上的。因此在求 $f(i)$ 之前，对于每一个 j（$0<i<j$）而言，$f(j)$ 都已经求解出来了，并且结果保存在 projects[j]里。为了求解 $f(i)$，我们需要求出所有可能的 $f(j) \times f(i-j)$ 并比较得出它们的最大值。这就是代码中第二个 for 循环的功能。

❖ 贪婪算法

如果我们按照如下的策略来剪绳子，则得到的各段绳子的长度的乘积将最大：当 n≥5 时，我们尽可能多地剪长度为 3 的绳子；当剩下的绳子长度为 4 时，把绳子剪成两段长度为 2 的绳子。这种思路对应的参考代码如下：

```
int maxProductAfterCutting_solution2(int length)
{
    if(length < 2)
        return 0;
    if(length == 2)
        return 1;
    if(length == 3)
        return 2;

    // 尽可能多地剪去长度为 3 的绳子段
    int timesOf3 = length / 3;

    // 当绳子最后剩下的长度为 4 的时候，不能再剪去长度为 3 的绳子段
```

```
    //  此时更好的方法是把绳子剪成长度为 2 的两段，因为 2×2 > 3×1
    if(length - timesOf3 * 3 == 1)
        timesOf3 -= 1;

    int timesOf2 = (length - timesOf3 * 3) / 2;

    return (int) (pow(3, timesOf3)) * (int) (pow(2, timesOf2));
}
```

接下来我们证明这种思路的正确性。首先，当 $n \geqslant 5$ 的时候，我们可以证明 $2(n-2)>n$ 并且 $3(n-3)>n$。也就是说，当绳子剩下的长度大于或者等于 5 的时候，我们就把它剪成长度为 3 或者 2 的绳子段。另外，当 $n \geqslant 5$ 时，$3(n-3) \geqslant 2(n-2)$，因此我们应该尽可能地多剪长度为 3 的绳子段。

前面证明的前提是 $n \geqslant 5$。那么当绳子的长度为 4 呢？在长度为 4 的绳子上剪一刀，有两种可能的结果：剪成长度分别为 1 和 3 的两根绳子，或者两根长度都为 2 的绳子。注意到 2×2>1×3，同时 2×2=4，也就是说，当绳子长度为 4 时其实没有必要剪，只是题目的要求是至少要剪一刀。

 源代码：

本题完整的源代码：

https://github.com/zhedahht/CodingInterviewChinese2/tree/master/14_CuttingRope

 测试用例：

- 功能测试（绳子的初始长度大于 5）。
- 边界值测试（绳子的初始长度分别为 0、1、2、3、4）。

本题考点：

- 考查应聘者的抽象建模能力。应聘者需要把一个具体的场景抽象成一个能够用动态规划或者贪婪算法解决的模型。更多关于抽象建模能力的讨论请参考本书 6.4 节。
- 考查应聘者对动态规划和贪婪算法的理解。能够灵活运用动态规划解决问题的关键是具备从上到下分析问题、从下到上解决问题的能力，而灵活运用贪婪算法则需要扎实的数学基本功。

2.4.5 位运算

位运算是把数字用二进制表示之后，对每一位上 0 或者 1 的运算。二进制及其位运算是现代计算机学科的基石，很多底层的技术都离不开位运算，因此与位运算相关的题目也经常出现在面试中。我们在日常生活中习惯了十进制，很多人看到二进制及位运算都觉得很难适应。

理解位运算的第一步是理解二进制。二进制是指数字的每一位都是 0 或者 1。比如十进制的 2 转换成二进制之后是 10，而十进制的 10 转换成二进制之后是 1010。在程序员圈子里有一则流传了很久的笑话，说世界上有 10 种人，一种人知道二进制，而另一种人不知道二进制……

除了二进制，我们还可以把数字表示成其他进制，比如表示时间分秒的六十进制等。针对不太熟悉的进制，已经出现了不少很有意思的面试题。比如：

在微软产品 Excel 中，用 A 表示第 1 列，B 表示第 2 列……Z 表示第 26 列，AA 表示第 27 列，AB 表示第 28 列……以此类推。请写出一个函数，输入用字母表示的列号编码，输出它是第几列。

这是一道很新颖的关于进制的题目，其本质是把十进制数字用 A~Z 表示成二十六进制。如果想到这一点，那么解决这个问题就不难了。

其实二进制的位运算并不是很难掌握，因为位运算总共只有 5 种运算：与、或、异或、左移和右移。与、或和异或运算的规律我们可以用表 2.1 总结如下。

表 2.1 与、或、异或的运算规律

与（&）	0 & 0 = 0	1 & 0 = 0	0 & 1 = 0	1 & 1 = 1
或（|）	0 | 0 = 0	1 | 0 = 1	0 | 1 = 1	1 | 1 = 1
异或（^）	0 ^ 0 = 0	1 ^ 0 = 1	0 ^ 1 = 1	1 ^ 1 = 0

左移运算符 $m << n$ 表示把 m 左移 n 位。在左移 n 位的时候，最左边的 n 位将被丢弃，同时在最右边补上 n 个 0。比如：

00001010 << 2 = 00101000

10001010 << 3 = 01010000

右移运算符 $m >> n$ 表示把 m 右移 n 位。在右移 n 位的时候，最右边的

n 位将被丢弃。但右移时处理最左边位的情形要稍微复杂一点。如果数字是一个无符号数值，则用 0 填补最左边的 n 位；如果数字是一个有符号数值，则用数字的符号位填补最左边的 n 位。也就是说，如果数字原先是一个正数，则右移之后在最左边补 n 个 0；如果数字原先是负数，则右移之后在最左边补 n 个 1。下面是对两个 8 位有符号数进行右移的例子：

00001010 >> 2 = 00000010

10001010 >> 3 = 11110001

面试题 15 "二进制中 1 的个数"就是直接考查位运算的例子，而面试题 56 "数组中数字出现的次数"、面试题 65 "不用加减乘除做加法"等都是根据位运算的特点来解决问题的。

面试题 15：二进制中 1 的个数

> 题目：请实现一个函数，输入一个整数，输出该数二进制表示中 1 的个数。例如，把 9 表示成二进制是 1001，有 2 位是 1。因此，如果输入 9，则该函数输出 2。

❖ 可能引起死循环的解法

这是一道很基本的考查二进制和位运算的面试题。题目不是很难，面试官提出问题之后，我们很快就能形成一个基本的思路：先判断整数二进制表示中最右边一位是不是 1；接着把输入的整数右移一位，此时原来处于从右边数起的第二位被移到最右边了，再判断是不是 1；这样每次移动一位，直到整个整数变成 0 为止。现在的问题变成了怎么判断一个整数的最右边是不是 1。这很简单，只要把整数和 1 做位与运算看结果是不是 0 就知道了。1 除最右边的一位之外所有位都是 0。如果一个整数与 1 做与运算的结果是 1，则表示该整数最右边一位是 1，否则是 0。基于这种思路，我们很快就能写出如下代码：

```
int NumberOf1(int n)
{
    int count = 0;
    while(n)
    {
        if(n & 1)
            count ++;
```

```
        n = n >> 1;
    }

    return count;
}
```

面试官看了代码之后可能会问：把整数右移一位和把整数除以 2 在数学上是等价的，那上面的代码中可以把右移运算换成除以 2 吗？答案是否定的。因为除法的效率比移位运算要低得多，在实际编程中应尽可能地用移位运算符代替乘除法。

面试官接下来可能要问的第二个问题就是：上面的函数如果输入一个负数，比如 0x80000000，则运行的时候会发生什么情况？当把负数 0x80000000 右移一位的时候，并不是简单地把最高位的 1 移到第二位变成 0x40000000，而是 0xC0000000。这是因为移位前是一个负数，仍然要保证移位后是一个负数，因此移位后的最高位会设为 1。如果一直做右移运算，那么最终这个数字就会变成 0xFFFFFFFF 而陷入死循环。

❖ 常规解法

为了避免死循环，我们可以不右移输入的数字 n。首先把 n 和 1 做与运算，判断 n 的最低位是不是为 1。接着把 1 左移一位得到 2，再和 n 做与运算，就能判断 n 的次低位是不是 1……这样反复左移，每次都能判断 n 的其中一位是不是 1。基于这种思路，我们可以把代码修改如下：

```
int NumberOf1(int n)
{
    int count = 0;
    unsigned int flag = 1;
    while(flag)
    {
        if(n & flag)
            count ++;

        flag = flag << 1;
    }

    return count;
}
```

在这个解法中，循环的次数等于整数二进制的位数，32 位的整数需要循环 32 次。下面再介绍一种算法，整数中有几个 1 就只需要循环几次。

❖ 能给面试官带来惊喜的解法

在分析这种算法之前，我们先来分析把一个数减去 1 的情况。如果一个整数不等于 0，那么该整数的二进制表示中至少有一位是 1。先假设这个数的最右边一位是 1，那么减去 1 时，最后一位变成 0 而其他所有位都保持不变。也就是最后一位相当于做了取反操作，由 1 变成了 0。

接下来假设最后一位不是 1 而是 0 的情况。如果该整数的二进制表示中最右边的 1 位于第 m 位，那么减去 1 时，第 m 位由 1 变成 0，而第 m 位之后的所有 0 都变成 1，整数中第 m 位之前的所有位都保持不变。举个例子：一个二进制数 1100，它的第二位是从最右边数起的一个 1。减去 1 后，第二位变成 0，它后面的两位 0 变成 1，而前面的 1 保持不变，因此得到的结果是 1011。

在前面两种情况中，我们发现把一个整数减去 1，都是把最右边的 1 变成 0。如果它的右边还有 0，则所有的 0 都变成 1，而它左边的所有位都保持不变。接下来我们把一个整数和它减去 1 的结果做位与运算，相当于把它最右边的 1 变成 0。还是以前面的 1100 为例，它减去 1 的结果是 1011。我们再把 1100 和 1011 做位与运算，得到的结果是 1000。我们把 1100 最右边的 1 变成了 0，结果刚好就是 1000。

我们把上面的分析总结起来就是：把一个整数减去 1，再和原整数做与运算，会把该整数最右边的 1 变成 0。那么一个整数的二进制表示中有多少个 1，就可以进行多少次这样的操作。基于这种思路，我们可以写出新的代码：

```
int NumberOf1(int n)
{
    int count = 0;

    while (n)
    {
        ++ count;
        n = (n - 1) & n;
    }

    return count;
}
```

 源代码：

本题完整的源代码：

https://github.com/zhedahht/CodingInterviewChinese2/tree/master/15_NumberOf1InBinary

 测试用例：

- 正数（包括边界值 1、0x7FFFFFFF）。
- 负数（包括边界值 0x80000000、0xFFFFFFFF）。
- 0。

 本题考点：

- 考查应聘者对二进制及位运算的理解。
- 考查应聘者分析、调试代码的能力。如果应聘者在面试过程中采用的是第一种思路，则当面试官提示他输入负数将会出现问题时，面试官会期待他能在心中运行代码，自己找出运行出现死循环的原因。这就要求应聘者有一定的调试功底。

相关题目：

- 用一条语句判断一个整数是不是 2 的整数次方。一个整数如果是 2 的整数次方，那么它的二进制表示中有且只有一位是 1，而其他所有位都是 0。根据前面的分析，把这个整数减去 1 之后再和它自己做与运算，这个整数中唯一的 1 就会变成 0。
- 输入两个整数 m 和 n，计算需要改变 m 的二进制表示中的多少位才能得到 n。比如 10 的二进制表示为 1010，13 的二进制表示为 1101，需要改变 1010 中的 3 位才能得到 1101。我们可以分为两步解决这个问题：第一步求这两个数的异或；第二步统计异或结果中 1 的位数。

 举一反三：

把一个整数减去 1 之后再和原来的整数做位与运算，得到的结果相当于把整数的二进制表示中最右边的 1 变成 0。很多二进制的问题都可以用这种思路解决。

2.5 本章小结

本章着重介绍了应聘者在面试之前应该认真准备的基础知识。为了应对编程面试，应聘者需要在编程语言、数据结构和算法 3 个方面做好准备。

面试官通常采用概念题、代码分析题及编程题这 3 种常见题型来考查应聘者对某一编程语言的掌握程度。本章的 2.2 节讨论了 C++/C#语言这 3 种题型的常见面试题。

数据结构题目一直是面试官考查的重点。数组和字符串是两种最基本的数据结构。链表应该是面试题中使用频率最高的一种数据结构。如果面试官想加大面试的难度，那么他很有可能会选用与树（尤其是二叉树）相关的面试题。由于栈与递归调用密切相关，队列在图（包括树）的宽度优先遍历中需要用到，因此应聘者也需要掌握这两种数据结构。

算法是面试官喜欢考查的另外一个重点。查找（特别是二分查找）和排序（特别是快速排序和归并排序）是面试中经常考查的算法，应聘者一定要熟练掌握。回溯法很适合解决迷宫及其类似的问题。如果面试题是求一个问题的最优解，那么可以尝试使用动态规划。假如我们在用动态规划分析问题时发现每一步都存在一个能得到最优解的选择，那么可以尝试使用贪婪算法。另外，应聘者还要掌握分析时间复杂度的方法，理解即使同一思路，基于循环和递归的不同实现，它们的时间复杂度可能大不相同。很多时候我们会用自上而下的递归思路分析问题，却会基于自下而上的循环实现代码。

位运算是针对二进制数字的运算规律。只要应聘者熟练掌握了二进制的与、或、异或运算及左移、右移操作，就能解决与位运算相关的面试题。

第 3 章 高质量的代码

3.1 面试官谈代码质量

"一般会考查应聘人员对代码的容错处理能力,对一些特别的输入会询问应聘人员是否考虑、如何处理。不能容忍代码只是针对一种假想的'正常值'进行处理,不考虑异常状况,也不考虑资源的回收等问题。"

——殷焰(支付宝,高级安全测试工程师)

"如果是因为粗心犯错,则可以原谅,因为毕竟面试的时候会紧张;不能容忍的是,该掌握的知识点却没有掌握,而且提醒了还不知道。比如下面的:

double d1, d2;
...
if (d1==d2) [1]
  ..."

——马凌洲(Autodesk,软件开发经理)

---

[1] 由于精度原因,不能用等号判断两个小数是否相等,请参考面试题 26 "树的子结构"。

"最不能容忍功能错误，忽略边界情况。"

——尹彦（英特尔，软件工程师）

"如果一个程序员连变量、函数命名都毫无章法，解决一个具体问题都找不到一个最合适的数据结构，那么这会让面试官对他的印象大打折扣，因为这只能说明他程序写得太少，不够熟悉。"

——吴斌（英伟达，图形设计师）

"我会从程序的正确性和鲁棒性两方面检验代码的质量。会关注对输入参数的检查、处理错误和异常的方式、命名方式等。对于没有工作经验的学生，程序正确性之外的错误基本都能容忍，但经过提示后希望能够很快解决。对于有工作经验的人，不能容忍考虑不周到、有明显的鲁棒性错误。"

——田超（微软，SDE II）

3.2 代码的规范性

面试官是根据应聘者写出的代码来决定是否录用他的。如果应聘者代码写得不够规范，影响面试官阅读代码的兴致，那么面试官就会默默地减去几分。如图 3.1 所示，书写、布局和命名都决定着代码的规范性。

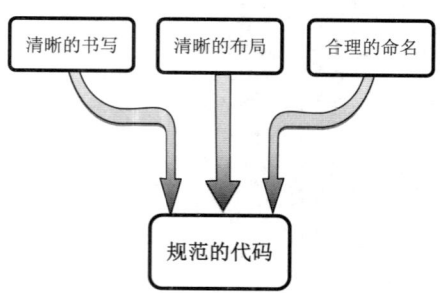

图 3.1 影响代码规范性的因素：书写、布局和命名

首先，规范的代码书写清晰。绝大部分面试都是要求应聘者在白纸或

者白板上书写。由于现代人已经习惯了敲键盘打字，手写变得越来越不习惯，因此写出来的字潦草难辨。虽然应聘者没有必要为了面试特意去练字，但在面试过程中减慢写字的速度，尽量把每个字母写清楚还是很有必要的。不用担心没有时间去写代码，通常编程面试的代码量都不会超过 50 行，书写不用花多少时间，关键是在写代码之前形成清晰的思路并能把思路用编程语言清楚地书写出来。

其次，规范的代码布局清晰。平时程序员在集成开发环境如 Visual Studio 里面写代码，依靠专业工具调整代码的布局，加入合理的缩进并让括号对齐成对呈现。离开了这些工具手写代码，我们就要格外注意布局问题。当循环、判断较多，逻辑较复杂时，缩进的层次可能会比较多。如果布局不够清晰，缩进也不能体现代码的逻辑，那么面试官面对这样的代码将会头昏脑涨。

最后，规范的代码命名合理。很多初学编程的人在写代码时总是习惯用最简单的名字来命名，变量名是 i、j、k，函数名是 f、g、h。由于这样的名字不能告诉读者对应的变量或者函数的意义，代码一长就会变得晦涩难懂。强烈建议应聘者在写代码的时候，用完整的英文单词组合命名变量和函数，比如函数需要传入一棵二叉树的根节点作为参数，则可以把该参数命名为 BinaryTreeNode* pRoot，不要因为这样会多写几个字母而觉得麻烦。如果一眼能看出变量、函数的用途，应聘者就能避免自己搞混淆而犯一些低级的错误。同时合理的命名也能让面试官一眼就能读懂代码的意图，而不是让他去猜变量 m 到底是数组中的最大值还是最小值。

面试小提示：

应聘者在写代码的时候，最好用完整的英文单词组合命名变量和函数，以便面试官能一眼读懂代码的意图。

3.3 代码的完整性

在面试过程中，面试官会非常关注应聘者考虑问题是否周全。面试官通过检查代码是否完整来考查应聘者的思维是否全面。通常面试官会检查应聘者的代码是否完成了基本功能、输入边界值是否能得到正确的输出、是否对各种不合规范的非法输入做出了合理的错误处理。

1. 从 3 个方面确保代码的完整性

应聘者在写代码之前，首先要把可能的输入都想清楚，从而避免在程序中出现各种各样的质量漏洞。也就是说，在编码之前要考虑单元测试。如果能够设计全面的单元测试用例并在代码中体现出来，那么写出的代码自然也就是完整正确的了。通常我们可以从功能测试、边界测试和负面测试 3 个方面设计测试用例，以确保代码的完整性，如图 3.2 所示。

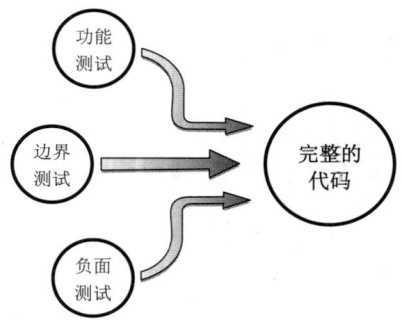

图 3.2 从功能测试、边界测试和负面测试 3 个方面设计测试用例，以确保代码的完整性

首先要考虑的是普通功能测试的测试用例。我们首先要保证写出的代码能够完成面试官要求的基本功能。比如面试题要求完成的功能是把字符串转换成整数，我们就可以考虑输入字符串"123"来测试自己写的代码。这里要把零、正数和负数都考虑进去。

在考虑功能测试的时候，我们要尽量突破常规思维的限制。面试的时候我们经常受到惯性思维的限制，从而看不到更多的功能需求。比如面试题 17 "打印从 1 到最大的 n 位数"，很多人觉得这道题很简单。最大的 3 位数是 999、最大的 4 位数是 9999，这些数字很容易就能算出来。但是最大的 n 位数都能用 int 型表示吗？超出 int 的范围我们可以考虑 long long 类型，超出 long long 能够表示的范围呢？面试官是不是要求考虑任意大的数字？如果面试官确认题目要求的是任意大的数字，那么这道题目就是一个大数问题，此时我们需要特殊的数据结构来表示数字，比如用字符串或者数组来表示大的数字，以确保不会溢出。

其次需要考虑各种边界值的测试用例。很多时候我们的代码中都会有循环或者递归。如果我们的代码基于循环，那么结束循环的边界条件是否正确？如果基于递归，那么递归终止的边界值是否正确？这些都是边界测试时要考虑的用例。还是以字符串转换成整数的问题为例，我们写出的代码应该确保能够正确转换最大的正整数和最小的负整数。

最后还需要考虑各种可能的错误输入，也就是通常所说的负面测试的测试用例。我们写出的函数除了要顺利地完成要求的功能，当输入不符合要求的时候还能做出合理的错误处理。在设计把字符串转换成整数的函数的时候，我们就要考虑当输入的字符串不是一个数字时，比如"1a2b3c"，该怎么告诉函数的调用者这个输入是非法的。

前面所说的都是要全面考虑当前需求对应的各种可能输入。在软件开发过程中，永远不变的就是需求会一直改变。如果我们在面试的时候写出的代码能够把将来需求可能的变化都考虑进去，在需求发生变化的时候能够尽量减少代码改动的风险，那么我们就向面试官展示了自己对程序可扩展性和可维护性的理解，通过面试就是水到渠成的事情了。请参考面试题 21 "调整数组顺序使奇数位于偶数前面"中关于可扩展性和可维护性的讨论。

2. 3 种错误处理的方法

通常我们有 3 种方式把错误信息传递给函数的调用者。第一种方式是函数用返回值来告知调用者是否出错。比如很多 Windows 的 API 就是这个类型。在 Windows 中，很多 API 的返回值为 0 表示 API 调用成功，而返回值不为 0 表示在 API 的调用过程中出错了。微软为不同的非零返回值定义了不同的意义，调用者可以根据这些返回值判断出错的原因。这种方式最大的问题是使用不便，因为函数不能直接把计算结果通过返回值赋值给其他变量，同时也不能把这个函数计算的结果直接作为参数传递给其他函数。

第二种方式是当错误发生时设置一个全局变量。此时我们可以在返回值中传递计算结果了。这种方法比第一种方法使用起来更加方便，因为调用者可以直接把返回值赋值给其他变量或者作为参数传递给其他函数。Windows 的很多 API 运行出错之后，也会设置一个全局变量。我们可以通过调用函数 GetLastError 分析这个表示错误的全局变量，从而得知出错的原因。但这种方法有一个问题：调用者很容易忘记检查全局变量，因此在调用出错的时候忘记进行相应的错误处理，从而留下安全隐患。

第三种方式是异常。当函数运行出错的时候，我们就抛出一个异常，还可以根据不同的出错原因定义不同的异常类型。因此，函数的调用者根据异常的类型就能知道出错的原因，从而做出相应的处理。另外，我们能显式划分程序正常运行的代码块（try 模块）和处理异常的代码块（catch 模块），逻辑比较清晰。异常在高级语言如 C#中是强烈推荐的错误处理方式，但有些早期的语言如 C 语言还不支持异常。另外，在抛出异常的时候，程序的执行会打乱正常的顺序，对程序的性能有很大的影响。

上述 3 种错误处理的方式各有其优缺点，如表 3.1 所示。那么，面试的时候我们该采用哪种方式呢？这要看面试官的需求。在听到面试官的题目之后，我们要尽快分析出可能存在哪些非法的输入，并和面试官讨论该如何处理这些非法输入。

表 3.1 返回值、全局变量和异常 3 种错误处理方式的优缺点比较

	优 点	缺 点
返回值	和系统 API 一致	不能方便地使用计算结果
全局变量	能够方便地使用计算结果	用户可能会忘记检查全局变量
异常	可以为不同的出错原因定义不同的异常类型，逻辑清晰明了	有些语言不支持异常，抛出异常时对性能有负面影响

面试题 16：数值的整数次方

> 题目：实现函数 double Power(double base, int exponent)，求 base 的 exponent 次方。不得使用库函数，同时不需要考虑大数问题。

我们都知道，在 C 语言的库中有一个 pow 函数可以用来求乘方，本题要求实现类似于 pow 的功能。要求实现特定库函数（特别是处理数值和字符串的函数）的功能是一类常见的面试题。在本书收集的面试题中，除这个题目外，还有面试题 67 "把字符串转换成整数"要求实现库函数 atoi 的功能。这就要求我们在平时编程的时候除了能熟练使用库函数，更重要的是要理解库函数的实现原理。

❖ 自以为题目简单的解法

由于不需要考虑大数问题，这道题看起来很简单，可能不少应聘者在看到题目 30 秒后就能写出如下代码：

```
double Power(double base, int exponent)
{
    double result = 1.0;
    for(int i = 1; i <= exponent; ++i)
```

```
        result *= base;

    return result;
```

不过遗憾的是，写得快不一定就能得到面试官的青睐，因为面试官会问如果输入的指数（exponent）小于1（零和负数）的时候怎么办？上面的代码完全没有考虑，只考虑了指数是正数的情况。

❖ 全面但不够高效的解法，我们离Offer已经很近了

我们知道，当指数为负数的时候，可以先对指数求绝对值，算出次方的结果之后再取倒数。既然要求倒数，我们很自然地想到有没有可能对0求倒数，如果对0求倒数该怎么办？当底数（base）是零且指数是负数的时候，如果不进行特殊处理，就会出现对0求倒数，从而导致程序运行出错。怎么告诉函数的调用者出现了这种错误？前面提到我们可以采用3种方法：返回值、全局变量和异常。面试的时候可以向面试官阐述每种方法的优缺点，然后一起讨论决定选用哪种方法。

最后需要指出的是，由于0的0次方在数学上是没有意义的，因此无论输出是0还是1都是可以接受的，但这都需要和面试官说清楚，表明我们已经考虑到这个边界值了。

有了这些相对而言已经全面很多的考虑，我们就可以把最初的代码修改如下：

```
bool g_InvalidInput = false;

double Power(double base, int exponent)
{
    g_InvalidInput = false;

    if(equal(base, 0.0) && exponent < 0)
    {
        g_InvalidInput = true;
        return 0.0;
    }

    unsigned int absExponent = (unsigned int)(exponent);
    if(exponent < 0)
        absExponent = (unsigned int)(-exponent);

    double result = PowerWithUnsignedExponent(base, absExponent);
    if(exponent < 0)
        result = 1.0 / result;
```

```
        return result;
}
double PowerWithUnsignedExponent(double base, unsigned int exponent)
{
        double result = 1.0;
        for(int i = 1; i <= exponent; ++i)
            result *= base;

        return result;
}
```

在上述代码中，我们采用全局变量来标识是否出错。如果出错了，则返回的值是 0。但为了区分是出错的时候返回的 0，还是底数为 0 的时候正常运行返回的 0，我们还定义了一个全局变量 g_InvalidInput。当出错时，这个变量被设为 true，否则为 false。这样做的好处是，我们可以把返回值直接传递给其他变量，比如写 double result = Power(2, 3)，也可以把函数的返回值直接传递给其他需要 double 型参数的函数。但缺点是这个函数的调用者有可能会忘记去检查 g_InvalidInput 以判断是否出错，从而留下了安全隐患。由于既有优点也有缺点，因此，我们在写代码之前要和面试官讨论采用哪种出错处理方式最合适。

此时我们已经考虑得很周详了，已经能够达到很多面试官的要求了。但是如果我们碰到的面试官是一个在效率上追求完美的人，那么他有可能会提醒我们函数 PowerWithUnsignedExponent 还有更快的办法。

❖ 既全面又高效的解法，确保我们能拿到 Offer

如果输入的指数 exponent 为 32，则在函数 PowerWithUnsignedExponent 的循环中需要做 31 次乘法。但我们可以换一种思路考虑：我们的目标是求出一个数字的 32 次方，如果我们已经知道了它的 16 次方，那么只要在 16 次方的基础上再平方一次就可以了。而 16 次方是 8 次方的平方。这样以此类推，我们求 32 次方只需要做 5 次乘法：先求平方，在平方的基础上求 4 次方，在 4 次方的基础上求 8 次方，在 8 次方的基础上求 16 次方，最后在 16 次方的基础上求 32 次方。

也就是说，我们可以用如下公式求 a 的 n 次方：

$$a^n = \begin{cases} a^{n/2} \cdot a^{n/2} & n \text{ 为偶数} \\ a^{(n-1)/2} \cdot a^{(n-1)/2} \cdot a & n \text{ 为奇数} \end{cases}$$

这个公式看起来是不是眼熟？我们在介绍用$O(\log n)$时间求斐波那契数列时就讨论过这个公式，这个公式很容易就能通过递归来实现。新的PowerWithUnsignedExponent代码如下：

```
double PowerWithUnsignedExponent(double base, unsigned int exponent)
{
    if(exponent == 0)
        return 1;
    if(exponent == 1)
        return base;

    double result = PowerWithUnsignedExponent(base, exponent >> 1);
    result *= result;
    if(exponent & 0x1 == 1)
        result *= base;

    return result;
}
```

最后再提醒一个细节：我们用右移运算符代替了除以 2，用位与运算符代替了求余运算符（%）来判断一个数是奇数还是偶数。位运算的效率比乘除法及求余运算的效率要高很多。既然要优化代码，我们就把优化做到极致。

在面试的时候，我们可以主动提醒面试官注意代码中的两处细节（判断 base 是否等于 0 和用位运算代替乘除法及求余运算），让他知道我们对编程的细节很重视。细节很重要，因为细节决定成败，一两个好的细节说不定就能让面试官下定决心给我们 Offer。

 源代码：

本题完整的源代码：

https://github.com/zhedahht/CodingInterviewChinese2/tree/master/16_Power

 测试用例：

把底数和指数分别设为正数、负数和零。

本题考点：

- 考查应聘者思维的全面性。这个问题本身不难，但能顺利通过的应聘者不是很多。有很多人会忽视底数为 0 而指数为负数时的错误处理。
- 对效率要求比较高的面试官还会考查应聘者快速做乘方的能力。

面试题 17：打印从 1 到最大的 n 位数

> 题目：输入数字 n，按顺序打印出从 1 到最大的 n 位十进制数。比如输入 3，则打印出 1、2、3 一直到最大的 3 位数 999。

❖ 跳进面试官陷阱

这道题目看起来很简单。我们看到这个问题之后，最容易想到的办法是先求出最大的 n 位数，然后用一个循环从 1 开始逐个打印。于是我们很容易就能写出如下的代码：

```
void Print1ToMaxOfNDigits_1(int n)
{
    int number = 1;
    int i = 0;
    while(i++ < n)
        number *= 10;

    for(i = 1; i < number; ++i)
        printf("%d\t", i);
}
```

初看之下好像没有问题，但如果仔细分析这个问题，我们就能注意到面试官没有规定 n 的范围。当输入的 n 很大的时候，我们求最大的 n 位数是不是用整型（int）或者长整型（long long）都会溢出？也就是说我们需要考虑大数问题。这是面试官在这道题里设置的一个大陷阱。

❖ 在字符串上模拟数字加法的解法，绕过陷阱才能拿到 Offer

经过前面的分析，我们很自然地想到解决这个问题需要表达一个大数。最常用也是最容易的方法是用字符串或者数组表达大数。接下来我们用字符串来解决大数问题。

在用字符串表示数字的时候，最直观的方法就是字符串里每个字符都是'0'~'9'之间的某一个字符，用来表示数字中的一位。因为数字最大是 n 位的，因此我们需要一个长度为 $n+1$ 的字符串（字符串中最后一位是结束符号'\0'）。当实际数字不够 n 位的时候，在字符串的前半部分补 0。

首先把字符串中的每一个数字都初始化为'0'，然后每一次为字符串表示的数字加 1，再打印出来。因此，我们只需要做两件事：一是在字符串表达的数字上模拟加法；二是把字符串表达的数字打印出来。

基于上面的分析，我们可以写出如下代码：

```
void Print1ToMaxOfNDigits(int n)
{
    if(n <= 0)
        return;

    char *number = new char[n + 1];
    memset(number, '0', n);
    number[n] = '\0';

    while(!Increment(number))
    {
        PrintNumber(number);
    }

    delete []number;
}
```

在上面的代码中，函数 Increment 实现在表示数字的字符串 number 上增加 1，而函数 PrintNumber 打印出 number。这两个看似简单的函数都暗藏着小小的玄机。

我们需要知道什么时候停止在 number 上增加 1，即什么时候到了最大的 n 位数 "999…99"（n 个 9）。一个最简单的办法是在每次递增之后，都调用库函数 strcmp 比较表示数字的字符串 number 和最大的 n 位数 "999…99"，如果相等则表示已经到了最大的 n 位数并终止递增。虽然调用 strcmp 很简单，但对于长度为 n 的字符串，它的时间复杂度为 $O(n)$。

我们注意到只有对 "999…99" 加 1 的时候，才会在第一个字符（下标为 0）的基础上产生进位，而其他所有情况都不会在第一个字符上产生进位。因此，当我们发现在加 1 时第一个字符产生了进位，则已经是最大的 n 位数，此时 Increment 返回 true，因此函数 Print1ToMaxOfNDigits 中的 while 循环终止。如何在每一次增加 1 之后快速判断是不是到了最大的 n 位数是本题的一个小陷阱。下面是 Increment 函数的参考代码，它实现了用 $O(1)$ 时间判断是不是已经到了最大的 n 位数。

```
bool Increment(char* number)
{
    bool isOverflow = false;
    int nTakeOver = 0;
    int nLength = strlen(number);
    for(int i = nLength - 1; i >= 0; i --)
    {
        int nSum = number[i] - '0' + nTakeOver;
        if(i == nLength - 1)
            nSum ++;
```

```
            if(nSum >= 10)
            {
                if(i == 0)
                    isOverflow = true;
                else
                {
                    nSum -= 10;
                    nTakeOver = 1;
                    number[i] = '0' + nSum;
                }
            }
            else
            {
                number[i] = '0' + nSum;
                break;
            }
        }

        return isOverflow;
    }
```

接下来我们再考虑如何打印用字符串表示的数字。虽然库函数 printf 可以很方便地打印出一个字符串，但在本题中调用 printf 并不是最合适的解决方案。前面我们提到，当数字不够 n 位的时候，在数字的前面补 0，打印的时候这些补位的 0 不应该打印出来。比如输入 3 的时候，数字 98 用字符串表示成 "098"。如果直接打印出 098，就不符合我们的阅读习惯。为此，我们定义了函数 PrintNumber，在这个函数里，只有在碰到第一个非 0 的字符之后才开始打印，直至字符串的结尾。能不能按照我们的阅读习惯打印数字是面试官设置的另外一个小陷阱。实现代码如下：

```
void PrintNumber(char* number)
{
    bool isBeginning0 = true;
    int nLength = strlen(number);

    for(int i = 0; i < nLength; ++ i)
    {
        if(isBeginning0 && number[i] != '0')
            isBeginning0 = false;

        if(!isBeginning0)
        {
            printf("%c", number[i]);
        }
    }

    printf("\t");
}
```

❖ 把问题转换成数字排列的解法，递归让代码更简洁

上述思路虽然比较直观，但由于模拟了整数的加法，代码有点长。要在面试短短几十分钟时间里完整、正确地写出这么长的代码，对很多应聘者而言不是一件容易的事情。接下来我们换一种思路来考虑这个问题。如果我们在数字前面补 0，就会发现 n 位所有十进制数其实就是 n 个从 0 到 9 的全排列。也就是说，我们把数字的每一位都从 0 到 9 排列一遍，就得到了所有的十进制数。只是在打印的时候，排在前面的 0 不打印出来罢了。

全排列用递归很容易表达，数字的每一位都可能是 0~9 中的一个数，然后设置下一位。递归结束的条件是我们已经设置了数字的最后一位。

```
void Print1ToMaxOfNDigits (int n)
{
    if(n <= 0)
        return;

    char* number = new char[n + 1];
    number[n] = '\0';

    for(int i = 0; i < 10; ++i)
    {
        number[0] = i + '0';
        Print1ToMaxOfNDigitsRecursively(number, n, 0);
    }

    delete[] number;
}

void Print1ToMaxOfNDigitsRecursively(char* number, int length, int index)
{
    if(index == length - 1)
    {
        PrintNumber(number);
        return;
    }

    for(int i = 0; i < 10; ++i)
    {
        number[index + 1] = i + '0';
        Print1ToMaxOfNDigitsRecursively(number, length, index - 1);
    }
}
```

函数 PrintNumber 和前面第二种思路中的一样，这里就不再重复了。

源代码：

本题完整的源代码：

https://github.com/zhedahht/CodingInterviewChinese2/tree/master/17_Print1ToMaxOfNDigits

测试用例：

- 功能测试（输入1、2、3……）。
- 特殊输入测试（输入-1、0）。

 本题考点：

- 考查应聘者解决大数问题的能力。面试官出这道题目的时候，他期望应聘者能意识到这是一个大数问题，同时还期待应聘者能定义合适的数据表示方式来解决大数问题。
- 如果应聘者采用第一种思路，即在数字上加1逐个打印的思路，则面试官会关注他判断是否已经到了最大的 n 位数时采用的方法。应聘者要注意到不同方法的时间效率相差很大。
- 如果应聘者采用第二种思路，则面试官还将考查他用递归方法解决问题的能力。
- 面试官还将关注应聘者打印数字时会不会打印出位于数字前面的0。这里能体现出应聘者在设计开发软件时是不是会考虑用户的使用习惯。通常我们的软件设计和开发需要符合大部分用户的人机交互习惯。

本题扩展：

在前面的代码中，我们用一个 char 型字符表示十进制数字的一位。8bit 的 char 型字符最多能表示 256 个字符，而十进制数字只有 0~9 的 10 个数字。因此，用 char 型字符来表示十进制数字并没有充分利用内存，有一些浪费。有没有更高效的方式来表示大数？

相关题目：

定义一个函数，在该函数中可以实现任意两个整数的加法。由于没有限定输入两个数的大小范围，我们也要把它当作大数问题来处理。在前面的代码的第一种思路中，实现了在字符串表示的数字上加 1 的功能，我们可以参考这种思路实现两个数字的相加功能。另外还有一个需要注意的问题：如果输入的数字中有负数，那么我们应该怎么处理？

面试小提示：

如果面试题是关于 n 位的整数并且没有限定 n 的取值范围，或者输入任意大小的整数，那么这道题目很有可能是需要考虑大数问题的。字符串是一种简单、有效地表示大数的方法。

面试题 18：删除链表的节点

> 题目一：在 $O(1)$ 时间内删除链表节点。
>
> 给定单向链表的头指针和一个节点指针，定义一个函数在 $O(1)$ 时间内删除该节点。链表节点与函数的定义如下：

```
struct ListNode
{
    int         m_nValue;
    ListNode*   m_pNext;
};

void DeleteNode(ListNode** pListHead, ListNode* pToBeDeleted);
```

在单向链表中删除一个节点，常规的做法无疑是从链表的头节点开始，顺序遍历查找要删除的节点，并在链表中删除该节点。

比如在如图 3.3（a）所示的链表中，我们想删除节点 i，可以从链表的头节点 a 开始顺序遍历，发现节点 h 的 m_pNext 指向要删除的节点 i，于是我们可以把节点 h 的 m_pNext 指向 i 的下一个节点，即节点 j。指针调整之后，我们就可以安全地删除节点 i 并保证链表没有断开。如图 3.3（b）所示。这种思路由于需要顺序查找，时间复杂度自然就是 $O(n)$ 了。

之所以需要从头开始查找，是因为我们需要得到将被删除的节点的前一个节点。在单向链表中，节点中没有指向前一个节点的指针，所以只好从链表的头节点开始顺序查找。

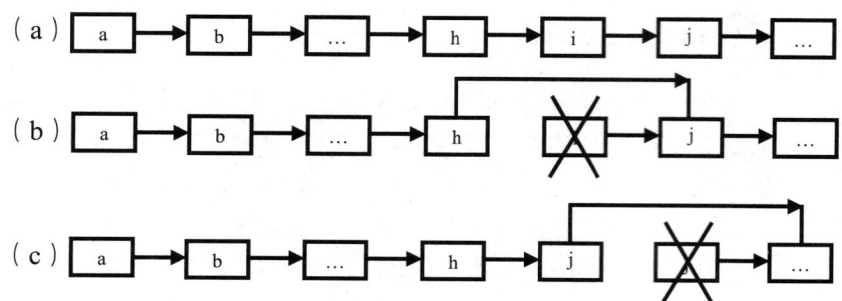

图 3.3 在链表中删除一个节点的两种方法

注：(a) 一个链表。(b) 在删除节点 i 之前，先从链表的头节点开始遍历到 i 前面的一个节点 h，把 h 的 m_pNext 指向 i 的下一个节点 j，再删除节点 i。(c) 把节点 j 的内容复制覆盖节点 i，接下来再把节点 i 的 m_pNext 指向 j 的下一个节点，再删除节点 j。这种方法不用遍历链表上节点 i 前面的节点。

那是不是一定需要得到被删除的节点的前一个节点呢？答案是否定的。我们可以很方便地得到要删除的节点的下一个节点。如果我们把下一个节点的内容复制到需要删除的节点上覆盖原有的内容，再把下一个节点删除，那是不是就相当于把当前需要删除的节点删除了？

我们还是以前面的例子来分析这种思路。我们要删除节点 i，先把 i 的下一个节点 j 的内容复制到 i，然后把 i 的指针指向节点 j 的下一个节点。此时再删除节点 j，其效果刚好是把节点 i 删除了，如图 3.3 (c) 所示。

上述思路还有一个问题：如果要删除的节点位于链表的尾部，那么它就没有下一个节点，怎么办？我们仍然从链表的头节点开始，顺序遍历得到该节点的前序节点，并完成删除操作。

最后需要注意的是，如果链表中只有一个节点，而我们又要删除链表的头节点（也是尾节点），那么，此时我们在删除节点之后，还需要把链表的头节点设置为 nullptr。

有了这些思路，我们就可以动手写代码了。下面是这种思路的参考代码：

```
void DeleteNode(ListNode** pListHead, ListNode* pToBeDeleted)
{
    if(!pListHead || !pToBeDeleted)
        return;
```

```cpp
    // 要删除的节点不是尾节点
    if(pToBeDeleted->m_pNext != nullptr)
    {
        ListNode* pNext = pToBeDeleted->m_pNext;
        pToBeDeleted->m_nValue = pNext->m_nValue;
        pToBeDeleted->m_pNext = pNext->m_pNext;

        delete pNext;
        pNext = nullptr;
    }
    // 链表只有一个节点，删除头节点（也是尾节点）
    else if(*pListHead == pToBeDeleted)
    {
        delete pToBeDeleted;
        pToBeDeleted = nullptr;
        *pListHead = nullptr;
    }
    // 链表中有多个节点，删除尾节点
    else
    {
        ListNode* pNode = *pListHead;
        while(pNode->m_pNext != pToBeDeleted)
        {
            pNode = pNode->m_pNext;
        }

        pNode->m_pNext = nullptr;
        delete pToBeDeleted;
        pToBeDeleted = nullptr;
    }
}
```

接下来我们分析这种思路的时间复杂度。对于 $n-1$ 个非尾节点而言，我们可以在 $O(1)$ 时间内把下一个节点的内存复制覆盖要删除的节点，并删除下一个节点；对于尾节点而言，由于仍然需要顺序查找，时间复杂度是 $O(n)$。因此，总的平均时间复杂度是 $[(n-1)\times O(1)+O(n)]/n$，结果还是 $O(1)$，符合面试官的要求。

值得注意的是，上述代码仍然不是完美的代码。因为它基于一个假设：要删除的节点的确在链表中。我们需要 $O(n)$ 的时间才能判断链表中是否包含某一节点。受到 $O(1)$ 时间的限制，我们不得不把确保节点在链表中的责任推给了函数 DeleteNode 的调用者。在面试的时候，我们可以和面试官讨论这个假设，这样面试官就会觉得我们考虑问题非常全面。

 源代码：

本题完整的源代码：

https://github.com/zhedahht/CodingInterviewChinese2/tree/master/18_01_DeleteNodeInList

测试用例：

- 功能测试（从有多个节点的链表的中间删除一个节点；从有多个节点的链表中删除头节点；从有多个节点的链表中删除尾节点；从只有一个节点的链表中删除唯一的节点）。
- 特殊输入测试（指向链表头节点的为 nullptr 指针；指向要删除节点的为 nullptr 指针）。

本题考点：

- 考查应聘者对链表的编程能力。
- 考查应聘者的创新思维能力。这道题要求应聘者打破常规的思维模式。当我们想删除一个节点时，并不一定要删除这个节点本身。可以先把下一个节点的内容复制出来覆盖被删除节点的内容，然后把下一个节点删除。这种思路不是很容易想到的。
- 考查应聘者思维的全面性。即使应聘者想到删除下一个节点这个办法，也未必能通过这轮面试。应聘者要全面考虑删除的节点位于链表的尾部及输入的链表只有一个节点这些特殊情况。

> **题目二：删除链表中重复的节点。**
>
> 在一个排序的链表中，如何删除重复的节点？例如，在图 3.4（a）中重复的节点被删除之后，链表如图 3.4（b）所示。

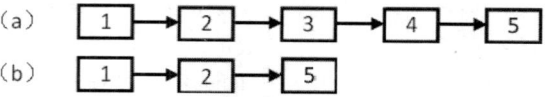

图 3.4 删除链表中重复的节点

注：（a）一个有 7 个节点的链表；（b）当重复的节点被删除之后，链表中只剩下 3 个节点。

解决这个问题的第一步是确定删除函数的参数。当然，这个函数需要输入待删除链表的头节点。头节点可能与后面的节点重复，也就是说头节点也可能被删除，因此删除函数应该声明为 void deleteDuplication(ListNode** pHead)，而不是 void deleteDuplication(ListNode* pHead)。

接下来我们从头遍历整个链表。如果当前节点（代码中的 pNode）的值与下一个节点的值相同，那么它们就是重复的节点，都可以被删除。为了保证删除之后的链表仍然是相连的，我们要把当前节点的前一个节点（代码中的 pPreNode）和后面值比当前节点的值大的节点相连。我们要确保 pPreNode 始终与下一个没有重复的节点连接在一起。

我们以图 3.4 中的链表为例来分析删除重复节点的过程。当我们遍历到第一个值为 3 的节点的时候，pPreNode 指向值为 2 的节点。由于接下来的节点的值还是 3，这两个节点应该被删除，因此 pPreNode 就和第一个值为 4 的节点相连。接下来由于值为 4 的两个节点也重复了，还是会被删除，所以 pPreNode 最终会和值为 5 的节点相连。

上述删除重复节点的过程可以用如下代码实现：

```cpp
void DeleteDuplication(ListNode** pHead)
{
    if(pHead == nullptr || *pHead == nullptr)
        return;

    ListNode* pPreNode = nullptr;
    ListNode* pNode = *pHead;
    while(pNode != nullptr)
    {
        ListNode *pNext = pNode->m_pNext;
        bool needDelete = false;
        if(pNext != nullptr && pNext->m_nValue == pNode->m_nValue)
            needDelete = true;

        if(!needDelete)
        {
            pPreNode = pNode;
            pNode = pNode->m_pNext;
        }
        else
        {
            int value = pNode->m_nValue;
            ListNode* pToBeDel = pNode;
            while(pToBeDel != nullptr && pToBeDel->m_nValue == value)
            {
                pNext = pToBeDel->m_pNext;

                delete pToBeDel;
                pToBeDel = nullptr;

                pToBeDel = pNext;
            }
```

```
            if(pPreNode == nullptr)
                *pHead = pNext;
            else
                pPreNode->m_pNext = pNext;
            pNode = pNext;
        }
    }
}
```

 源代码：

本题完整的源代码：

https://github.com/zhedahht/CodingInterviewChinese2/tree/master/18_02_DeleteDuplicatedNode

 测试用例：

- 功能测试（重复的节点位于链表的头部/中间/尾部；链表中没有重复的节点）。
- 特殊输入测试（指向链表头节点的为 nullptr 指针；链表中所有节点都是重复的）。

本题考点：

- 考查应聘者对链表的编程能力。
- 考查应聘者思维的全面性。应聘者要全面考虑重复节点所处的位置，以及删除重复节点之后的结果。

面试题 19：正则表达式匹配

> 题目：请实现一个函数用来匹配包含'.'和'*'的正则表达式。模式中的字符'.'表示任意一个字符，而'*'表示它前面的字符可以出现任意次（含 0 次）。在本题中，匹配是指字符串的所有字符匹配整个模式。例如，字符串"aaa"与模式"a.a"和"ab*ac*a"匹配，但与"aa.a"和"ab*a"均不匹配。

每次从字符串里拿出一个字符和模式中的字符去匹配。先来分析如何匹配一个字符。如果模式中的字符 ch 是'.'，那么它可以匹配字符串中的任意字符。如果模式中的字符 ch 不是'.'，而且字符串中的字符也是 ch，那么它们相互匹配。当字符串中的字符和模式中的字符相匹配时，接着匹配后面的字符。

相对而言，当模式中的第二个字符不是'*'时，问题要简单很多。如果字符串中的第一个字符和模式中的第一个字符相匹配，那么在字符串和模式上都向后移动一个字符，然后匹配剩余的字符串和模式。如果字符串中的第一个字符和模式中的第一个字符不相匹配，则直接返回 false。

当模式中的第二个字符是'*'时，问题要复杂一些，因为可能有多种不同的匹配方式。一种选择是在模式上向后移动两个字符。这相当于'*'和它前面的字符被忽略了，因为'*'可以匹配字符串中的 0 个字符。如果模式中的第一个字符和字符串中的第一个字符相匹配，则在字符串上向后移动一个字符，而在模式上有两种选择：可以在模式上向后移动两个字符，也可以保持模式不变。

如图 3.5 所示，当匹配进入状态 2 并且字符串的字符是'a'时，我们有两种选择：可以进入状态 3（在模式上向后移动两个字符），也可以回到状态 2（模式保持不变）。

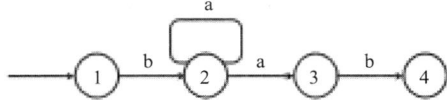

图 3.5 模式 ba*ab 的非确定有限状态机

根据上述分析，可以写出如下代码：

```cpp
bool match(char* str, char* pattern)
{
    if(str == nullptr || pattern == nullptr)
        return false;

    return matchCore(str, pattern);
}

bool matchCore(char* str, char* pattern)
{
    if(*str == '\0' && *pattern == '\0')
        return true;

    if(*str != '\0' && *pattern == '\0')
        return false;

    if(*(pattern + 1) == '*')
    {
        if(*pattern == *str || (*pattern == '.' && *str != '\0'))
```

```
                        // move on the next state
                return matchCore(str + 1, pattern + 2)
                        // stay on the current state
                   || matchCore(str + 1, pattern)
                        // ignore a '*'
                   || matchCore(str, pattern + 2);
        else
                        // ignore a '*'
                return matchCore(str, pattern + 2);
    }

    if(*str == *pattern || (*pattern == '.' && *str != '\0'))
        return matchCore(str + 1, pattern + 1);

    return false;
}
```

源代码：

本题完整的源代码：

https://github.com/zhedahht/CodingInterviewChinese2/tree/master/19_RegularExpressionsMatching

测试用例：

- 功能测试（模式字符串里包含普通字符、'.'、'*'；模式字符串和输入字符串匹配/不匹配）。
- 特殊输入测试（输入字符串和模式字符串是 nullptr、空字符串）。

本题考点：

- 考查应聘者对字符串的编程能力。
- 考查应聘者对正则表达式的理解。
- 考查应聘者思维的全面性。应聘者要全面考虑普通字符、'.'和'*'并分别分析它们的匹配模式。在应聘者写完代码之后，面试官会要求他/她测试自己的代码。这时候应聘者要充分考虑普通字符、'.'和'*'三者的排列组合，尽量完备地想出所有可能的测试用例。

面试题 20：表示数值的字符串

> 题目：请实现一个函数用来判断字符串是否表示数值（包括整数和小数）。例如，字符串"+100"、"5e2"、"-123"、"3.1416"及"-1E-16"都表示数值，但"12e"、"1a3.14"、"1.2.3"、"+-5"及"12e+5.4"都不是。

表示数值的字符串遵循模式 A[.[B]][e|EC]或者.B[e|EC]，其中 A 为数值的整数部分，B 紧跟着小数点为数值的小数部分，C 紧跟着'e'或者'E'为数值的指数部分。在小数里可能没有数值的整数部分。例如，小数.123 等于 0.123。因此 A 部分不是必需的。如果一个数没有整数部分，那么它的小数部分不能为空。

上述 A 和 C 都是可能以'+'或者'-'开头的 0~9 的数位串；B 也是 0~9 的数位串，但前面不能有正负号。

以表示数值的字符串"123.45e+6"为例，"123"是它的整数部分 A，"45"是它的小数部分 B，"+6"是它的指数部分 C。

判断一个字符串是否符合上述模式时，首先尽可能多地扫描 0~9 的数位（有可能在起始处有'+'或者'-'），也就是前面模式中表示数值整数的 A 部分。如果遇到小数点'.'，则开始扫描表示数值小数部分的 B 部分。如果遇到'e'或者'E'，则开始扫描表示数值指数的 C 部分。

整个过程可以用如下代码实现：

```cpp
// 数字的格式可以用 A[.[B]][e|EC]或者.B[e|EC]表示，其中 A 和 C 都是
// 整数（可以有正负号，也可以没有），而 B 是一个无符号整数
bool isNumeric(const char* str)
{
    if(str == nullptr)
        return false;

    bool numeric = scanInteger(&str);

    // 如果出现'.'，则接下来是数字的小数部分
    if(*str == '.')
    {
        ++str;

        // 下面一行代码用||的原因：
        // 1. 小数可以没有整数部分，如.123 等于 0.123;
        // 2. 小数点后面可以没有数字，如 233.等于 233.0;
        // 3. 当然，小数点前面和后面可以都有数字，如 233.666
        numeric = scanUnsignedInteger(&str) || numeric;
    }
```

```
        // 如果出现'e'或者'E'，则接下来是数字的指数部分
        if(*str == 'e' || *str == 'E')
        {
            ++str;

            // 下面一行代码用&&的原因：
            // 1. 当 e 或 E 前面没有数字时，整个字符串不能表示数字，如.e1、e1；
            // 2. 当 e 或 E 后面没有整数时，整个字符串不能表示数字，如 12e、12e+5.4
            numeric = numeric && scanInteger(&str);
        }

        return numeric && *str == '\0';
    }
```

函数 scanUnsignedInteger 用来扫描字符串中 0~9 的数位（类似于一个无符号整数），可以用来匹配前面数值模式中的 B 部分。

```
    bool scanUnsignedInteger(const char** str)
    {
        const char* before = *str;
        while(**str != '\0' && **str >= '0' && **str <= '9')
            ++(*str);

        // 当 str 中存在若干 0~9 的数字时，返回 true
        return *str > before;
    }
```

函数 scanInteger 扫描可能以表示正负的'+'或者'-'为起始的 0~9 的数位（类似于一个可能带正负符号的整数），用来匹配前面数值模式中的 A 和 C 部分。

```
    bool scanInteger(const char** str)
    {
        if(**str == '+' || **str == '-')
            ++(*str);
        return scanUnsignedInteger(str);
    }
```

 源代码：

本题完整的源代码（含单元测试用例）：

https://github.com/zhedahht/CodingInterviewChinese2/tree/master/20_NumericStrings

测试用例：

- 功能测试（正数或者负数；包含或者不包含整数部分的数值；包含或者不包含小数部分的数值；包含或者不包含指数部分的数值；各种不能表达有效数值的字符串）。
- 特殊输入测试（输入字符串和模式字符串是 nullptr、空字符串）。

本题考点：

- 考查应聘者对字符串的编程能力。
- 考查应聘者分析问题的能力。面试官希望应聘者能够从不同类型的数值中分析出规律。
- 考查应聘者思维的全面性。应聘者要全面考虑数值整数、小数、指数部分的特点，比如哪些部分可以出现正负号，而哪些部分不能出现。在应聘者写完代码之后，面试官会期待应聘者能够完备地测试用例来验证自己的代码。

面试题 21：调整数组顺序使奇数位于偶数前面

> 题目：输入一个整数数组，实现一个函数来调整该数组中数字的顺序，使得所有奇数位于数组的前半部分，所有偶数位于数组的后半部分。

如果不考虑时间复杂度，则最简单的思路应该是从头扫描这个数组，每碰到一个偶数，拿出这个数字，并把位于这个数字后面的所有数字往前挪动一位。挪完之后在数组的末尾有一个空位，这时把该偶数放入这个空位。由于每碰到一个偶数就需要移动 $O(n)$ 个数字，因此总的时间复杂度是 $O(n^2)$。但是，这种方法不能让面试官满意。不过如果我们在听到题目之后能马上说出这种解法，那么面试官至少会觉得我们的思维非常敏捷。

❖ **只完成基本功能的解法，仅适用于初级程序员**

这道题目要求把奇数放在数组的前半部分，偶数放在数组的后半部分，因此所有的奇数应该位于偶数的前面。也就是说，我们在扫描这个数组的时候，如果发现有偶数出现在奇数的前面，则交换它们的顺序，交换之后就符合要求了。

因此，我们可以维护两个指针：第一个指针初始化时指向数组的第一个数字，它只向后移动；第二个指针初始化时指向数组的最后一个数字，它只向前移动。在两个指针相遇之前，第一个指针总是位于第二个指针的前面。如果第一个指针指向的数字是偶数，并且第二个指针指向的数字是奇数，则交换这两个数字。

下面以一个具体的例子，如输入数组$\{1, 2, 3, 4, 5\}$来分析这种思路。在初始化时，把第一个指针指向数组第一个数字 1，而把第二个指针指向最后一个数字 5，如图 3.6（a）所示。第一个指针指向的数字 1 是一个奇数，不需要处理，我们把第一个指针向后移动，直到碰到一个偶数 2。此时第二个指针已经指向了奇数，因此不需要移动。此时两个指针指向的位置如图 3.6（b）所示。这时候我们发现偶数 2 位于奇数 5 的前面，符合交换条件，于是交换这两个指针指向的数字，如图 3.6（c）所示。

接下来我们继续向后移动第一个指针，直到碰到下一个偶数 4，并向前移动第二个指针，直到碰到第一个奇数 3，如图 3.6（d）所示。我们发现第二个指针已经在第一个指针的前面了，表示所有的奇数都已经在偶数的前面了。此时的数组是$\{1, 5, 3, 4, 2\}$，的确是奇数位于数组的前半部分而偶数位于数组的后半部分。

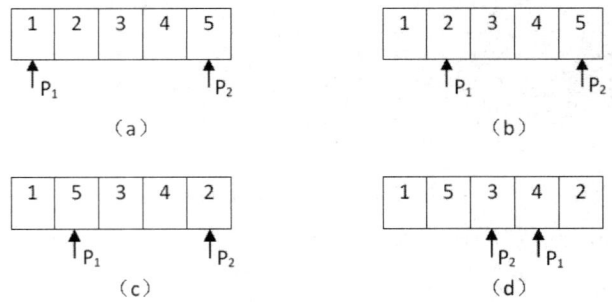

图 3.6 调整数组$\{1, 2, 3, 4, 5\}$，使得奇数位于偶数前面的过程

注：（a）把第一个指针指向数组的第一个数字，第二个指针指向最后一个数字。（b）向后移动第一个指针直至它指向偶数 2，此时第二个指针指向奇数 5，不需要移动。（c）交换两个指针指向的数字。（d）向后移动第一个指针直至它指向偶数 4，向前移动第二个指针直至它指向奇数 3。由于第二个指针移到了第一个指针的前面，表明所有的奇数都位于偶数的前面。

基于这个分析，我们可以写出如下代码：

```
void ReorderOddEven(int *pData, unsigned int length)
{
    if(pData == nullptr || length == 0)
        return;

    int *pBegin = pData;
    int *pEnd = pData + length - 1;

    while(pBegin < pEnd)
    {
        // 向后移动 pBegin，直到它指向偶数
        while(pBegin < pEnd && (*pBegin & 0x1) != 0)
            pBegin ++;

        // 向前移动 pEnd，直到它指向奇数
        while(pBegin < pEnd && (*pEnd & 0x1) == 0)
            pEnd --;

        if(pBegin < pEnd)
        {
            int temp = *pBegin;
            *pBegin = *pEnd;
            *pEnd = temp;
        }
    }
}
```

❖ **考虑可扩展的解法，能秒杀 Offer**

如果面试应届毕业生或者工作时间不长的程序员，则面试官会满意前面的代码。但如果应聘者申请的是资深的开发职位，那么面试官可能会接着问几个问题。

面试官：如果把题目改成把数组中的数按照大小分为两部分，所有负数都在非负数的前面，该怎么做？

应聘者：这很简单，可以重新定义一个函数。在新的函数里，只要修改第二个和第三个 while 循环中的判断条件就行了。

面试官：如果再把题目改改，变成把数组中的数分为两部分，能被 3 整除的数都在不能被 3 整除的数的前面。怎么办？

应聘者：我们还是可以定义一个新的函数。在这个函数中……

面试官：（打断应聘者的话）难道就没有更好的办法？

这时候应聘者要反应过来，面试官期待我们提供的不仅仅是解决一个问题的办法，而是解决一系列同类型问题的通用办法。这就是面试官在考

查我们对扩展性的理解，即希望我们能够给出一种模式，在这种模式下能够很方便地把已有的解决方案扩展到同类型的问题上去。

回到面试官新提出的两个问题上来。我们发现，要解决这两个新的问题，其实只需要修改函数 ReorderOddEven 中的两处判断的标准，而大的逻辑框架完全不需要改动。因此我们可以把这个逻辑框架抽象出来，而把判断的标准变成一个函数指针，也就是用一个单独的函数来判断数字是不是符合标准。这样我们就把整个函数解耦成两部分：一是判断数字应该在数组前半部分还是后半部分的标准；二是拆分数组的操作。于是我们可以写出下面的代码：

```cpp
void Reorder(int *pData, unsigned int length, bool (*func)(int))
{
    if(pData == nullptr || length == 0)
        return;

    int *pBegin = pData;
    int *pEnd = pData + length - 1;

    while(pBegin < pEnd)
    {
        while(pBegin < pEnd && !func(*pBegin))
            pBegin ++;

        while(pBegin < pEnd && func(*pEnd))
            pEnd --;

        if(pBegin < pEnd)
        {
            int temp = *pBegin;
            *pBegin = *pEnd;
            *pEnd = temp;
        }
    }
}

bool isEven(int n)
{
    return (n & 1) == 0;
}
```

在上面的代码中，函数 Reorder 根据 func 的标准把数组 pData 分成两部分；而函数 isEven 则是一个具体的标准，即判断一个数是不是偶数。有了这两个函数，我们就可以很方便地把数组中的所有奇数移到偶数的前面。实现代码如下：

```cpp
void ReorderOddEven(int *pData, unsigned int length)
{
```

```
    Reorder(pData, length, isEven);
}
```

如果把问题改成将数组中的负数移到非负数的前面，或者把能被 3 整除的数移到不能被 3 整除的数的前面，都只需定义新的函数来确定分组的标准，而函数 Reorder 不需要进行任何改动。也就是说，解耦的好处就是提高了代码的重用性，为功能扩展提供了便利。

 源代码：

本题完整的源代码：

https://github.com/zhedahht/CodingInterviewChinese2/tree/master/21_ReorderArray

 测试用例：

- 功能测试（输入数组中的奇数、偶数交替出现；输入的数组中所有偶数都出现在奇数的前面；输入的数组中所有奇数都出现在偶数的前面）。
- 特殊输入测试（输入 nullptr 指针；输入的数组只包含一个数字）。

本题考点：

- 考查应聘者的快速思维能力。要在短时间内按照要求把数组分隔成两部分不是一件容易的事情，需要较快的思维能力。
- 对于已经工作了几年的应聘者，面试官还将考查其对扩展性的理解，要求应聘者写出的代码具有可重用性。

3.4 代码的鲁棒性

鲁棒是英文 Robust 的音译，有时也翻译成健壮性。所谓的鲁棒性是指程序能够判断输入是否合乎规范要求，并对不符合要求的输入予以合理的处理。

容错性是鲁棒性的一个重要体现。不鲁棒的软件在发生异常事件的时候，比如用户输入错误的用户名、试图打开的文件不存在或者网络不能连接，就会出现不可预见的诡异行为，或者干脆整个软件崩溃。这样的软件对于用户而言，不亚于一场灾难。

由于鲁棒性对软件开发非常重要，所以面试官在招聘的时候对应聘者写出的代码是否鲁棒也非常关注。提高代码的鲁棒性的有效途径是进行防御性编程。防御性编程是一种编程习惯，是指预见在什么地方可能会出现问题，并为这些可能出现的问题制定处理方式。比如，当试图打开文件时发现文件不存在，可以提示用户检查文件名和路径；当服务器连接不上时，可以试图连接备用服务器等。这样，当异常情况发生时，软件的行为也尽在我们的掌握之中，而不至于出现不可预见的事情。

在面试时，最简单也最实用的防御性编程就是在函数入口添加代码以验证用户输入是否符合要求。通常面试要求的是写一两个函数，我们需要格外关注这些函数的输入参数。如果输入的是一个指针，那么指针是空指针怎么办？如果输入的是一个字符串，那么字符串的内容为空怎么办？如果能把这些问题都提前考虑到，并进行相应的处理，那么面试官就会觉得我们有防御性编程的习惯，能够写出鲁棒的软件。

当然，并不是所有与鲁棒性相关的问题都只是检查输入的参数这么简单。我们看到问题的时候，要多问几个"如果不……那么……"这样的问题。比如面试题 22"链表中倒数第 k 个节点"，这里就隐含着一个条件，即链表中节点的个数大于 k。我们就要问：如果链表中节点的数目不是大于 k 个，那么代码会出现什么问题？这样的思考方式能够帮助我们发现潜在的问题并提前解决问题。这比让面试官发现问题之后我们再去慌忙分析代码、查找问题的根源要好得多。

面试题 22：链表中倒数第 k 个节点

> 题目：输入一个链表，输出该链表中倒数第 k 个节点。为了符合大多数人的习惯，本题从 1 开始计数，即链表的尾节点是倒数第 1 个节点。例如，一个链表有 6 个节点，从头节点开始，它们的值依次是 1、2、3、4、5、6。这个链表的倒数第 3 个节点是值为 4 的节点。链表节点定义如下：

```
struct ListNode
{
```

```
    int         m_nValue;
    ListNode* m_pNext;
};
```

为了得到倒数第 k 个节点，很自然的想法是先走到链表的尾端，再从尾端回溯 k 步。可是我们从链表节点的定义可以看出，本题中的链表是单向链表，单向链表的节点只有从前往后的指针而没有从后往前的指针，因此这种思路行不通。

既然不能从尾节点开始遍历这个链表，我们还是把思路回到头节点上来。假设整个链表有 n 个节点，那么倒数第 k 个节点就是从头节点开始的第 n-k+1 个节点。如果我们能够得到链表中节点的个数 n，那么只要从头节点开始往后走 n-k+1 步就可以了。如何得到节点数 n？这个不难，只需要从头开始遍历链表，每经过一个节点，计数器加 1 就行了。

也就是说我们需要遍历链表两次，第一次统计出链表中节点的个数，第二次就能找到倒数第 k 个节点。但是当我们把这种思路解释给面试官之后，他会告诉我们他期待的解法只需要遍历链表一次。

为了实现只遍历链表一次就能找到倒数第 k 个节点，我们可以定义两个指针。第一个指针从链表的头指针开始遍历向前走 k-1 步，第二个指针保持不动；从第 k 步开始，第二个指针也开始从链表的头指针开始遍历。由于两个指针的距离保持在 k-1，当第一个（走在前面的）指针到达链表的尾节点时，第二个（走在后面的）指针正好指向倒数第 k 个节点。

下面以在有 6 个节点的链表中找倒数第 3 个节点为例分析这种思路的过程。首先用第一个指针从头节点开始向前走两（2=3-1）步到达第 3 个节点，如图 3.7（a）所示。接着把第二个指针初始化指向链表的第一个节点，如图 3.7（b）所示。最后让两个指针同时向前遍历，当第一个指针到达链表的尾节点时，第二个指针指向的刚好就是倒数第 3 个节点，如图 3.7（c）所示。

想清楚这种思路之后，很多人很快就能写出如下代码：

```
ListNode* FindKthToTail(ListNode* pListHead, unsigned int k)
{
    ListNode *pAhead = pListHead;
    ListNode *pBehind = nullptr;

    for(unsigned int i = 0; i < k - 1; ++ i)
    {
        pAhead = pAhead->m_pNext;
    }
```

```
        pBehind = pListHead;

        while(pAhead->m_pNext != nullptr)
        {
            pAhead = pAhead->m_pNext;
            pBehind = pBehind->m_pNext;
        }

        return pBehind;
}
```

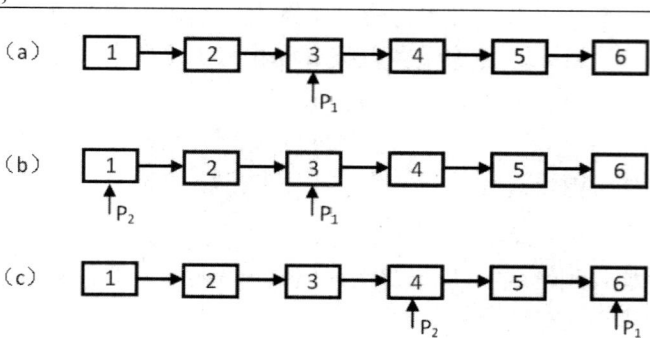

图 3.7 在有 6 个节点的链表上找倒数第 3 个节点的过程

注：(a) 第一个指针在链表上走两步。(b) 把第二个指针指向链表的头节点。(c) 两个指针一同沿着链表向前走。当第一个指针指向链表的尾节点时，第二个指针指向倒数第 3 个节点。

有不少人在面试之前从网上看到过用两个指针遍历的思路来解这道题，因此听到面试官问这道题，他们心中一阵窃喜，很快就能写出代码。可是几天之后他们等来的不是 Offer，而是拒信，于是百思不得其解。其实原因很简单，就是自己写的代码不够鲁棒。以上面的代码为例，面试官可以找出 3 种办法让这段代码崩溃。

（1）输入的 pListHead 为空指针。由于代码会试图访问空指针指向的内存，从而造成程序崩溃。

（2）输入的以 pListHead 为头节点的链表的节点总数少于 k。由于在 for 循环中会在链表上向前走 $k-1$ 步，仍然会由于空指针而造成程序崩溃。

（3）输入的参数 k 为 0。由于 k 是一个无符号整数，那么在 for 循环中 $k-1$ 得到的将不是 -1，而是 4294967295（无符号的 0xFFFFFFFF）。因此，for 循环执行的次数远远超出我们的预计，同样也会造成程序崩溃。

这么简单的代码却存在 3 个潜在崩溃的风险,我们可以想象当面试官看到这样的代码时会有什么样的心情,最终他给出的是拒信而不是 Offer 虽是意料之外,但也在情理之中。

面试小提示:

面试过程中写代码要特别注意鲁棒性。如果写出的代码存在多处崩溃的风险,那么我们很有可能和 Offer 失之交臂。

针对前面指出的 3 个问题,我们要分别处理。如果输入的链表头指针为 nullptr,那么整个链表为空,此时查找倒数第 k 个节点自然应该返回 nullptr。如果输入的 k 是 0,也就是试图查找倒数第 0 个节点,由于我们计数是从 1 开始的,因此输入 0 没有实际意义,也可以返回 nullptr。如果链表的节点数少于 k,那么在 for 循环中遍历链表可能会出现指向 nullptr 的 m_pNext,因此我们在 for 循环中应该加一个 if 判断。修改之后的代码如下:

```
ListNode* FindKthToTail(ListNode* pListHead, unsigned int k)
{
    if(pListHead == nullptr || k == 0)
        return nullptr;

    ListNode *pAhead = pListHead;
    ListNode *pBehind = nullptr;

    for(unsigned int i = 0; i < k - 1; ++ i)
    {
        if(pAhead->m_pNext != nullptr)
            pAhead = pAhead->m_pNext;
        else
        {
            return nullptr;
        }
    }

    pBehind = pListHead;
    while(pAhead->m_pNext != nullptr)
    {
        pAhead = pAhead->m_pNext;
        pBehind = pBehind->m_pNext;
    }

    return pBehind;
}
```

源代码：

本题完整的源代码：

https://github.com/zhedahht/CodingInterviewChinese2/tree/master/22_KthNodeFromEnd

测试用例：

- 功能测试（第 k 个节点在链表的中间；第 k 个节点是链表的头节点；第 k 个节点是链表的尾节点）。
- 特殊输入测试（链表头节点为 nullptr 指针；链表的节点总数少于 k；k 等于 0）。

本题考点：

- 考查应聘者对链表的理解。
- 考查应聘者所写代码的鲁棒性。鲁棒性是解决这道题的关键所在。如果应聘者写出的代码有着多处崩溃的潜在风险，那么他是很难通过这轮面试的。

相关题目：

求链表的中间节点。如果链表中的节点总数为奇数，则返回中间节点；如果节点总数是偶数，则返回中间两个节点的任意一个。为了解决这个问题，我们也可以定义两个指针，同时从链表的头节点出发，一个指针一次走一步，另一个指针一次走两步。当走得快的指针走到链表的末尾时，走得慢的指针正好在链表的中间。

举一反三：

当我们用一个指针遍历链表不能解决问题的时候，可以尝试用两个指针来遍历链表。可以让其中一个指针遍历的速度快一些（比如一次在链表上走两步），或者让它先在链表上走若干步。

面试题 23：链表中环的入口节点

> 题目：如果一个链表中包含环，如何找出环的入口节点？例如，在如图 3.8 所示的链表中，环的入口节点是节点 3。

解决这个问题的第一步是如何确定一个链表中包含环。受到面试题 22 的启发，我们可以用两个指针来解决这个问题。和前面的问题一样，定义两个指针，同时从链表的头节点出发，一个指针一次走一步，另一个指针一次走两步。如果走得快的指针追上了走得慢的指针，那么链表就包含环；如果走得快的指针走到了链表的末尾（m_pNext 指向 NULL）都没有追上第一个指针，那么链表就不包含环。

第二步是如何找到环的入口。我们还是可以用两个指针来解决这个问题。先定义两个指针 P_1 和 P_2 指向链表的头节点。如果链表中的环有 n 个节点，则指针 P_1 先在链表上向前移动 n 步，然后两个指针以相同的速度向前移动。当第二个指针指向环的入口节点时，第一个指针已经围绕着环走了一圈，又回到了入口节点。

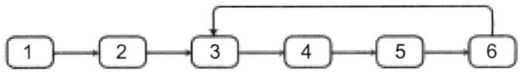

图 3.8 节点 3 是链表中环的入口节点

以图 3.8 为例分析两个指针的移动规律。指针 P_1 和 P_2 在初始化时都指向链表的头节点，如图 3.9（a）所示。由于环只有 4 个节点，所以指针 P_1 先在链表上向前移动 4 步，如图 3.9（b）所示。接下来两个指针以相同的速度在链表上向前移动，直到它们相遇。它们相遇的节点正好是环的入口节点，如图 3.9（c）所示。

剩下的问题是如何得到环中节点的数目。我们在前面提到判断一个链表里是否有环时用到了一快一慢两个指针。如果两个指针相遇，则表明链表中存在环。两个指针相遇的节点一定是在环中。可以从这个节点出发，一边继续向前移动一边计数，当再次回到这个节点时，就可以得到环中节点数了。

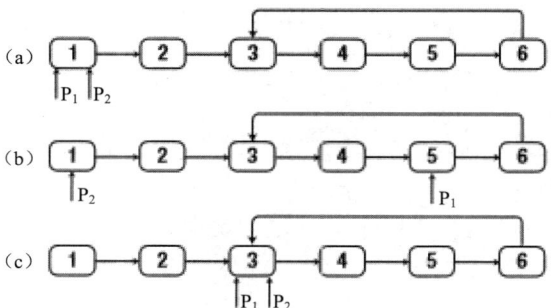

图3.9 在有环的链表中找到环的入口节点的步骤

注：（1）指针 P_1 和 P_2 在初始化时都指向链表的头节点。（2）由于环中有 4 个节点，所以指针 P_1 先在链表上向前移动 4 步。（3）指针 P_1 和 P_2 以相同的速度在链表上向前移动，直到它们相遇。它们相遇的节点就是环的入口节点。

下面代码中的函数 MeetingNode 在链表中存在环的前提下找到一快一慢两个指针相遇的节点。

```
ListNode* MeetingNode(ListNode* pHead)
{
    if(pHead == nullptr)
        return nullptr;

    ListNode* pSlow = pHead->m_pNext;
    if(pSlow == nullptr)
        return nullptr;

    ListNode* pFast = pSlow->m_pNext;
    while(pFast != nullptr && pSlow != nullptr)
    {
        if(pFast == pSlow)
            return pFast;

        pSlow = pSlow->m_pNext;

        pFast = pFast->m_pNext;
        if(pFast != nullptr)
            pFast = pFast->m_pNext;
    }

    return nullptr;
}
```

如果链表中不存在环，那么函数 MeetingNode 返回 nullptr。

在找到环中任意一个节点之后，就能得出环中的节点数目，并找到环的入口节点。相应的代码如下：

```
ListNode* EntryNodeOfLoop(ListNode* pHead)
{
    ListNode* meetingNode = MeetingNode(pHead);
    if(meetingNode == nullptr)
        return nullptr;

    // 得到环中节点的数目
    int nodesInLoop = 1;
    ListNode* pNode1 = meetingNode;
    while(pNode1->m_pNext != meetingNode)
    {
        pNode1 = pNode1->m_pNext;
        ++nodesInLoop;
    }

    // 先移动 pNode1，次数为环中节点的数目
    pNode1 = pHead;
    for(int i = 0; i < nodesInLoop; ++i)
        pNode1 = pNode1->m_pNext;

    // 再移动 pNode1 和 pNode2
    ListNode* pNode2 = pHead;
    while(pNode1 != pNode2)
    {
        pNode1 = pNode1->m_pNext;
        pNode2 = pNode2->m_pNext;
    }

    return pNode1;
}
```

 源代码：

本题完整的源代码（含单元测试用例）：

https://github.com/zhedahht/CodingInterviewChinese2/tree/master/23_EntryNodeInListLoop

 测试用例：

- 功能测试（链表中包含或者不包含环；链表中有多个或者只有一个节点）。
- 特殊输入测试（链表头节点为 nullptr 指针）。

本题考点：

- 考查应聘者对链表的理解。
- 考查应聘者所写代码的鲁棒性。鲁棒性是解决这道题的关键所在。如果应聘者写出的代码有着多处崩溃的潜在风险，那么他是很难通过这轮面试的。
- 考查应聘者分析问题的能力。把一个问题分解成几个简单的步骤，是一种常用的解决复杂问题的方法。为了解决这个问题，我们可以把它分解成 3 个步骤：找出环中任意一个节点；得到环中节点的数目；找到环的入口节点。更多关于分解让复杂问题简单化的讨论详见 4.4 节。

面试题 24：反转链表

> 题目：定义一个函数，输入一个链表的头节点，反转该链表并输出反转后链表的头节点。链表节点定义如下：

```
struct ListNode
{
    int         m_nKey;
    ListNode*   m_pNext;
};
```

解决与链表相关的问题总是有大量的指针操作，而指针操作的代码总是容易出错的。很多面试官喜欢出与链表相关的问题，就是想通过指针操作来考查应聘者的编码功底。为了避免出错，我们最好先进行全面的分析。在实际软件开发周期中，设计的时间通常不会比编码的时间短。在面试的时候我们不要急于动手写代码，而是一开始仔细分析和设计，这将会给面试官留下很好的印象。与其很快写出一段漏洞百出的代码，倒不如仔细分析再写出鲁棒的代码。

为了正确地反转一个链表，需要调整链表中指针的方向。为了将调整指针这个复杂的过程分析清楚，我们可以借助图形来直观地分析。在如图 3.10（a）所示的链表中，h、i 和 j 是 3 个相邻的节点。假设经过若干操作，我们已经把节点 h 之前的指针调整完毕，这些节点的 m_pNext 都指向前一个节点。接下来我们把 i 的 m_pNext 指向 h，此时的链表结构如图 3.10（b）所示。

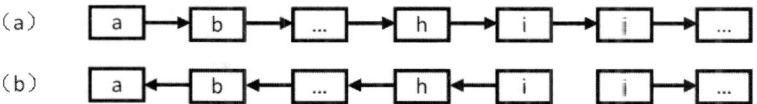

图 3.10 反转链表中节点的 m_pNext 指针导致链表出现断裂

注：(a) 一个链表。(b) 把 i 之前所有节点的 m_pNext 都指向前一个节点，导致链表在节点 i、j 之间断裂。

不难注意到，由于节点 i 的 m_pNext 指向了它的前一个节点，导致我们无法在链表中遍历到节点 j。为了避免链表在节点 i 处断开，我们需要在调整节点 i 的 m_pNext 之前，把节点 j 保存下来。

也就是说，我们在调整节点 i 的 m_pNext 指针时，除了需要知道节点 i 本身，还需要知道 i 的前一个节点 h，因为我们需要把节点 i 的 m_pNext 指向节点 h。同时，我们还需要事先保存 i 的一个节点 j，以防止链表断开。因此，相应地我们需要定义 3 个指针，分别指向当前遍历到的节点、它的前一个节点及后一个节点。

最后我们试着找到反转后链表的头节点。不难分析出反转后链表的头节点是原始链表的尾节点。什么节点是尾节点？自然是 m_pNext 为 nullptr 的节点。

有了前面的分析，我们不难写出如下代码：

```
ListNode* ReverseList(ListNode* pHead)
{
        ListNode* pReversedHead = nullptr;
        ListNode* pNode = pHead;
        ListNode* pPrev = nullptr;
        while(pNode != nullptr)
        {
                ListNode* pNext = pNode->m_pNext;

                if(pNext == nullptr)
                        pReversedHead = pNode;

                pNode->m_pNext = pPrev;

                pPrev = pNode;
                pNode = pNext;
        }

        return pReversedHead;
}
```

在面试过程中，我们发现应聘者所写的代码中经常出现如下 3 种问题：

- 输入的链表头指针为 nullptr 或者整个链表只有一个节点时,程序立即崩溃。
- 反转后的链表出现断裂。
- 返回的反转之后的头节点不是原始链表的尾节点。

在实际面试的时候,不同应聘者的思路各不相同,因此写出的代码也不一样。那么,应聘者如何才能及时发现并纠正代码中的问题,以确保不犯上述错误呢?一个很好的办法就是提前想好测试用例。在写出代码之后,立即用事先准备好的测试用例检查测试。如果面试是以手写代码的方式,那也要在心里默默运行代码进行单元测试。只有确保代码通过测试之后,再提交给面试官。我们要记住一点:自己多花时间找出问题并修正问题,比在面试官找出问题之后再去慌慌张张修改代码要好得多。其实面试官检查应聘者所写代码的方法也是用他事先准备好的测试用例来进行测试。如果应聘者能够想到这些测试用例,并用它们来检查测试自己的代码,那就能保证有备无患、万无一失了。

以这道题为例,我们至少应该想到以下几类测试用例对代码进行功能测试:

- 输入的链表头指针是 nullptr。
- 输入的链表只有一个节点。
- 输入的链表有多个节点。

如果我们确信代码能够通过这 3 类测试用例的测试,那么我们就有很大的把握能够通过这轮面试。

 源代码:

本题完整的源代码:

https://github.com/zhedahht/CodingInterviewChinese2/tree/master/24_ReverseList

 测试用例:

- 功能测试(输入的链表含有多个节点;链表中只有一个节点)。
- 特殊输入测试(链表头节点为 nullptr 指针)。

本题考点：

- 考查应聘者对链表、指针的编程能力。
- 特别注重考查应聘者思维的全面性及写出买的代码的鲁棒性。

本题扩展：

用递归实现同样的反转链表的功能。

面试题 25：合并两个排序的链表

题目：输入两个递增排序的链表，合并这两个链表并使新链表中的节点仍然是递增排序的。例如，输入图 3.11 中的链表 1 和链表 2，则合并之后的升序链表如链表 3 所示。链表节点定义如下：

```
struct ListNode
{
    int         m_nValue;
    ListNode*   m_pNext;
};
```

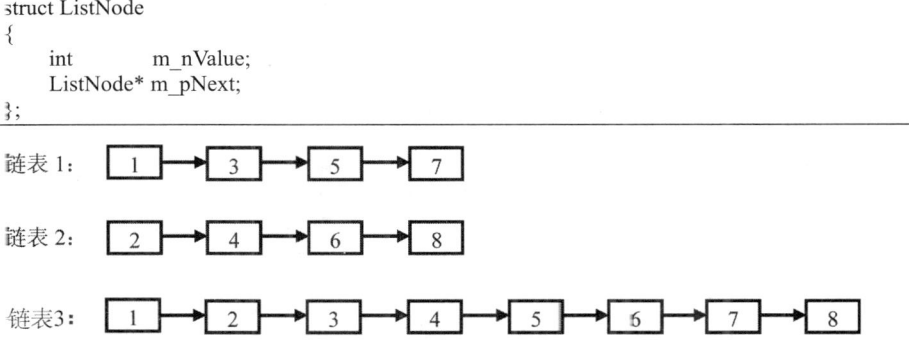

图 3.11　合并两个排序链表的过程

注：链表 1 和链表 2 是两个递增排序的链表，合并这两个链表得到的升序链表为链表 3。

这是一道经常被各公司采用的面试题。在面试过程中，我们发现应聘者最容易犯两种错误：一是在写代码之前没有想清楚合并的过程，最终合并出来的链表要么中间断开了、要么并没有做到递增排序；二是代码在鲁棒性方面存在问题，程序一旦有特殊的输入（如空链表）就会崩溃。接下来分析如何解决这两个问题。

首先分析合并两个链表的过程。我们的分析从合并两个链表的头节点开始。链表 1 的头节点的值小于链表 2 的头节点的值，因此链表 1 的头节点将是合并后链表的头节点,如图 3.12(a)所示。

我们继续合并两个链表中剩余的节点(图 3.12 中虚线框中的链表)。在两个链表中剩下的节点依然是排序的,因此合并这两个链表的步骤和前面的步骤是一样的。我们还是比较两个头节点的值。此时链表 2 的头节点的值小于链表 1 的头节点的值,因此链表 2 的头节点的值将是合并剩余节点得到的链表的头节点。我们把这个节点和前面合并链表时得到的链表的尾节点(值为 1 的节点)链接起来,如图 3.12(b)所示。

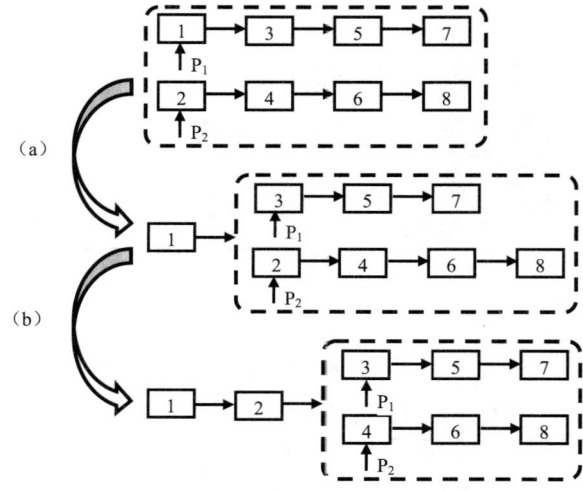

图 3.12 合并两个递增链表的过程

注:(a)链表 1 的头节点的值小于链表 2 的头节点的值,因此链表 1 的头节点是合并后链表的头节点。(b)在剩余的节点中,链表 2 的头节点的值小于链表 1 的头节点的值,因此链表 2 的头节点是剩余节点的头节点,把这个节点和之前已经合并好的链表的尾节点链接起来。

当我们得到两个链表中值较小的头节点并把它链接到已经合并的链表之后,两个链表剩余的节点依然是排序的,因此合并的步骤和之前的步骤是一样的。这就是典型的递归过程,我们可以定义递归函数完成这一合并过程。

接下来我们来解决鲁棒性的问题。每当代码试图访问空指针指向的内存时程序就会崩溃,从而导致鲁棒性问题。在本题中一旦输入空的链表就会引入空的指针,因此我们要对空链表单独处理。当第一个链表是空链表,也就是它的头节点是一个空指针时,那么把它和第二个链表合并,显然合并的结果就是第二个链表。同样,当输入的第二个链表的头节点是空指针的时候，我们把它和第一个链表合并得到的结果就是第一个链表。如果两个链表都是空链表，则合并的结果是得到一个空链表。

在我们想清楚合并的过程，并且知道哪些输入可能会引起鲁棒性问题之后，就可以动手写代码了。下面是一段参考代码：

```
ListNode* Merge(ListNode* pHead1, ListNode* pHead2)
{
    if(pHead1 == nullptr)
        return pHead2;
    else if(pHead2 == nullptr)
        return pHead1;

    ListNode* pMergedHead = nullptr;

    if(pHead1->m_nValue < pHead2->m_nValue)
    {
        pMergedHead = pHead1;
        pMergedHead->m_pNext = Merge(pHead1->m_pNext, pHead2);
    }
    else
    {
        pMergedHead = pHead2;
        pMergedHead->m_pNext = Merge(pHead1, pHead2->m_pNext);
    }

    return pMergedHead;
}
```

 源代码：

本题完整的源代码：

https://github.com/zhedahht/CodingInterviewChinese2/tree/master/25_MergeSortedLists

 测试用例：

- 功能测试（输入的两个链表有多个节点；节点的值互不相同或者存在值相等的多个节点）。
- 特殊输入测试（两个链表的一个或者两个头节点为 nullptr 指针；两个链表中只有一个节点）。

> **本题考点：**
>
> - 考查应聘者分析问题的能力。解决这个问题需要大量的指针操作，应聘者如果没有透彻地分析问题形成清晰的思路，则很难写出正确的代码。
>
> - 考查应聘者能不能写出鲁棒的代码。由于有大量指针操作，应聘者如果稍有不慎就会在代码中遗留很多与鲁棒性相关的隐患。建议应聘者在写代码之前全面分析哪些情况会引入空指针，并考虑清楚怎么处理这些空指针。

面试题 26：树的子结构

> 题目：输入两棵二叉树 A 和 B，判断 B 是不是 A 的子结构。二叉树节点的定义如下：

```
struct BinaryTreeNode
{
    double              m_dbValue;
    BinaryTreeNode*     m_pLeft;
    BinaryTreeNode*     m_pRight;
};
```

例如图 3.13 中的两棵二叉树，由于 A 中有一部分子树的结构和 B 是一样的，因此 B 是 A 的子结构。

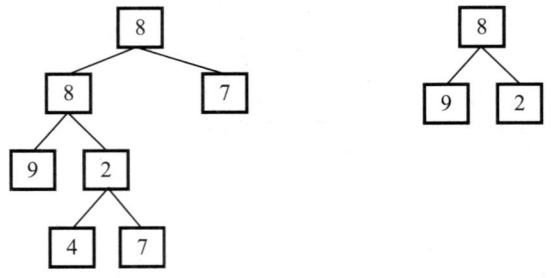

图 3.13　两棵二叉树 A 和 B，右边的树 B 是左边的树 A 的子结构

和链表相比，树中的指针操作更多也更复杂，因此与树相关的问题通常会比链表的要难。如果想加大面试的难度，则树的题目是很多面试官的选择。面对大量的指针操作，我们要更加小心，否则一不留神就会在代码中留下隐患。

现在回到这道题目本身。要查找树 A 中是否存在和树 B 结构一样的子树，我们可以分成两步：第一步，在树 A 中找到和树 B 的根节点的值一样的节点 R；第二步，判断树 A 中以 R 为根节点的子树是不是包含和树 B 一样的结构。

以上面的两棵树为例来详细分析这个过程。首先试着在树 A 中找到值为 8（树 B 的根节点的值）的节点。从树 A 的根节点开始遍历，我们发现它的根节点的值就是 8。接着判断树 A 的根节点下面的子树是不是含有和树 B 一样的结构，如图 3.14 所示。在树 A 中，根节点的左子节点的值是 8，而树 B 的根节点的左子节点是 9，对应的两个节点不同。

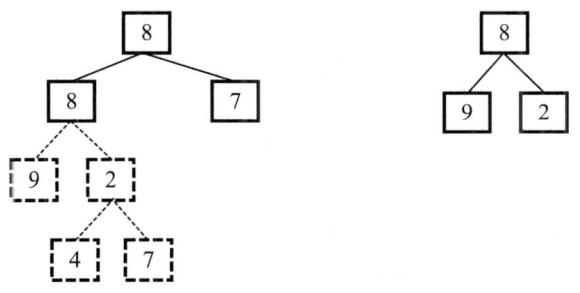

图 3.14　树 A 的根节点和树 B 的根节点的值相同，但树 A 的根节点下面（实线部分）的结构和树 B 的结构不一致

因此我们仍然需要遍历树 A，接着查找值为 8 的节点。我们在树的第二层中找到了一个值为 8 的节点，然后进行第二步判断，即判断这个节点下面的子树是否含有和树 B 一样的结构，如图 3.15 所示。于是我们遍历这个节点下面的子树，先后得到两个子节点 9 和 2，这和树 B 的结构完全相同。此时我们在树 A 中找到了一棵和树 B 的结构一样的子树，因此树 B 是树 A 的子结构。

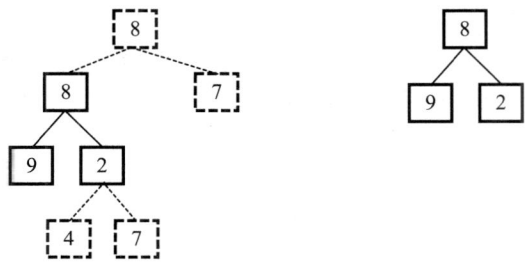

图 3.15　在树 A 中找到第二个值为 8 的节点，该节点下面（实线部分）的结构和树 B 的结构一致

第一步在树 A 中查找与根节点的值一样的节点,这实际上就是树的遍历。对二叉树这种数据结构熟悉的读者自然知道可以用递归的方法去遍历,也可以用循环的方法去遍历。由于递归的代码实现比较简洁,面试时如果没有特别要求,那么我们通常会采用递归的方式。下面是参考代码:

```
bool HasSubtree(BinaryTreeNode* pRoot1, BinaryTreeNode* pRoot2)
{
    bool result = false;

    if(pRoot1 != nullptr && pRoot2 != nullptr)
    {
        if(Equal(pRoot1->m_dbValue, pRoot2->m_dbValue))
            result = DoesTree1HaveTree2(pRoot1, pRoot2);
        if(!result)
            result = HasSubtree(pRoot1->m_pLeft, pRoot2);
        if(!result)
            result = HasSubtree(pRoot1->m_pRight, pRoot2);
    }

    return result;
}
```

在面试的时候,我们一定要注意边界条件的检查,即检查空指针。当树 A 或树 B 为空的时候,定义相应的输出。如果没有检查并进行相应的处理,则程序非常容易崩溃,这是面试时非常忌讳的事情。

在上述代码中,我们递归调用 HasSubtree 遍历二叉树 A。如果发现某一节点的值和树 B 的头节点的值相同,则调用 DoesTree1HaveTree2,进行第二步判断。

第二步是判断树 A 中以 R 为根节点的子树是不是和树 B 具有相同的结构。同样,我们也可以用递归的思路来考虑:如果节点 R 的值和树 B 的根节点不相同,则以 R 为根节点的子树和树 B 肯定不具有相同的节点;如果它们的值相同,则递归地判断它们各自的左右节点的值是不是相同。递归的终止条件是我们到达了树 A 或者树 B 的叶节点。参考代码如下:

```
bool DoesTree1HaveTree2(BinaryTreeNode* pRoot1, BinaryTreeNode* pRoot2)
{
    if(pRoot2 == nullptr)
        return true;

    if(pRoot1 == nullptr)
        return false;

    if(!Equal(pRoot1->m_dbValue, pRoot2->m_dbValue))
        return false;

    return DoesTree1HaveTree2(pRoot1->m_pLeft, pRoot2->m_pLeft) &&
```

　　　　DoesTree1HaveTree2(pRoot1->m_pRight, pRoot2->m_pRight);
}

　　我们注意到上述代码有多处判断一个指针是不是 nullptr，这样做是为了避免试图访问空指针而造成程序崩溃，同时也设置了递归调用的退出条件。在写遍历树的代码的时候一定要高度警惕，在每一处需要访问地址的时候都要问自己这个地址有没有可能是 nullptr。如果是 nullptr 则该怎么处理。

 面试小提示：

　　与二叉树相关的代码有大量的指针操作，在每次使用指针的时候，我们都要问自己这个指针有没有可能是 nullptr，如果是 nullptr 则该怎么处理。

　　为了确保自己所写的代码完整、正确，在写出代码之后，应聘者至少要用几个测试用例来检验自己的程序：树 A 和树 B 的头节点有一个或者两个都是空指针；在树 A 和树 B 中所有节点都只有左子节点或者右子节点；树 A 和树 B 的节点中含有分叉。只有这样才能写出让面试官满意的鲁棒代码。

　　一个细节值得我们注意：本题中节点中值的类型为 double。在判断两个节点的值是不是相等时，不能直接写 pRoot1->m_dbValue == pRoot2->m_dbValue，这是因为在计算机内表示小数时（包括 float 和 double 型小数）都有误差。判断两个小数是否相等，只能判断它们之差的绝对值是不是在一个很小的范围内。如果两个数相差很小，就可以认为它们相等。这就是我们定义函数 Equal 的原因。

```
bool Equal(double num1, double num2)
{
    if((num1 - num2 > -0.0000001) && (num1 - num2 < 0.0000001))
        return true;
    else
        return false;
}
```

 面试小提示：

　　由于计算机表示小数（包括 float 和 double 型小数）都有误差，我们不能直接用等号（==）判断两个小数是否相等。如果两个小数的差的绝对值很小，如小于 0.0000001，就可以认为它们相等。

源代码：

本题完整的源代码：

https://github.com/zhedahht/CodingInterviewChinese2/tree/master/26_SubstructureInTree

 测试用例：

- 功能测试（树 A 和树 B 都是普通的二叉树；树 B 是或者不是树 A 的子结构）。
- 特殊输入测试（两棵二叉树的一个或者两个根节点为 nullptr 指针；二叉树的所有节点都没有左子树或者右子树）。

本题考点：

- 考查应聘者对二叉树遍历算法的理解及递归编程能力。
- 考查应聘者所写代码的鲁棒性。本题的代码中含有大量的指针操作，稍有不慎程序就会崩溃。应聘者需要采用防御性编程的方式，每次访问指针地址之前都要考虑这个指针有没有可能是 nullptr。

3.5 本章小结

本章从规范性、完整性和鲁棒性 3 个方面介绍了如何在面试时写出高质量的代码，如图 3.16 所示。

大多数面试都要求应聘者在白纸或者白板上写代码。应聘者在编码的时候要注意规范性，尽量清晰地书写每个字母，通过缩进和对齐括号让代码布局合理，同时合理命名代码中的变量和函数。

最好在编码之前全面考虑所有可能的输入，确保写出的代码在完成了基本功能之外，还考虑了边界条件，并做好了错误处理。只有全面考虑到这 3 个方面的代码才是完整的代码。

另外，要确保自己写出的程序不会轻易崩溃。平时在写代码的时候，应聘者最好养成防御性编程的习惯,在函数入口判断输入是否有效,并对各种无效输入做好相应的处理。

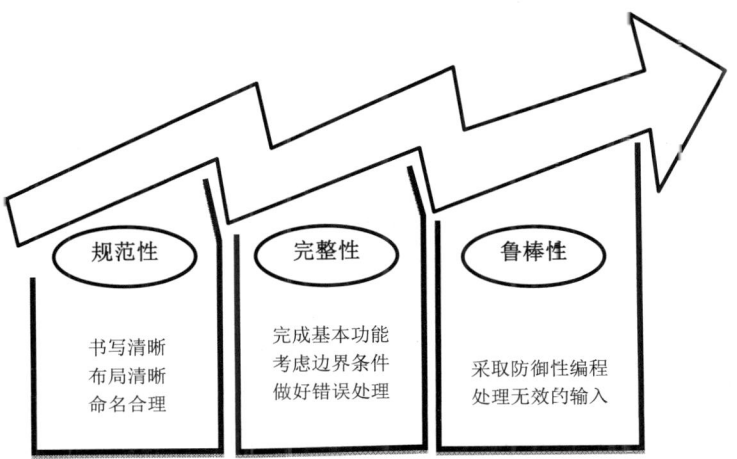

图 3.16　从规范性、完整性和鲁棒性 3 个方面提高代码的质量

第 4 章
解决面试题的思路

4.1 面试官谈面试思路

"编码前讲自己的思路是一个考查指标。一个合格的应聘者应该在他做事之前明白自己要做的事情究竟是什么,以及该怎么做。一开始就编码的人员,除非后面表现得非常优秀,否则很容易通不过。"

——殷焰(支付宝,高级安全测试工程师)

"让应聘者给我讲具体的问题分析过程,经常会要求他证明。"

——张晓禹(百度,技术经理)

"我个人比较倾向于让应聘者在写代码之前解释他的思路。应聘者如果没有想清楚就动手,则本身就不是太好。应聘者可以采用举例子、画图等多种方式,解释清楚问题本身和问题解决方案是关键。"

——何幸杰(SAP,高级工程师)

"对于比较复杂的算法和设计，一般来讲最好在开始写代码之前讲清楚思路和设计。"

——尧敏（淘宝，资深经理）

"喜欢应聘者先讲清思路。如果觉察到方案的错误和漏洞，那么我会让他证明是否正确，主要是希望他能在分析的过程中发现这些错误和漏洞并加以改正。"

——陈黎明（微软，SDE II）

"喜欢应聘者在写代码之前先讲思路，举例子和画图都是很好的方法。"

——田超（微软，SDE II）

4.2 画图让抽象问题形象化

画图是在面试过程中应聘者用来帮助自己分析、推理的常用手段。很多面试题很抽象，不容易找到解决办法。这时不妨画出一些与题目相关的图形，借以辅助自己观察和思考。图形能使抽象的问题具体化、形象化，应聘者说不定通过几幅图形就能找到规律，从而找到问题的解决方案。

有不少与数据结构相关的问题，比如二叉树、二维数组、链表等问题，都可以采用画图的方法来分析。很多时候空想未必能想明白题目中隐含的规律和特点，随手画几幅图却能让我们轻易地找到窍门。比如在面试题 27 "二叉树的镜像"中，我们画几幅二叉树的图就能发现，求树的镜像的过程其实就是在遍历树的同时交换非叶节点的左、右子节点。在面试题 29 "顺时针打印矩阵"中，我们画图之后很容易就发现可以把矩阵分解成若干个圆圈，然后从外向内打印每个圆圈。面试的时候很多人都会在边界条件上犯错误（因为最后一圈可能退化而不是一个完整的圈），如果画几幅示意图，就能够很容易找到最后一圈退化的规律。对于面试题 35 "复杂链表的复制"，如果能够画出每一步操作时的指针操作，那么接下来写代码就会容易得多。

在面试的时候，应聘者需要向面试官解释自己的思路。对于复杂的问题，应聘者光用语言未必能够说得清楚。这时候可以画出几幅图形，一边看着图形一边讲解，面试官就能更加轻松地理解应聘者的思路。这对应聘者是有益的，因为面试官会觉得他具有很好的沟通交流能力。

面试题27：二叉树的镜像

> 题目：请完成一个函数，输入一棵二叉树，该函数输出它的镜像。二叉树节点的定义如下：

```
struct BinaryTreeNode
{
    int                 m_nValue;
    BinaryTreeNode*     m_pLeft;
    BinaryTreeNode*     m_pRight;
};
```

树的镜像对很多人来说是一个新的概念，我们未必能够一下子想出求树的镜像的方法。为了能够形成直观的印象，我们可以自己画一棵二叉树，然后根据照镜子的经验画出它的镜像。如图4.1中右边的二叉树就是左边的树的镜像。

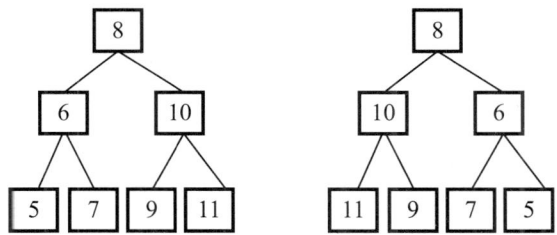

图4.1 两棵互为镜像的二叉树

仔细分析这两棵树的特点，看看能不能总结出求镜像的步骤。这两棵树的根节点相同，但它们的左、右两个子节点交换了位置。因此，我们不妨先在树中交换根节点的两个子节点，就得到图4.2中的第二棵树。

交换根节点的两个子节点之后，我们注意到值为10、6的节点的子节点仍然保持不变，因此我们还需要交换这两个节点的左、右子节点。交换之后的结果分别是图 4.2 中的第三棵树和第四棵树。做完这两次交换之后，我们已经遍历完所有的非叶节点。此时变换之后的树刚好就是原始树的镜像。

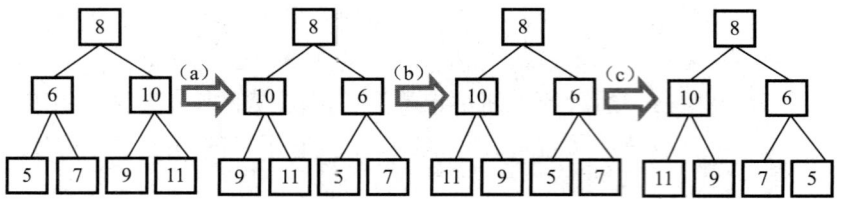

图 4.2 求二叉树镜像的过程

注：(a) 交换根节点的左、右子树；(b) 交换值为 10 的节点的左、右子节点；(c) 交换值为 6 的节点的左、右子节点。

总结上面的过程，我们得出求一棵树的镜像的过程：先前序遍历这棵树的每个节点，如果遍历到的节点有子节点，就交换它的两个子节点。当交换完所有非叶节点的左、右子节点之后，就得到了树的镜像。

想清楚了这种思路，我们就可以动手写代码了。参考代码如下：

```
void MirrorRecursively (BinaryTreeNode *pNode)
{
    if(pNode == nullptr)
        return;
    if(pNode->m_pLeft == nullptr && pNode->m_pRight == nullptr)
        return;

    BinaryTreeNode *pTemp = pNode->m_pLeft;
    pNode->m_pLeft = pNode->m_pRight;
    pNode->m_pRight = pTemp;

    if(pNode->m_pLeft)
        MirrorRecursively(pNode->m_pLeft);

    if(pNode->m_pRight)
        MirrorRecursively(pNode->m_pRight);
}
```

 源代码：

本题完整的源代码：

https://github.com/zhedahht/CodingInterviewChinese2/tree/master/27_MirrorOfBinaryTree

 测试用例：

- 功能测试（普通的二叉树；二叉树的所有节点都没有左子树或者右子树；只有一个节点的二叉树）。
- 特殊输入测试（二叉树的根节点为 nullptr 指针）。

本题考点：

- 考查应聘者对二叉树的理解。本题实质上是利用树的遍历算法解决问题。
- 考查应聘者的思维能力。树的镜像是一个抽象的概念，应聘者需要在短时间内想清楚求镜像的步骤并转换为代码。应聘者可以通过画图把抽象的问题形象化，这有助于其快速找到解题思路。

本题扩展：

上面的代码是用递归实现的。如果要求用循环，则该如何实现？

面试题 28：对称的二叉树

> 题目：请实现一个函数，用来判断一棵二叉树是不是对称的。如果一棵二叉树和它的镜像一样，那么它是对称的。例如，在如图 4.3 所示的 3 棵二叉树中，第一棵二叉树是对称的，而另外两棵不是。

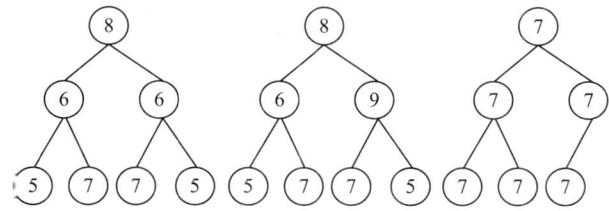

图 4.3　3 棵二叉树，其中第一棵二叉树是对称的，另外两棵不是

通常我们有 3 种不同的二叉树遍历算法，即前序遍历、中序遍历和后序遍历。在这 3 种遍历算法中，都是先遍历左子节点再遍历右子节点。我们是否可以定义一种遍历算法，先遍历右子节点再遍历左子节点？比如我们针对前序遍历定义一种对称的遍历算法，即先遍历父节点，再遍历它的右子节点，最后遍历它的左子节点。

如果用前序遍历算法遍历图 4.3 中的第一棵二叉树，则遍历序列是{8, 6, 5, 7, 6, 7, 5}。如果用我们定义的针对前序遍历的对称遍历算法，则得到的遍历序列是{8, 6, 5, 7, 6, 7, 5}。我们注意到这两个序列是一样的。

图 4.3 中第二棵二叉树的前序遍历序列为{8, 6, 5, 7, 9, 7, 5}，而相应的

对称前序遍历序列为{8, 9, 5, 7, 6, 7, 5}。在这两个序列中，第二步和第五步是不一样的。

第三棵二叉树有些特殊，它所有节点的值都是一样的。它的前序遍历序列是{7, 7, 7, 7, 7, 7}，前序遍历的对称遍历序列也是{7, 7, 7, 7, 7, 7}。这两个序列是一样的，可显然第三棵二叉树不是对称的。怎样才能正确地判断这种类型的二叉树呢？只要我们在遍历二叉树时把遇到的 nullptr 指针也考虑进来就行了。

比如第三棵二叉树的前序遍历序列在考虑 nullptr 指针之后为{7, 7, 7, nullptr, nullptr, 7, nullptr, nullptr, 7, 7, nullptr, nullptr, nullptr}。序列的前面3个7对应的是从根节点开始沿着指向左子节点的指针遍历经过的3个节点，接下来两个 nullptr 指针对应的是第三层第一个节点的两个子节点，其他的节点请读者自己分析。前序遍历的对称遍历序列为{7, 7, nullptr, 7, nullptr, nullptr, 7, 7, nullptr, nullptr, 7, nullptr, nullptr}。这两个序列从第三步开始就不一致了。

我们发现可以通过比较二叉树的前序遍历序列和对称前序遍历序列来判断二叉树是不是对称的。如果两个序列是一样的，那么二叉树就是对称的。

```
bool isSymmetrical(BinaryTreeNode* pRoot)
{
    return isSymmetrical(pRoot, pRoot);
}

bool isSymmetrical(BinaryTreeNode* pRoot1, BinaryTreeNode* pRoot2)
{
    if(pRoot1 == nullptr && pRoct2 == nullptr)
        return true;

    if(pRoot1 == nullptr || pRoot2 == nullptr)
        return false;

    if(pRoot1->m_nValue != pRoct2->m_nValue)
        return false;

    return isSymmetrical(pRoot1->m_pLeft, pRoot2->m_pRight)
        && isSymmetrical(pRoot1->m_pRight, pRoot2->m_pLeft);
}
```

 源代码：

本题完整的源代码：

https://github.com/zhedahht/CodingInterviewChinese2/tree/master/28_SymmetricalBinaryTree

测试用例：

- 功能测试（对称的二叉树；因结构而不对称的二叉树；结构对称但节点的值不对称的二叉树）。
- 特殊输入测试（二叉树的根节点为 nullptr 指针；只有一个节点的二叉树；所有节点的值都相同的二叉树）。

本题考点：

- 考查应聘者对二叉树的理解。本题实质上是利用树的遍历算法解决问题。
- 考查应聘者的思维能力。树的对称是一个抽象的概念，应聘者需要在短时间内想清楚判断对称的步骤并转换为代码。应聘者可以通过画图把抽象的问题形象化，这有助于其快速找到解题思路。

面试题 29：顺时针打印矩阵

> 题目：输入一个矩阵，按照从外向里以顺时针的顺序依次打印出每一个数字。例如，如果输入如下矩阵：
>
> 1   2   3   4
> 5   6   7   8
> 9 10 11 12
> 13 14 15 16

则依次打印出数字 1,2,3,4,8,12,16,15,14,13,9,5,6,7,11,10。

这道题完全没有涉及复杂的数据结构或者高级的算法，看起来是一个很简单的问题。但实际上解决这个问题时会在代码中包含多个循环，并且需要判断多个边界条件。如果在把问题考虑得很清楚之前就开始写代码，则不可避免地会越写越混乱。因此解决这个问题的关键在于先形成清晰的思路，并把复杂的问题分解成若干个简单的问题。

当我们遇到一个复杂问题的时候，可以用图形来帮助思考。由于是以从外圈到内圈的顺序依次打印的，所以我们可以把矩阵想象成若干个圈，如图4.4所示。我们可以用一个循环来打印矩阵，每次打印矩阵中的一个圈。

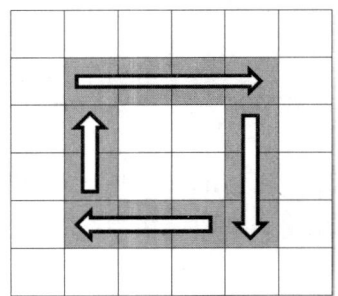

图4.4　把矩阵看成由若干个顺时针方向的圈组成

接下来分析循环结束的条件。假设这个矩阵的行数是rows，列数是columns。打印第一圈的左上角的坐标是(0, 0)，第二圈的左上角的坐标是(1, 1)，以此类推。我们注意到，左上角的坐标中行标和列标总是相同的，于是可以在矩阵中选取左上角为(start, start)的一圈作为我们分析的目标。

对于一个5×5的矩阵而言，最后一圈只有一个数字，对应的坐标为(2, 2)。我们发现5 > 2×2。对于一个6×6的矩阵而言，最后一圈有4个数字，其左上角的坐标仍然为(2, 2)。我们发现6 > 2×2依然成立。于是可以得出，让循环继续的条件是columns > startX×2并且rows > startY×2。所以我们可以用如下的循环来打印矩阵：

```
void PrintMatrixClockwisely(int** numbers, int columns, int rows)
{
    if(numbers == nullptr || columns <= 0 || rows <= 0)
        return;

    int start = 0;

    while(columns > start × 2 && rows > start × 2)
    {
        PrintMatrixInCircle(numbers, columns, rows, start);

        ++start;
    }
}
```

接着我们考虑如何打印一圈的功能，即如何实现PrintMatrixInCircle。如图4.4所示，我们可以把打印一圈分为四步：第一步，从左到右打印一行；第二步，从上到下打印一列；第三步，从右到左打印一行；第四步，从下到上打印一列。每一步我们根据起始坐标和终止坐标用一个循环就能打印出一行或者一列。

不过值得注意的是，最后一圈有可能退化成只有一行、只有一列，甚至只有一个数字，因此打印这样的一圈就不再需要四步。图 4.5 是几个退化的例子，打印一圈分别只需要三步、两步甚至一步。

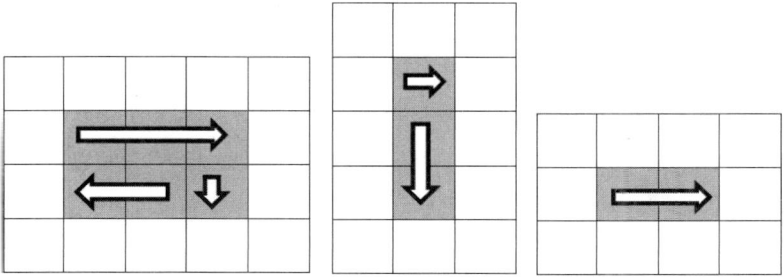

图 4.5　打印矩阵最里面一圈可能只需要三步、两步甚至一步

因此，我们要仔细分析打印时每一步的前提条件。第一步总是需要的，因为打印一圈至少有一步。如果只有一行，那就不用第二步了。也就是需要第二步的前提条件是终止行号大于起始行号。需要第三步打印的前提条件是圈内至少有两行两列，也就是说，除了要求终止行号大于起始行号，还要求终止列号大于起始列号。同理，需要打印第四步的前提条件是至少有三行两列，因此要求终止行号比起始行号至少大 2，同时终止列号大于起始列号。

通过上述分析，我们就可以写出如下代码：

```
void PrintMatrixInCircle(int** numbers, int columns, int rows, int start)
{
    int endX = columns - 1 - start;
    int endY = rows - 1 - start;

    // 从左到右打印一行
    for(int i = start; i <= endX; ++i)
    {
        int number = numbers[start][i];
        printNumber(number);
    }

    // 从上到下打印一列
    if(start < endY)
    {
        for(int i = start + 1; i <= endY; ++i)
        {
```

```
                int number = numbers[i][endX];
                printNumber(number);
            }
        }

        // 从右到左打印一行
        if(start < endX && start < endY)
        {
            for(int i = endX - 1; i >= start; --i)
            {
                int number = numbers[endY][i];
                printNumber(number);
            }
        }

        // 从下到上打印一列
        if(start < endX && start < endY - 1)
        {
            for(int i = endY - 1; i >= start + 1; --i)
            {
                int number = numbers[i][start];
                printNumber(number);
            }
        }
}
```

 源代码：

本题完整的源代码：

https://github.com/zhedahht/CodingInterviewChinese2/tree/master/29_PrintMatrix

 测试用例：

数组中有多行多列；数组中只有一行；数组中只有一列；数组中只有一行一列。

 本题考点：

本题主要考查应聘者的思维能力。从外到内顺时针打印矩阵这个过程非常复杂，应聘者如何能很快地找出其规律并写出完整的代码，是解这道题的关键。当问题比较抽象不容易理解时，可以试着画几幅图形帮助理解，这样往往能更快地找到思路。

4.3 举例让抽象问题具体化

和上一节画图的方法一样，我们也可以借助举例模拟的方法来思考分析复杂的问题。当一眼看不出问题中隐藏的规律的时候，我们可以试着用一两个具体的例子模拟操作的过程，这样说不定就能通过具体的例子找到抽象的规律。比如面试题 31 "栈的压入、弹出序列"，很多人不能立即找到栈的压入和弹出规律。这时我们可以仔细分析一两个序列，一步一步模拟压入、弹出的操作，并从中总结出隐含的规律。面试题 33 "二叉搜索树的后序遍历序列"也类似，我们同样可以通过一两个具体的序列找到后序遍历的规律。

具体的例子也可以帮助我们向面试官解释算法思路。算法通常是很抽象的，用语言不容易表述得很清楚，我们可以考虑举一两个具体的例子，告诉面试官我们的算法是怎么一步步处理这个例子的。例如，在面试题 30 "包含 min 函数的栈"中，我们可以举例模拟压栈和弹出几个数字，分析每次操作之后数据栈、辅助栈和最小值各是什么。这样解释之后，面试官就能很清晰地理解我们的思路，同时他也会觉得我们有很好的沟通能力，能把复杂的问题用很简单的方式说清楚。

具体的例子还能帮助我们确保代码的质量。在面试中写完代码之后，应该先检查一遍，确保没有问题再交给面试官。怎么检查呢？我们可以运行几个测试用例。在分析问题的时候采用的例子就是测试用例。我们可以把这些例子当作测试用例，在心里模拟运行，看每一步操作之后的结果和我们预期的是不是一致。如果每一步的结果都和事先预计的一致，那我们就能确保代码的正确性了。

面试题 30：包含 min 函数的栈

> 题目：定义栈的数据结构，请在该类型中实现一个能够得到栈的最小元素的 min 函数。在该栈中，调用 min、push 及 pop 的时间复杂度都是 $O(1)$。

看到这个问题，我们的第一反应可能是每次压入一个新元素进栈时，将栈里的所有元素排序，让最小的元素位于栈顶，这样就能在 $O(1)$ 时间内得到最小元素了。但这种思路不能保证最后压入栈的元素能够最先出栈，因此这个数据结构已经不是栈了。

我们接着想到在栈里添加一个成员变量存放最小的元素。每次压入一个新元素进栈的时候，如果该元素比当前最小的元素还要小，则更新最小元素。面试官听到这种思路之后就会问：如果当前最小的元素被弹出栈了，那么如何得到下一个最小的元素呢？

分析到这里我们发现，仅仅添加一个成员变量存放最小元素是不够的，也就是说当最小元素被弹出栈的时候，我们希望能够得到次小元素。因此，在压入这个最小元素之前，我们要把次小元素保存起来。

是不是可以把每次的最小元素（之前的最小元素和新压入栈的元素两者的较小值）都保存起来放到另外一个辅助栈里呢？我们不妨举几个例子来分析一下把元素压入或者弹出栈的过程，如表 4.1 所示。

首先往空的数据栈里压入数字 3，显然现在 3 是最小值，我们也把这个最小值压入辅助栈。接下来往数据栈里压入数字 4。由于 4 大于之前的最小值，因此我们仍然往辅助栈里压入数字 3。第三步继续往数据栈里压入数字 2。由于 2 小于之前的最小值 3，因此我们把最小值更新为 2，并把 2 压入辅助栈。同样，当压入数字 1 时，也要更新最小值，并把新的最小值 1 压入辅助栈。

表 4.1　栈内压入 3,4,2,1 之后接连两次弹出栈顶数字再压入 0 时，数据栈、辅助栈和最小值的状态

步　骤	操　作	数　据　栈	辅　助　栈	最　小　值
1	压入 3	3	3	3
2	压入 4	3, 4	3, 3	3
3	压入 2	3, 4, 2	3, 3, 2	2
4	压入 1	3, 4, 2, 1	3, 3, 2, 1	1
5	弹出	3, 4, 2	3, 3, 2	2
6	弹出	3, 4	3, 3	3
7	压入 0	3, 4, 0	3, 3, 0	0

从表 4.1 中可以看出，如果每次都把最小元素压入辅助栈，那么就能保证辅助栈的栈顶一直都是最小元素。当最小元素从数据栈内被弹出之后，同时弹出辅助栈的栈顶元素，此时辅助栈的新栈顶元素就是下一个最小值。比如在第四步之后，栈内的最小元素是 1。当第五步在数据栈内弹出 1 后，

我们把辅助栈的栈顶弹出，辅助栈的栈顶元素 2 就是新的最小元素。接下来继续弹出数据栈和辅助栈的栈顶之后，数据栈还剩下 3、4 两个数字，3 是最小值。此时位于辅助栈的栈顶数字正好也是 3，的确是最小值。这说明我们的思路是正确的。

  当我们想清楚上述过程之后，就可以写代码了。下面是 3 个关键函数 push、pop 和 min 的参考代码。在代码中，m_data 是数据栈，而 m_min 是辅助栈。

```cpp
template <typename T> void StackWithMin<T>::push(const T& value)
{
    m_data.push(value);

    if(m_min.size() == 0 || value < m_min.top())
        m_min.push(value);
    else
        m_min.push(m_min.top());
}

template <typename T> void StackWithMin<T>::pop()
{
    assert(m_data.size() > 0 && m_min.size() > 0);

    m_data.pop();
    m_min.pop();
}

template <typename T> const T& StackWithMin<T>::min() const
{
    assert(m_data.size() > 0 && m_min.size() > 0);

    return m_min.top();
}
```

 源代码：

本题完整的源代码：

https://github.com/zhedahht/CodingInterviewChinese2/tree/master/30_MinInStack

 测试用例：

- 新压入栈的数字比之前的最小值大。

- 新压入栈的数字比之前的最小值小。
- 弹出栈的数字不是最小元素。
- 弹出栈的数字是最小元素。

本题考点：

- 考查应聘者分析复杂问题的思维能力。在面试的时候，很多应聘者都止步于添加一个变量保存最小元素的思路。其实只要举个例子，多做几次入栈、出栈的操作就能看出问题，并想到也要把最小元素用另外的辅助栈保存。当我们面对一个抽象复杂的问题的时候，可以用几个具体的例子来找出规律。找到规律之后再解决问题，就容易多了。
- 考查应聘者对栈的理解。

面试题 31：栈的压入、弹出序列

> 题目：输入两个整数序列，第一个序列表示栈的压入顺序，请判断第二个序列是否为该栈的弹出顺序。假设压入栈的所有数字均不相等。例如，序列{1,2,3,4,5}是某栈的压戏序列，序列{4,5,3,2,1}是该压栈序列对应的一个弹出序列，但{4,3,5,1,2}就不可能是该压栈序列的弹出序列。

解决这个问题很直观的想法就是建立一个辅助栈，把输入的第一个序列中的数字依次压入该辅助栈，并按照第二个序列的顺序依次从该栈中弹出数字。

以弹出序列{4,5,3,2,1}为例分析压栈和弹出的过程。第一个希望被弹出的数字是 4，因此 4 需要先压入辅助栈。压入栈的顺序由压栈序列确定，也就是在把 4 压入栈之前，数字 1,2,3 都需要先压入栈。此时栈里包含 4 个数字，分别是 1,2,3,4，其中 4 位于栈顶。把 4 弹出栈后，剩下的 3 个数字是 1、2 和 3。接下来希望被弹出的数字是 5，由于它不是栈顶数字，因此我们接着在第一个序列中把 4 以后的数字压入辅助栈，直到压入数字 5。这时候 5 位于栈顶，就可以被弹出来了。接下来希望被弹出的 3 个数字依次是 3、2 和 1。由于每次操作前它们都位于栈顶，因此直接弹出即可。表 4.2 总结了本例中入栈和出栈的步骤。

表 4.2　压栈序列为{1,2,3,4,5}、弹出序列为{4,5,3,2,1}对应的压栈和弹出过程

步骤	操作	栈	弹出数字	步骤	操作	栈	弹出数字
1	压入1	1		6	压入5	1, 2, 3, 5	
2	压入2	1, 2		7	弹出	1, 2, 3	5
3	压入3	1, 2, 3		8	弹出	1, 2	3
4	压入4	1, 2, 3, 4		9	弹出	1	2
5	弹出	1, 2, 3	4	10	弹出		1

接下来再分析弹出序列{4,3,5,1,2}。第一个弹出的数字 4 的情况和前面一样。把 4 弹出之后，3 位于栈顶，可以直接弹出。接下来希望弹出的数字是 5，由于 5 不是栈顶数字，到压栈序列里把没有压栈的数字压入辅助栈，直至遇到数字 5。把数字 5 压入栈之后，5 就位于栈顶了，可以弹出。此时栈内有两个数字 1 和 2，其中 2 位于栈顶。由于接下来需要弹出的数字是 1，但 1 不在栈顶，我们需要从压栈序列中尚未压入栈的数字中去搜索这个数字。但此时压栈序列中的所有数字都已经压入栈了，所以该序列不是序列{1,2,3,4,5}对应的弹出序列。表 4.3 总结了这个例子中压栈和弹出的过程。

表 4.3　一个压入顺序为{1,2,3,4,5}的栈没有一个弹出序列为{4,3,5,1,2}

步骤	操作	栈	弹出数字	步骤	操作	栈	弹出数字
1	压入1	1		6	弹出	1, 2	3
2	压入2	1, 2		7	压入5	1, 2, 5	
3	压入3	1, 2, 3		8	弹出	1, 2	5
4	压入4	1, 2, 3, 4		下一个弹出的是 1，但 不在栈顶，压栈序列的数字都已入栈。操作无法继续			
5	弹出	1, 2, 3	4				

总结上述入栈、出栈的过程，我们可以找到判断一个序列是不是栈的弹出序列的规律：如果下一个弹出的数字刚好是栈顶数字，那么直接弹出；如果下一个弹出的数字不在栈顶，则把压栈序列中还没有入栈的数字压入辅助栈，直到把下一个需要弹出的数字压入栈顶为止；如果所有数字都压入栈后仍然没有找到下一个弹出的数字，那么该序列不可能是一个弹出序列。

形成了清晰的思路之后，我们就可以动手写代码了。下面是一段参考代码：

```
bool IsPopOrder(const int* pPush, const int* pPop, int nLength)
{
    bool bPossible = false;
```

```
        if(pPush != nullptr && pPop != nullptr && nLength > 0)
        {
            const int* pNextPush = pPush;
            const int* pNextPop = pPop;

            std::stack<int>stackData;

            while(pNextPop - pPop < nLength)
            {
                while(stackData.empty() || stackData.top() != *pNextPop)
                {
                    if(pNextPush - pPush == nLength)
                        break;

                    stackData.push(*pNextPush);

                    pNextPush ++;
                }

                if(stackData.top() != *pNextPop)
                    break;

                stackData.pop();
                pNextPop ++;
            }

            if(stackData.empty() && pNextPop - pPop == nLength)
                bPossible = true;
        }

        return bPossible;
    }
```

 源代码：

本题完整的源代码：

https://github.com/zhedahht/CodingInterviewChinese2/tree/master/31_StackPushPopOrder

 测试用例：

- 功能测试（输入的两个数组含有多个数字或者只有一个数字；第二个数组是或者不是第一个数组表示的压入序列对应的栈的弹出序列）。

- 特殊输入测试（输入两个 nullptr 指针）。

本题考点：

- 考查应聘者分析复杂问题的能力。刚听到这道面试题的时候，很多人可能都没有思路。这时候可以通过举一两个例子，一步步分析压栈、弹出的过程，从中找出规律。
- 考查应聘者对栈的理解。

面试题 32：从上到下打印二叉树

> **题目一：不分行从上到下打印二叉树**
>
> 从上到下打印出二叉树的每个节点，同一层的节点按照从左到右的顺序打印。例如，输入图 4.6 中的二叉树，则依次打印出 8,6,10,5,7,9,11。二叉树节点的定义如下：

```
struct BinaryTreeNode
{
    int                m_nValue;
    BinaryTreeNode*    m_pLeft;
    BinaryTreeNode*    m_pRight;
};
```

这道题实质是考查树的遍历算法，只是这种遍历不是我们熟悉的前序、中序或者后序遍历。由于我们不太熟悉这种按层遍历的方法，可能一下子也想不清楚遍历的过程。那面试的时候怎么办呢？我们不妨先分析一下打印图 4.6 中的二叉树的过程。

因为按层打印的顺序决定应该先打印根节点，所以我们从树的根节点开始分析。为了接下来能够打印值为 8 的节点的两个子节点，我们应该在遍历到该节点时把值为 6 和 10 的两个节点保存到一个容器里，现在容器内就有两个节点了。按照从左到右打印的要求，我们先取出值为 6 的节点。打印出值 6 之后，把它的值分别为 5 和 7 的两个节点放入数据容器。此时数据容器中有 3 个节点，值分别为 10、5 和 7。接下来我们从数据容器中取出值为 10 的节点。注意到值为 10 的节点比值为 5 和 7 的节点先放入容器，此时又比这两个节点先取出，这就是我们通常所说的先入先出，因此不难看出这个数据容器应该是一个队列。由于值为 5、7、9、11 的节点都没有子节点，因此只要依次打印即可。整个打印过程如表 4.4 所示。

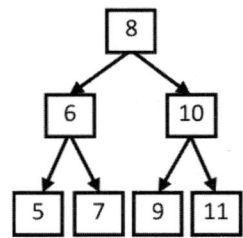

图 4.6　一棵二叉树，从上到下按层打印的顺序为 8,6,10,5,7,9,11

表 4.4　按层打印图 4.6 中的二叉树的过程

步　骤	操　　　作	队　　　列
1	打印节点 8	节点 6、节点 10
2	打印节点 6	节点 10、节点 5、节点 7
3	打印节点 10	节点 5、节点 7、节点 9、节点 11
4	打印节点 5	节点 7、节点 9、节点 11
5	打印节点 7	节点 9、节点 11
6	打印节点 9	节点 11
7	打印节点 11	

通过上面具体例子的分析，我们可以找到从上到下打印二叉树的规律：每次打印一个节点的时候，如果该节点有子节点，则把该节点的子节点放到一个队列的末尾。接下来到队列的头部取出最早进入队列的节点，重复前面的打印操作，直至队列中所有的节点都被打印出来。

既然我们已经确定数据容器是一个队列了，现在的问题就是如何实现队列。实际上我们无须自己动手实现，因为 STL 已经为我们实现了一个很好的 deque（两端都可以进出的队列）。下面是用 deque 实现的参考代码：

```
void PrintFromTopToBottom(BinaryTreeNode* pTreeRoot)
{
    if(!pTreeRoot)
        return;

    std::deque<BinaryTreeNode *> dequeTreeNode;

    dequeTreeNode.push_back(pTreeRoot);

    while(dequeTreeNode.size())
    {
        BinaryTreeNode *pNode = dequeTreeNode.front();
        dequeTreeNode.pop_front();
```

```
        printf("%d ", pNode->m_nValue);

        if(pNode->m_pLeft)
            dequeTreeNode.push_back(pNode->m_pLeft);

        if(pNode->m_pRight)
            dequeTreeNode.push_back(pNode->m_pRight);
    }
}
```

 源代码：

本题完整的源代码：

https://github.com/zhedahht/CodingInterviewChinese2/tree/master/32_01_PrintTreeFromTopToBottom

 测试用例：

- 功能测试（完全二叉树；所有节点只有左子树的二叉树；所有节点只有右子树的二叉树）。
- 特殊输入测试（二叉树根节点为 nullptr 指针；只有一个节点的二叉树）。

 本题考点：

- 考查应聘者的思维能力。按层从上到下遍历二叉树，这对很多应聘者来说是一个新概念，要在短时间内想明白遍历的过程不是一件容易的事情。应聘者通过具体的例子找出其中的规律并想到基于队列的算法，是解决这个问题的关键所在。
- 考查应聘者对二叉树及队列的理解。

 本题扩展：

如何广度优先遍历一幅有向图？同样也可以基于队列实现。树是图的一种特殊退化形式，从上到下按层遍历二叉树，从本质上来说就是广度优先遍历二叉树。

 举一反三:

不管是广度优先遍历一幅有向图还是一棵树,都要用到队列。首先把起始节点(对树而言是根节点)放入队列。接下来每次从队列的头部取出一个节点,遍历这个节点之后把它能到达的节点(对树而言是子节点)都依次放入队列。重复这个遍历过程,直到队列中的节点全部被遍历为止。

> 题目二:分行从上到下打印二叉树。
>
> 从上到下按层打印二叉树,同一层的节点按从左到右的顺序打印,每一层打印到一行。例如,打印图 4.7 中二叉树的结果为:
>
> 8
>
> 6   10
>
> 5   7   9   11

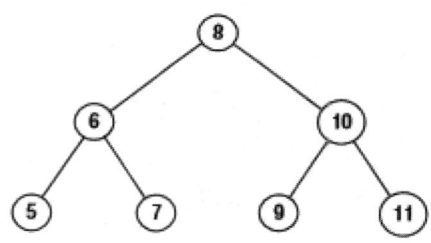

4.7 一棵有 3 层的二叉树

这道面试题和前面的面试题类似,也可以用一个队列来保存将要打印的节点。为了把二叉树的每一行单独打印到一行里,我们需要两个变量:一个变量表示在当前层中还没有打印的节点数;另一个变量表示下一层节点的数目。参考代码如下:

```
void Print(BinaryTreeNode* pRoot)
{
    if(pRoot == nullptr)
        return;

    std::queue<BinaryTreeNode*> nodes;
    nodes.push(pRoot);
    int nextLevel = 0;
    int toBePrinted = 1;
    while(!nodes.empty())
    {
        BinaryTreeNode* pNode = nodes.front();
        printf("%d ", pNode->m_nValue);
```

```
            if(pNode->m_pLeft != nullptr)
            {
                nodes.push(pNode->m_pLeft);
                ++nextLevel;
            }
            if(pNode->m_pRight != nullptr)
            {
                nodes.push(pNode->m_pRight);
                ++nextLevel;
            }
            nodes.pop();
            --toBePrinted;
            if(toBePrinted == 0)
            {
                printf("\n");
                toBePrinted = nextLevel;
                nextLevel = 0;
            }
    }
}
```

在上述代码中，变量 toBePrinted 表示在当前层中还没有打印的节点数，而变量 nextLevel 表示下一层的节点数。如果一个节点有子节点，则每把一个子节点加入队列，同时把变量 nextLevel 加 1。每打印一个节点，toBePrinted 减 1。当 toBePrinted 变成 0 时，表示当前层的所有节点已经打印完毕，可以继续打印下一层。

 源代码：

本题完整的源代码：

https://github.com/zhedahht/CodingInterviewChinese2/tree/master/32_02_PrintTreesInLines

 测试用例：

- 功能测试（完全二叉树；所有节点只有左子树的二叉树；所有节点只有右子树的二叉树）。
- 特殊输入测试（二叉树根节点为 nullptr 指针；只有一个节点的二叉树）。

本题考点：

- 考查应聘者的思维能力。按层从上到下遍历二叉树，这对很多应聘者来说是一个新概念，要在短时间内想明白遍历的过程不是一件容易的事情。应聘者通过具体的例子找出其中的规律并想到基于队列的算法，是解决这个问题的关键。
- 考查应聘者对二叉树及队列的理解。

> 题目三：之字形打印二叉树。
>
> 请实现一个函数按照之字形顺序打印二叉树，即第一行按照从左到右的顺序打印，第二层按照从右到左的顺序打印，第三行再按照从左到右的顺序打印，其他行以此类推。例如，按之字形顺序打印图 4.8 中二叉树的结果为：

```
1
3  2
4  5  6  7
15  14  13  12  11  10  9  8
```

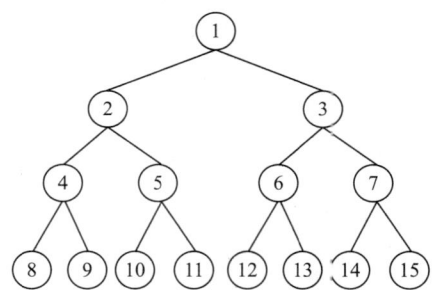

图 4.8　一棵有 4 层的二叉树

按之字形顺序打印二叉树的过程比较复杂。如果应聘者在短时间内找不到解决办法，则一个建议是可以试着用具体的例子一步步分析。下面我们以图 4.8 中的二叉树为例。

当二叉树的根节点（节点 1）打印之后，它的左子节点（节点 2）和右子节点（节点 3）先后保存到一个数据容器里。值得注意的是，在打印第二层的节点时,先打印节点 3,再打印节点 2。看起来节点在这个数据容器里是后进先出的,因此这个数据容器可以用栈来实现。

接着打印第二层的两个节点。根据之字形顺序,先打印节点 3,再打印节点 2,并把它们的子节点保存到一个数据容器里。我们注意到在打印第三层的时候,先打印节点 2 的两个子节点(节点 4 和节点 5),再打印节点 3 的两个子节点(节点 6 和节点 7)。这意味着我们仍然可以用一个栈来保存节点 2 和节点 3 的子节点。

我们还注意到第三层的节点是从左向右打印的。这意味着节点 4 在节点节点 5 之前打印,节点 6 在节点 7 之前打印。按照栈的后进先出特点,应该先把节点 7 保存到栈里,接着保存节点 6,再接下来是节点 5 和节点 4。也就是说,在打印第二层节点的时候,我们先把右子节点保存到栈里,再把左子节点保存到栈里。保存子节点的顺序和打印第一层时不一样。

接下来打印第三层的节点。和先前一样,在打印第三层节点的同时,我们要把第四层的节点保存到一个栈里。由于第四层的打印顺序是从右到左,因此保存的顺序是先保存左子节点,再保存右子节点。这和保存第一层根节点的两个子节点的顺序相同。

分析到这里,我们可以总结出规律:按之字形顺序打印二叉树需要两个栈。我们在打印某一层的节点时,把下一层的子节点保存到相应的栈里。如果当前打印的是奇数层(第一层、第三层等),则先保存左子节点再保存右子节点到第一个栈里;如果当前打印的是偶数层(第二层、第四层等),则先保存右子节点再保存左子节点到第二个栈里。

你可能会疑惑为什么需要两个栈。我们看看如果只有一个栈会有哪些问题。在打印根节点的时候,先后把节点 2 和节点 3 保存到栈里。接下来打印节点 3。在打印节点 3 时,把它的两个子节点 6 和 7 保存到栈里。此时由于节点 7 位于栈顶,接下来将打印节点 7,而不是节点 2。为了避免这个问题,节点 6 和节点 7 要保存到另一个栈里。

表 4.5 概括了按之字形顺序打印图 4.8 中二叉树的最初 7 步,以及两个栈里保存的节点。接下来逐个把位于栈顶的节点弹出栈并打印。

表 4.5 按之字形顺序打印图 4.3 中二叉树的最初 7 步。Stack1 和 Stack2 中最右边的节点位于栈顶

步骤	操作	Stack1 中的节点	Stack2 中的节点
1	打印节点 1	2, 3	
2	打印节点 3	2	7, 6
3	打印节点 2		7, 6, 5, 4
4	打印节点 4	8, 9	7, 6, 5
5	打印节点 5	8, 9, 10, 11	7, 6
6	打印节点 6	8, 9, 10, 11, 12, 13	7
7	打印节点 7	8, 9, 10, 11, 12, 13, 14, 15	

分析清楚打印的流程之后，就可以动手写代码了。下面是参考代码：

```cpp
void Print(BinaryTreeNode* pRoot)
{
    if(pRoot == nullptr)
        return;

    std::stack<BinaryTreeNode*> levels[2];
    int current = 0;
    int next = 1;

    levels[current].push(pRoot);
    while(!levels[0].empty() || !levels[1].empty())
    {
        BinaryTreeNode* pNode = levels[current].top();
        levels[current].pop();

        printf("%d ", pNode->m_nValue);

        if(current == 0)
        {
            if(pNode->m_pLeft != nullptr)
                levels[next].push(pNode->m_pLeft);
            if(pNode->m_pRight != nullptr)
                levels[next].push(pNode->m_pRight);
        }
        else
        {
            if(pNode->m_pRight != nullptr)
                levels[next].push(pNode->m_pRight);
            if(pNode->m_pLeft != nullptr)
                levels[next].push(pNode->m_pLeft);
        }

        if(levels[current].empty())
        {
```

```
            printf("\n");
            current = 1 - current;
            next = 1 - next;
        }
    }
}
```

上述代码定义了两个栈 levels[0]和 levels[1]。在打印一个栈里的节点时，它的子节点保存到另一个栈里。当一层所有节点都打印完毕时，交换这两个栈并继续打印下一层。

 源代码：

本题完整的源代码：

https://github.com/zhedahht/CodingInterviewChinese2/tree/master/32_03_PrintTreesInZigzag

 测试用例：

- 功能测试（完全二叉树；所有节点只有左子树的二叉树；所有节点只有右子树的二叉树）。
- 特殊输入测试（二叉树根节点为 nullptr 指针；只有一个节点的二叉树）。

本题考点：

- 考查应聘者的思维能力。按之字形遍历二叉树，这对很多应聘者来说是一个新概念，要在短时间内想明白遍历的过程不是一件容易的事情。应聘者通过具体的例子找出其中的规律并想到基于两个栈的算法，是解决这个问题的关键。
- 考查应聘者对二叉树及栈的理解。

面试题 33：二叉搜索树的后序遍历序列

题目：输入一个整数数组，判断该数组是不是某二叉搜索树的后序遍历结果。如果是则返回 true，否则返回 false。假设输入的数组的任意两个

> 数字都互不相同。例如，输入数组{5, 7, 6, 9, 11, 10, 8}，则返回 true，因为这个整数序列是图 4.9 二叉搜索树的后序遍历结果。如果输入的数组是{7, 4, 6, 5}，则由于没有哪棵二叉搜索树的后序遍历结果是这个序列，因此返回 false。

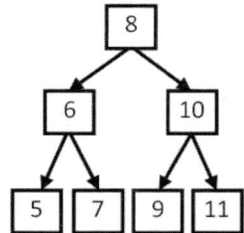

图 4.9　后序遍历序列{5,7,6,9,11,10,8}对应的二叉搜索树

在后序遍历得到的序列中，最后一个数字是树的根节点的值。数组中前面的数字可以分为两部分：第一部分是左子树节点的值，它们都比根节点的值小；第二部分是右子树节点的值，它们都比根节点的值大。

以数组{5, 7, 6, 9, 11, 10, 8}为例，后序遍历结果的最后一个数字 8 就是根节点的值。在这个数组中，前 3 个数字 5、7 和 6 都比 8 小，是值为 8 的节点的左子树节点；后 3 个数字 9、11 和 10 都比 8 大，是值为 8 的节点的右子树节点。

我们接下来用同样的方法确定与数组每一部分对应的子树的结构。这其实就是一个递归的过程。对于序列{5,7,6}，最后一个数字 6 是左子树的根节点的值。数字 5 比 6 小，是值为 6 的节点的左子节点，而 7 则是它的右子节点。同样，在序列{9,11,10}中，最后一个数字 10 是右子树的根节点，数字 9 比 10 小，是值为 10 的节点的左子节点，而 11 则是它的右子节点。

我们再来分析另一个整数数组{7, 4, 6, 5}。后序遍历的最后一个数字是根节点，因此根节点的值是 5。由于第一个数字 7 大于 5，因此在对应的二叉搜索树中，根节点上是没有左子树的，数字 7、4 和 6 都是右子树节点的值。但我们发现在右子树中有一个节点的值是 4，比根节点的值 5 小，这违背了二叉搜索树的定义。因此，不存在一棵二叉搜索树，它的后序遍历结果是{7,4,6,5}。

找到了规律之后再写代码，就不是一件很困难的事情了。下面是参考代码：

```cpp
bool VerifySquenceOfBST(int sequence[], int length)
{
    if(sequence == nullptr || length <= 0)
        return false;

    int root = sequence[length - 1];

    // 在二叉搜索树中左子树节点的值小于根节点的值
    int i = 0;
    for(; i < length - 1; ++ i)
    {
        if(sequence[i] > root)
            break;
    }

    // 在二叉搜索树中右子树节点的值大于根节点的值
    int j = i;
    for(; j < length - 1; ++ j)
    {
        if(sequence[j] < root)
            return false;
    }

    // 判断左子树是不是二叉搜索树
    bool left = true;
    if(i > 0)
        left = VerifySquenceOfBST(sequence, i);

    // 判断右子树是不是二叉搜索树
    bool right = true;
    if(i < length - 1)
        right = VerifySquenceOfBST(sequence + i, length - i - 1);

    return (left && right);
}
```

 源代码：

本题完整的源代码：

https://github.com/zhedahht/CodingInterviewChinese2/tree/master/33_SquenceOfBST

 测试用例：

● 功能测试（输入的后序遍历序列对应一棵二叉树，包括完全二叉树、

所有节点都没有左/右子树的二叉树、只有一个节点的二叉树；输入的后序遍历序列没有对应一棵二叉树）。

- 特殊输入测试（指向后序遍历序列的指针为 nullptr 指针）。

本题考点：

- 考查应聘者分析复杂问题的思维能力。能否解决这道题的关键在于应聘者是否能找出后序遍历的规律。一旦找到了规律，用递归的代码编码相对而言就简单了。在面试的时候，应聘者可以从一两个例子入手，通过分析具体的例子寻找规律。
- 考查应聘者对二叉树后序遍历的理解。

相关题目：

输入一个整数数组，判断该数组是不是某二叉搜索树的前序遍历结果。这和前面问题的后序遍历很类似，只是在前序遍历得到的序列中，第一个数字是根节点的值。

举一反三：

如果面试题要求处理一棵二叉树的遍历序列，则可以先找到二叉树的根节点，再基于根节点把整棵树的遍历序列拆分成左子树对应的子序列和右子树对应的子序列，接下来再递归地处理这两个子序列。本面试题应用的是这种思路，面试题 7 "重建二叉树"应用的也是这种思路。

面试题 34：二叉树中和为某一值的路径

> 题目：输入一棵二叉树和一个整数，打印出二叉树中节点值的和为输入整数的所有路径。从树的根节点开始往下一直到叶节点所经过的节点形成一条路径。二叉树节点的定义如下：

```
struct BinaryTreeNode
{
    int             m_nValue;
    BinaryTreeNode* m_pLeft;
    BinaryTreeNode* m_pRight;
};
```

例如，输入图 4.10 中的二叉树和整数 22，则打印出两条路径，第一条路径包含节点 10、12，第二条路径包含节点 10、5 和 7。

一般的数据结构和算法的教材都没有介绍树的路径，因此对大多数应聘者而言，这是一个新概念，也就很难一下子想出完整的解题思路。这时候我们可以试着从一两个具体的例子入手，找到规律。

以图 4.10 中的二叉树作为例子来分析。由于路径是从根节点出发到叶节点，也就是说路径总是以根节点为起始点，因此我们首先需要遍历根节点。在树的前序、中序、后序 3 种遍历方式中，只有前序遍历是首先访问根节点的。

按照前序遍历的顺序遍历图 4.10 中的二叉树，在访问节点 10 之后，就会访问节点 5。从二叉树节点的定义可以看出，在本题的二叉树节点中没有指向父节点的指针，当访问节点 5 的时候，我们是不知道前面经过了哪些节点的，除非我们把经过的路径上的节点保存下来。每访问一个节点，我们都把当前节点添加到路径中去。当到达节点 5 时，路径中包含两个节点，它们的值分别是 10 和 5。接下来遍历到节点 4，我们把这个节点也添加到路径中。这时候已经到达叶节点，但路径上 3 个节点的值之和是 19。这个和不等于输入的值 22，因此不是符合要求的路径。

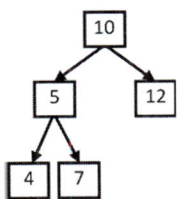

图 4.10 二叉树中有两条和为 22 的路径：一条路径经过节点 10、5、7；另一条路径经过节点 10、12

我们接着要遍历其他的节点。在遍历下一个节点之前，先要从节点 4 回到节点 5，再去遍历节点 5 的右子节点 7。值得注意的是，当回到节点 5 的时候，由于节点 4 已经不在前往节点 7 的路径上了，所以我们需要把节点 4 从路径中删除。接下来访问节点 7 的时候，再把该节点添加到路径中。此时路径中的 3 个节点 10、5、7 之和刚好是 22，是一条符合要求的路径。

我们最后要遍历的是节点 12。在遍历这个节点之前，需要先经过节点 5 回到节点 10。同样，每次当从子节点回到父节点的时候，我们都需要在路径上删除子节点。最后在从节点 10 到达节点 12 的时候，路径上的两个节点的值之和也是 22，因此，这也是一条符合要求的路径。

我们可以用表 4.6 总结上述分析过程。

表 4.6　遍历图 4.10 中的二叉树的过程

步　骤	操　　作	是否叶节点	路　　　径	路径节点值的和
1	访问节点 10	否	节点 10	10
2	访问节点 5	否	节点 10、节点 5	15
3	访问节点 4	是	节点 10、节点 5、节点 4	19
4	回到节点 5		节点 10、节点 5	15
5	访问节点 7	是	节点 10、节点 5、节点 7	22
6	回到节点 5		节点 10、节点 5	15
7	回到节点 10		节点 10	10
8	访问节点 12	是	节点 10、节点 12	22

分析完前面具体的例子之后，我们就找到了一些规律。当用前序遍历的方式访问到某一节点时，我们把该节点添加到路径上，并累加该节点的值。如果该节点为叶节点，并且路径中节点值的和刚好等于输入的整数，则当前路径符合要求，我们把它打印出来。如果当前节点不是叶节点，则继续访问它的子节点。当前节点访问结束后，递归函数将自动回到它的父节点。因此，我们在函数退出之前要在路径上删除当前节点并减去当前节点的值，以确保返回父节点时路径刚好是从根节点到父节点。我们不难看出保存路径的数据结构实际上是一个栈，因为路径要与递归调用状态一致，而递归调用的本质就是一个压栈和出栈的过程。

形成了清晰的思路之后，就可以动手写代码了。下面是一段参考代码：

```
void FindPath(BinaryTreeNode* pRoot, int expectedSum)
{
    if(pRoot == nullptr)
        return;

    std::vector<int> path;
    int currentSum = 0;
    FindPath(pRoot, expectedSum, path, currentSum);
}

void FindPath
(
    BinaryTreeNode*    pRoot,
```

```
                    int              expectedSum,
    std::vector<int>& path,
                    int              currentSum

currentSum += pRoot->m_nValue;
path.push_back(pRoot->m_nValue);

// 如果是叶节点，并且路径上节点值的和等于输入的值，
// 则打印出这条路径
bool isLeaf = pRoot->m_pLeft == nullptr && pRoot->m_pRight == nullptr;
if(currentSum == expectedSum && isLeaf)
{
    printf("A path is found: ");
    std::vector<int>::iterator iter = path.begin();
    for(; iter != path.end(); ++ iter)
        printf("%d\t", *iter);

    printf("\n");
}

// 如果不是叶节点，则遍历它的子节点
if(pRoot->m_pLeft != nullptr)
    FindPath(pRoot->m_pLeft, expectedSum, path, currentSum);
if(pRoot->m_pRight != nullptr)
    FindPath(pRoot->m_pRight, expectedSum, path, currentSum);

// 在返回父节点之前，在路径上删除当前节点
path.pop_back();
```

在前面的代码中，我们用标准模板库中的 vector 实现了一个栈来保存路径，每次都用 push_back 在路径的末尾添加节点，用 pop_back 在路径的末尾删除节点，这样就保证了栈的先入后出特性。这里没有直接用 STL 中的 stack 的原因是，在 stack 中只能得到栈顶元素，而我们打印路径的时候需要得到路径上的所有节点，因此在代码实现的时候 std::stack 不是最好的选择。

 源代码：

本题完整的源代码：

https://github.com/zhedahht/CodingInterviewChinese2/tree/master/34_PathInTree

测试用例：

- 功能测试（二叉树中有一条、多条符合要求的路径；二叉树中没有符合要求的路径）。
- 特殊输入测试（指向二叉树根节点的指针为 nullptr 指针）。

本题考点：

- 考查应聘者分析复杂问题的思维能力。应聘者遇到这个问题的时候，如果一下子没有思路，则不妨从一个具体的例子开始，一步步分析路径上包含哪些节点，这样就能找出其中的规律，从而想到解决方案。
- 考查应聘者对二叉树的前序遍历的理解。

4.4 分解让复杂问题简单化

很多读者可能都知道"各个击破"的军事思想，这种思想的精髓是当敌我实力悬殊时，我们可以把强大的敌人分割开来，然后集中优势兵力打败被分割开来的小部分敌人。要一下子战胜总体很强大的敌人很困难，但战胜小股敌人就容易多了。同样，在面试中，当我们遇到复杂的大问题的时候，如果能够先把大问题分解成若干个简单的小问题，然后再逐个解决这些小问题，则可能也会容易很多。

我们可以按照解决问题的步骤来分解复杂问题，每一步解决一个小问题。比如在面试题 35 "复杂链表的复制"中，我们将复杂链表复制的过程分解成 3 个步骤。在写代码的时候我们为每一步定义一个函数，这样每个函数完成一个功能，整个过程的逻辑也就非常清晰明了了。

在计算机领域有一类算法叫分治法，即"分而治之"，采用的就是各个击破的思想。我们把分解之后的小问题各个解决，然后把小问题的解决方案结合起来解决大问题。比如在面试题 36 "二叉搜索树与双向链表"中，转换整棵二叉树是一个大问题，我们先把这个大问题分解成转换左子树和右子树两个小问题，然后再把转换左、右子树得到的链表和根节点链接起来，就解决了整棵大问题。通常分治法都可以用递归的代码实现。

在面试题 38 "字符串的排列"中，我们把整个字符串分为两部分：第一个字符及它后面的所有字符。我们先拿第一个字符和后面的每个字符交换，交换之后再求后面所有字符的排列。整个字符串的排列是一个大问题，而第一个字符之后的字符串的排列是一个小问题。因此，这实际上也是分治法的应用，可以用递归实现。

面试题 35：复杂链表的复制

> 题目：请实现函数 ComplexListNode* Clone(ComplexListNode* pHead)，复制一个复杂链表。在复杂链表中，每个节点除了有一个 m_pNext 指针指向下一个节点，还有一个 m_pSibling 指针指向链表中的任意节点或者 nullptr。节点的 C++定义如下：

```
struct ComplexListNode
{
    int                 m_nValue;
    ComplexListNode*    m_pNext;
    ComplexListNode*    m_pSibling;
};
```

图 4.11 是一个含有 5 个节点的复杂链表。图中实线箭头表示 m_pNext 指针，虚线箭头表示 m_pSibling 指针。为简单起见，指向 nullptr 的指针没有画出。

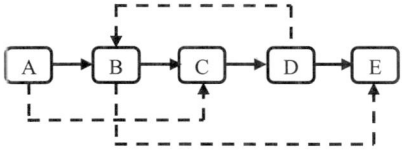

图 4.11 一个含有 5 个节点的复杂链表

注：在复杂链表的节点中，除了有指向下一个节点的指针（实线箭头），还有指向任意节点的指针（虚线箭头）。

听到这个问题之后，很多应聘者的第一反应是把复制过程分成两步：第一步是复制原始链表上的每个节点，并用 m_pNext 链接起来；第二步是设置每个节点的 m_pSibling 指针。假设原始链表中的某个节点 N 的 m_pSibling 指向节点 S，由于 S 在链表中可能在 N 的前面也可能在 N 的后面，所以要定位 S 的位置需要从原始链表的头节点开始找。如果从原始链表的头节点开始沿着 m_pNext 经过 s 步找到节点 S，那么在复制链表上节点 N′的 m_pSibling（记为 S′）离复制链表的头节点的距离也是沿着 m_pNext 指针 s 步。用这种办法就可以为复制链表上的每个节点设置 m_pSibling 指针。

对于一个含有 n 个节点的链表，由于定位每个节点的 m_pSibling 都需要从链表头节点开始经过 $O(n)$ 步才能找到，因此这种方法总的时间复杂度是 $O(n^2)$。

由于上述方法的时间主要花费在定位节点的 m_pSibling 上面，我们试着在这方面去进行优化。我们还是分为两步：第一步仍然是复制原始链表上的每个节点 N 创建 N′，然后把这些创建出来的节点用 m_pNext 链接起来。同时我们把<N,N′>的配对信息放到一个哈希表中；第二步还是设置复制链表上每个节点的 m_pSibling。如果在原始链表中节点 N 的 m_pSibling 指向节点 S，那么在复制链表中，对应的 N′应该指向 S′。由于有了哈希表，我们可以用 $O(1)$ 的时间根据 S 找到 S′。

第二种方法相当于用空间换时间。对于有 n 个节点的链表，我们需要一个大小为 $O(n)$ 的哈希表，也就是说我们以 $O(n)$ 的空间消耗把时间复杂度由 $O(n^2)$ 降低到 $O(n)$。

接下来我们再换一种思路，在不用辅助空间的情况下实现 $O(n)$ 的时间效率。第三种方法的第一步仍然是根据原始链表的每个节点 N 创建对应的 N′。这一次，我们把 N′链接在 N 的后面。图 4.11 中的链表经过这一步之后的结构如图 4.12 所示。

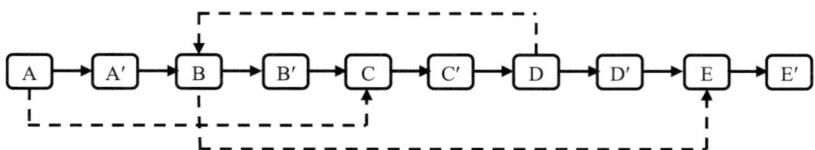

图 4.12　复制复杂链表的第一步

注：复制原始链表的任意节点 N 并创建新节点 N′，再把 N′链接到 N 的后面。

完成这一步的代码如下：

```
void CloneNodes(ComplexListNode* pHead)
{
    ComplexListNode* pNode = pHead;
    while(pNode != nullptr)
```

```
    {
        ComplexListNode* pCloned = new ComplexListNode();
        pCloned->m_nValue = pNode->m_nValue;
        pCloned->m_pNext = pNode->m_pNext;
        pCloned->m_pSibling = nullptr;

        pNode->m_pNext = pCloned;

        pNode = pCloned->m_pNext;
    }
}
```

第二步设置复制出来的节点的 m_pSibling。假设原始链表上的 N 的 m_pSibling 指向节点 S，那么其对应复制出来的 N'是 N 的 m_pNext 指向的节点，同样 S'也是 S 的 m_pNext 指向的节点。设置 m_pSibling 之后的链表如图 4.13 所示。

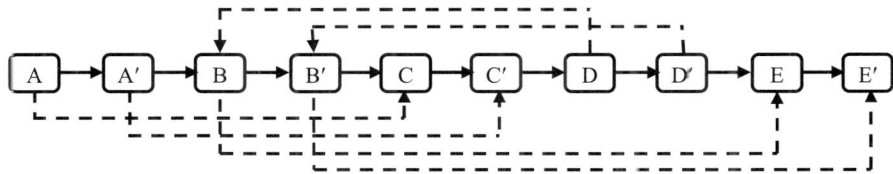

图 4.13　复制复杂链表的第二步

注：如果原始链表上的节点 N 的 m_pSibling 指向 S，则它对应的复制节点 N'的 m_pSibling 指向 S 的复制节点 S'。

下面是完成第二步的参考代码：

```
void ConnectSiblingNodes(ComplexListNode* pHead)
{
    ComplexListNode* pNode = pHead;
    while(pNode != nullptr)
    {
        ComplexListNode* pCloned = pNode->m_pNext;
        if(pNode->m_pSibling != nullptr)
        {
            pCloned->m_pSibling = pNode->m_pSibling->m_pNext;
        }

        pNode = pCloned->m_pNext;
    }
}
```

第三步把这个长链表拆分成两个链表：把奇数位置的节点用 m_pNext 链接起来就是原始链表，把偶数位置的节点用 m_pNext 链接起来就是复制出来的链表。图 4.13 中的链表拆分之后的两个链表如图 4.14 所示。

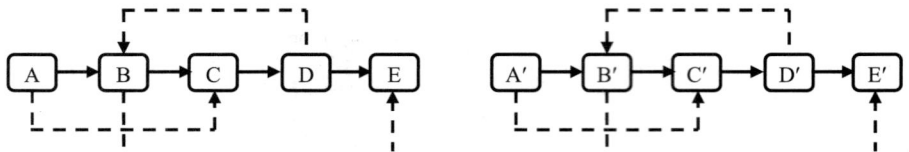

图 4.14　复制复杂链表的第三步

注：把第二步得到的链表拆分成两个链表，奇数位置上的节点组成原始链表，偶数位置上的节点组成复制出来的链表。

要实现第三步的操作也不是很难的事情。其对应的代码如下：

```
ComplexListNode* ReconnectNodes(ComplexListNode* pHead)
{
    ComplexListNode* pNode = pHead;
    ComplexListNode* pClonedHead = nullptr;
    ComplexListNode* pClonedNode = nullptr;

    if(pNode != nullptr)
    {
        pClonedHead = pClonedNode = pNode->m_pNext;
        pNode->m_pNext = pClonedNode->m_pNext;
        pNode = pNode->m_pNext;
    }

    while(pNode != nullptr)
    {
        pClonedNode->m_pNext = pNode->m_pNext;
        pClonedNode = pClonedNode->m_pNext;
        pNode->m_pNext = pClonedNode->m_pNext;
        pNode = pNode->m_pNext;
    }

    return pClonedHead;
}
```

我们把上面三步合起来，就是复制链表的完整过程。

```
ComplexListNode* Clone(ComplexListNode* pHead)
{
    CloneNodes(pHead);
    ConnectSiblingNodes(pHead);
    return ReconnectNodes(pHead);
}
```

 源代码：

本题完整的源代码：

https://github.com/zhedahht/CodingInterviewChinese2/tree/master/35_CopyComplexList

测试用例:

- 功能测试(节点中的 m_pSibling 指向节点自身; 两个节点的 m_pSibling 形成环状结构; 链表中只有一个节点)。
- 特殊输入测试（指向链表头节点的指针为 nullptr 指针)。

本题考点:

- 考查应聘者对复杂问题的思维能力。本题中的复杂链表是一种不太常见的数据结构，而且复制这种链表的过程也较为复杂。我们把复杂链表的复制过程分解成 3 个步骤,同时把每个步骤都用图形化的方式表示出来，这样能帮助我们厘清思路。在写代码的时候，我们为每个步骤定义一个子函数,最后在复制函数中先后调用这 3 个函数。有了这些清晰的思路之后再写代码，就容易多了。
- 考查应聘者分析时间效率和空间效率的能力。当应聘者提出第一种和第二种思路的时候，面试官会提示此时在效率上还不是最优解。这时候应聘者要能自己分析出这两种算法的时间复杂度和空间复杂度各是多少。

面试题 36: 二叉搜索树与双向链表

> 题目: 输入一棵二叉搜索树, 将该二叉搜索树转换成一个排序的双向链表。要求不能创建任何新的节点, 只能调整树中节点指针的指向。比如, 输入图 4.15 中左边的二叉搜索树, 则输出转换之后的排序双向链表。二叉树节点的定义如下:

```
struct BinaryTreeNode
{
    int                 m_nValue;
    BinaryTreeNode*     m_pLeft;
    BinaryTreeNode*     m_pRight;
};
```

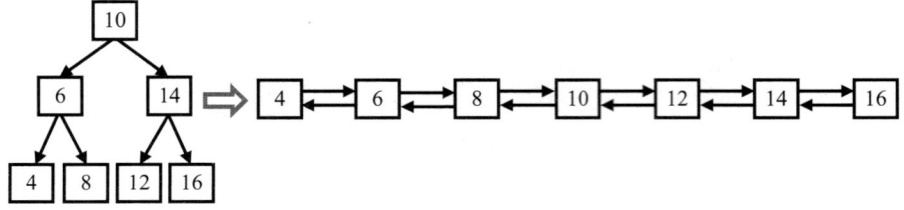

图 4.15　一棵二叉搜索树及转换之后的排序双向链表

在二叉树中，每个节点都有两个指向子节点的指针。在双向链表中，每个节点也有两个指针，分别指向前一个节点和后一个节点。由于这两种节点的结构相似，同时二叉搜索树也是一种排序的数据结构，因此，在理论上有可能实现二叉搜索树和排序双向链表的转换。在搜索二叉树中，左子节点的值总是小于父节点的值，右子节点的值总是大于父节点的值。因此，我们在将二叉搜索树转换成排序双向链表时，原先指向左子节点的指针调整为链表中指向前一个节点的指针，原先指向右子节点的指针调整为链表中指向后一个节点的指针。接下来我们考虑该如何转换。

由于要求转换之后的链表是排好序的，我们可以中序遍历树中的每个节点，这是因为中序遍历算法的特点是按照从小到大的顺序遍历二叉树的每个节点。当遍历到根节点的时候，我们把树看成 3 部分：值为 10 的节点；根节点值为 6 的左子树；根节点值为 14 的右子树。根据排序链表的定义，值为 10 的节点将和它的左子树的最大一个节点（值为 8 的节点）链接起来，同时它还将和右子树最小的节点（值为 12 的节点）链接起来，如图 4.16 所示。

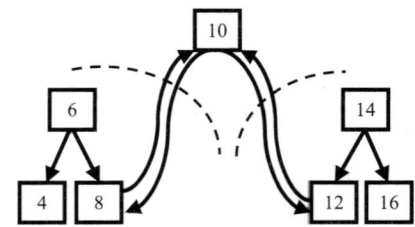

图 4.16　把二叉搜索树看成 3 部分

注：根节点、左子树和右子树。在把左、右子树都转换成排序双向链表之后再和根节点链接起来，整棵二叉搜索树也就转换成了排序双向链表。

按照中序遍历的顺序，当我们遍历转换到根节点（值为 10 的节点）时，它的左子树已经转换成一个排序的链表了，并且处在链表中的最后一个节点是当前值最大的节点。我们把值为 8 的节点和根节点链接起来，此时链表中的最后一个节点就是 10 了。接着我们去遍历转换左子树，并把根节点和右子树中最小的节点链接起来。至于怎么去转换它的左子树和右子树，由于遍历和转换过程是一样的，我们很自然地想到可以用递归。

基于上述分析过程，我们可以写出如下代码：

```
BinaryTreeNode* Convert(BinaryTreeNode* pRootOfTree)
{
    BinaryTreeNode *pLastNodeInList = nullptr;
    ConvertNode(pRootOfTree, &pLastNodeInList);

    // pLastNodeInList 指向双向链表的尾节点，
    // 我们需要返回头节点
    BinaryTreeNode *pHeadOfList = pLastNodeInList;
    while(pHeadOfList != nullptr && pHeadOfList->m_pLeft != nullptr)
        pHeadOfList = pHeadOfList->m_pLeft;

    return pHeadOfList;
}

void ConvertNode(BinaryTreeNode* pNode, BinaryTreeNode** pLastNodeInList)
{
    if(pNode == nullptr)
        return;

    BinaryTreeNode *pCurrent = pNode;

    if (pCurrent->m_pLeft != nullptr)
        ConvertNode(pCurrent->m_pLeft, pLastNodeInList);

    pCurrent->m_pLeft = *pLastNodeInList;
    if(*pLastNodeInList != nullptr)
        (*pLastNodeInList)->m_pRight = pCurrent;

    *pLastNodeInList = pCurrent;

    if (pCurrent->m_pRight != nullptr)
        ConvertNode(pCurrent->m_pRight, pLastNodeInList);
}
```

在上面的代码中，我们用 pLastNodeInList 指向已经转换好的链表的最后一个节点（值最大的节点）。当我们遍历到值为 10 的节点的时候，它的左子树都已经转换好了，因此 pLastNodeInList 指向值为 8 的节点。接着把根节点链接到链表中之后，值为 10 的节点成了链表中的最后一个节点（新的值最大的节点），于是 pLastNodeInList 指向了这个值为 10 的节点。接下来把 pLastNodeInList 作为参数传入函数递归遍历右子树。我们找到右子树中最左边的子节点（值为 12 的节点，在右子树中值最小），并把该节点和值为 10 的节点链接起来。

 源代码：

本题完整的源代码：

https://github.com/zhedahht/CodingInterviewChinese2/tree/master/36_ConvertBinarySearchTree

 测试用例：

- 功能测试（输入的二叉树是完全二叉树；所有节点都没有左/右子树的二叉树；只有一个节点的二叉树）。
- 特殊输入测试（指向二叉树根节点的指针为 nullptr 指针）。

本题考点：

- 考查应聘者分析复杂问题的能力。无论是二叉树还是双向链表，都有很多指针。要实现这两种不同数据结构的转换，需要调整大量的指针，因此这个过程会很复杂。为了把这个复杂的问题分析清楚，我们可以把树分为 3 部分：根节点、左子树和右子树，然后把左子树中最大的节点、根节点、右子树中最小的节点链接起来。至于如何把左子树和右子树内部的节点链接成链表，那和原来的问题的实质是一样的，因此可以递归解决。解决这个问题的关键在于把一个大的问题分解成几个小问题，并递归地解决小问题。
- 考查应聘者对二叉树和双向链表的理解及编程能力。

面试题 37：序列化二叉树

> 题目：请实现两个函数，分别用来序列化和反序列化二叉树。

通过分析解决面试题 7 "重建二叉树"，我们知道可以从前序遍历序列和中序遍历序列中构造出一棵二叉树。受此启发，我们可以先把一棵二叉树序列化成一个前序遍历序列和一个中序遍历序列，然后在反序列化时通过这两个序列重构出原二叉树。

这种思路有两个缺点：一是该方法要求二叉树中不能有数值重复的节点；二是只有当两个序列中所有数据都读出后才能开始反序列化。如果两个遍历序列的数据是从一个流里读出来的，那么可能需要等待较长的时间。

实际上，如果二叉树的序列化是从根节点开始的，那么相应的反序列化在根节点的数值读出来的时候就可以开始了。因此，我们可以根据前序遍历的顺序来序列化二叉树，因为前序遍历是从根节点开始的。在遍历二叉树碰到 nullptr 指针时，这些 nullptr 指针序列化为一个特殊的字符（如'$'）。另外，节点的数值之间要用一个特殊字符（如','）隔开。

根据这样的序列化规则，图 4.17 中的二叉树被序列化成字符串"1,2,4,$,$,$,3,5,$,$,6,$,$"。

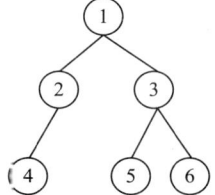

图 4.17　一棵被序列化成字符串"1,2,4,$,$,$,3,5,$,$,6,$,$"的二叉树

上述序列化过程可以用如下 C++ 代码实现：

```cpp
void Serialize(BinaryTreeNode* pRoot, ostream& stream)
{
    if(pRoot == nullptr)
    {
        stream << "$,";
        return;
    }

    stream << pRoot->m_nValue << ',';
    Serialize(pRoot->m_pLeft, stream);
    Serialize(pRoot->m_pRight, stream);
}
```

我们接着以字符串"1,2,4,$,$,$,3,5,$,$,6,$,$"为例分析如何反序列化二叉树。第一个读出的数字是 1。由于前序遍历是从根节点开始的，这是根节点的值。接下来读出的数字是 2，根据前序遍历的规则，这是根节点的左子节点的值。同样，接下来的数字 4 是值为 2 的节点的左子节点。接着从序列化字符串里读出两个字符'$'，这表明值为 4 的节点的左、右子节点均为 nullptr 指针，因此它是一个叶节点。接下来回到值为 2 的节点，重建它的右子节点。由于下一个字符是'$'，这表明值为 2 的节点的右子节点为 nullptr 指针。这个节点的左、右子树都已经构建完毕，接下来回到根节点，反序列化根节点的右子树。

下一个序列化字符串中的数字是 3，因此右子树的根节点的值为 3。它的左子节点是一个值为 5 的叶节点，因为接下来的三个字符是"5,$,$"。同样，它的右子节点是值为 6 的叶节点，因为最后 3 个字符是"6,$,$"。

上述反序列化过程可以用如下 C++代码实现：

```cpp
void Deserialize(BinaryTreeNode** pRoot, istream& stream)
{
    int number;
    if(ReadStream(stream, &number))
    {
        *pRoot = new BinaryTreeNode();
        (*pRoot)->m_nValue = number;
        (*pRoot)->m_pLeft = nullptr;
        (*pRoot)->m_pRight = nullptr;

        Deserialize(&((*pRoot)->m_pLeft), stream);
        Deserialize(&((*pRoot)->m_pRight), stream);
    }
}
```

函数 ReadStream 每次从流中读出一个数字或者一个字符'$'。当从流中读出的是一个数字时，函数返回 true；否则返回 false。

如果总结前面序列化和反序列化的过程，就会发现我们都是把二叉树分解成 3 部分：根节点、左子树和右子树。我们在处理（序列化或反序列化）它的根节点之后再分别处理它的左、右子树。这是典型的把问题递归分解然后逐个解决的过程。

 源代码：

本题完整的源代码：

https://github.com/zhedahht/CodingInterviewChinese2/tree/master/37_SerializeBinaryTrees

测试用例：

- 功能测试（输入的二叉树是完全二叉树；所有节点都没有左/右子树的二叉树；只有一个节点的二叉树；所有节点的值都相同的二叉树）。
- 特殊输入测试（指向二叉树根节点的指针为 nullptr 指针）。

本题考点：

- 考查应聘者分析复杂问题的能力。为了把这个问题分析清楚，我们可以把树分为 3 部分：根节点、左子树和右子树，在序列化/反序列化根节点之后再分别序列化/反序列化左、右子树，因此可以递归解决。解决这个问题的关键在于把一个大的问题分解成几个小问题，并递归地解决小问题。
- 考查应聘者对二叉树遍历的理解及编程能力。

面试题 38：字符串的排列

> 题目：输入一个字符串，打印出该字符串中字符的所有排列。例如，输入字符串 abc，则打印出由字符 a、b、c 所能排列出来的所有字符串 abc、acb、bac、bca、cab 和 cba。

如何求出几个字符的所有排列，很多人都不能一下子想出解决方案。那我们是不是可以考虑把这个复杂的问题分解成小的问题呢？比如，我们把一个字符串看成由两部分组成：第一部分是它的第一个字符；第二部分是后面的所有字符。在图 4.18 中，我们用两种不同的背景颜色区分字符串的两部分。

我们求整个字符串的排列，可以看成两步。第一步求所有可能出现在第一个位置的字符，即把第一个字符和后面所有的字符交换。图 4.18 就是分别把第一个字符 a 和后面的 b、c 等字符交换的情形。第二步固定第一个字符，如图 4.18（a）所示，求后面所有字符的排列。这时候我们仍把后面的所有字符分成两部分：后面字符的第一个字符，以及这个字符之后的所有字符。然后把第一个字符逐一和它后面的字符交换，如图 4.18（b）所示。

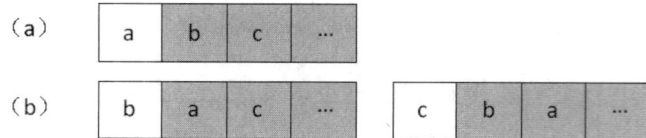

图 4.18 求字符串的排列的过程

注：(a) 把字符串分为两部分：一部分是字符串的第一个字符；另一部分是第一个字符以后的所有字符（有阴影背景的区域）。接下来求阴影部分的字符串的排列。(b) 拿第一个字符和它后面的字符逐个交换。

分析到这里我们就可以看出，这其实是典型的递归思路，于是不难写出如下代码：

```
void Permutation(char* pStr)
{
    if(pStr == nullptr)
        return;

    Permutation(pStr, pStr);
}

void Permutation(char* pStr, char* pBegin)
{
    if(*pBegin == '\0')
    {
        printf("%s\n", pStr);
    }
    else
    {
        for(char* pCh = pBegin; *pCh != '\0'; ++ pCh)
        {
            char temp = *pCh;
            *pCh = *pBegin;
            *pBegin = temp;

            Permutation(pStr, pBegin + 1);

            temp = *pCh;
            *pCh = *pBegin;
            *pBegin = temp;
        }
    }
}
```

在函数 Permutation(char* pStr, char* pBegin)中，指针 pStr 指向整个字符串的第一个字符，pBegin 指向当前我们执行排列操作的字符串的第一个字符。在每一次递归的时候，我们从 pBegin 向后扫描每一个字符（指针 pCh

指向的字符）。在交换 pBegin 和 pCh 指向的字符之后，我们再对 pBegin 后面的字符串递归地进行排列操作，直至 pBegin 指向字符串的末尾。

源代码：

本题完整的源代码：

https://github.com/zhedahht/CodingInterviewChinese2/tree/master/38_StringPermutation

测试用例：

- 功能测试（输入的字符串中有一个或者多个字符）。
- 特殊输入测试（输入的字符串的内容为空或者 nullptr 指针）。

本题考点：

- 考查应聘者的思维能力。当整个问题看起来不能直接解决的时候，应聘者能否想到把字符串分成两部分，从而把大问题分解成小问题来解决，是能否顺利解决这个问题的关键。
- 考查应聘者对递归的理解和编程能力。

本题扩展：

如果不是求字符的所有排列，而是求字符的所有组合，应该怎么办呢？还是输入三个字符 a、b、c，则它们的组合有 a、b、c、ab、ac、bc、abc。当交换字符串中的两个字符时，虽然能得到两个不同的排列，但却是同一个组合。比如 ab 和 ba 是不同的排列，但只算一个组合。

如果输入 n 个字符，则这 n 个字符能构成长度为 $1,2,\cdots,n$ 的组合。在求 n 个字符的长度为 m（$1 \leq m \leq n$）的组合的时候，我们把这 n 个字符分成两部分：第一个字符和其余的所有字符。如果组合里包含第一个字符，则下一步在剩余的字符里选取 $m-1$ 个字符；如果组合里不包含第一个字符，则下一步在剩余的 $n-1$ 个字符里选取 m 个字符。也就是说，我们可以把求 n 个字符组成长度为 m 的组合的问题分解成两个子问题，分别求 $n-1$ 个字符

中长度为 $m-1$ 的组合，以及求 $n-1$ 个字符中长度为 m 的组合。这两个子问题都可以用递归的方式解决。

 相关题目：

- 输入一个含有 8 个数字的数组，判断有没有可能把这 8 个数字分别放到正方体的 8 个顶点上（如图 4.19 所示），使得正方体上三组相对的面上的 4 个顶点的和都相等。

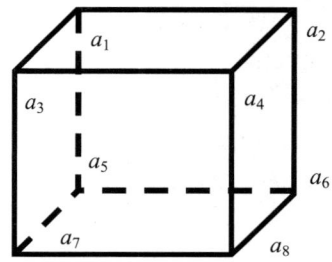

图 4.19 把 8 个数字放到正方体的 8 个顶点上

这相当于先得到 a_1、a_2、a_3、a_4、a_5、a_6、a_7 和 a_8 这 8 个数字的所有排列，然后判断有没有某一个排列符合题目给定的条件，即 $a_1+a_2+a_3+a_4==a_5+a_6+a_7+a_8$，$a_1+a_3+a_5+a_7==a_2+a_4+a_6+a_8$，并且 $a_1+a_2+a_5+a_6==a_3+a_4+a_7+a_8$。

- 在 8×8 的国际象棋上摆放 8 个皇后，使其不能相互攻击，即任意两个皇后不得处在同一行、同一列或者同一条对角线上。图 4.20 中的每个黑色格子表示一个皇后，这就是一种符合条件的摆放方法。请问总共有多少种符合条件的摆法？

由于 8 个皇后的任意两个不能处在同一行，那么肯定是每一个皇后占据一行。于是我们可以定义一个数组 ColumnIndex[8]，数组中第 i 个数字表示位于第 i 行的皇后的列号。先把数组 ColumnIndex 的 8 个数字分别用 0～7 初始化，然后对数组 ColumnIndex 进行全排列。因为我们用不同的数字初始化数组，所以任意两个皇后肯定不同列。只需判断每一个排列对应的 8 个皇后是不是在同一条对角线上，也就是对于数组的两个下标 i 和 j，是否有 $i-j$==ColumnIndex[i]- ColumnIndex[j]或者 $j-i$==ColumnIndex[i]- ColumnIndex[j]。

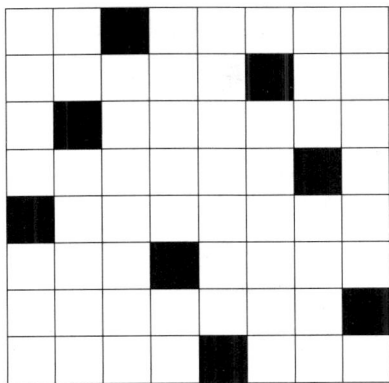

图 4.20 8×8 的国际象棋棋盘上摆着 8 个皇后（黑色小方格），任意两个皇后不在同一行、同一列或者同一条对角线上

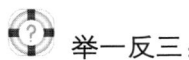 举一反三：

如果面试题是按照一定要求摆放若干个数字，则可以先求出这些数字的所有排列，然后一一判断每个排列是不是满足题目给定的要求。

4.5 本章小结

在面试时，我们难免会遇到难题，画图、举例和分解这 3 种方法能够帮助我们解决复杂的问题，如图 4.21 所示。

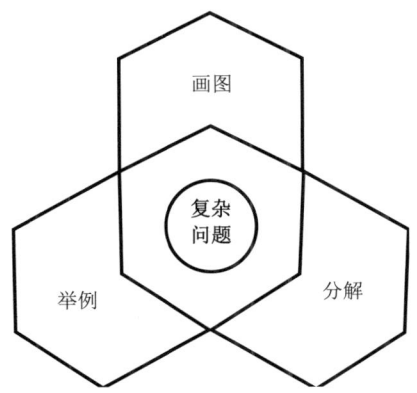

图 4.21 解决复杂问题的 3 种方法：画图、举例和分解

图形能使抽象的问题形象化。当面试题涉及链表、二叉树等数据结构时，如果在纸上画几张草图，则题目中隐藏的规律就有可能变得很直观。

一两个例子能使抽象的问题具体化。很多与算法相关的问题都很抽象，未必一眼就能看出它们的规律。这时候我们不妨举几个例子，一步一步模拟运行的过程，说不定就能发现其中的规律，从而找到解决问题的窍门。

把复杂问题分解成若干个小问题，是解决很多复杂问题的有效方法。如果我们遇到的问题很大，则可以尝试先把大问题分解成小问题，然后再递归地解决这些小问题。分治法、动态规划等方法应用的都是分解复杂问题的思路。

第 5 章 优化时间和空间效率

5.1 面试官谈效率

"通常针对有较长工作经验的应聘者，会问一些关于时间和空间效率的问题，这能够体现一个应聘者较好的编程素质和能力。"

——刘景勇（Autodesk，软件工程师）

"面试时一般会直接要求空间和时间复杂度，这两者都很重要。"

——张珺（百度，高级软件工程师）

"我们有很多考查时间和空间效率这方面的问题。通常两者都给应聘者限定，然后让他给出解决方案。"

——张晓禹（百度，技术经理）

"只要不是特别大的内存开销，时间复杂度比较重要。因为改进时间复杂度对算法的要求更高。"

——吴斌（英伟达，图形设计师）

"是空间换时间还是时间换空间，这要看具体的题目了。对于普通的应用，一般是空间换时间，因为通常用户更关心速度，而且一般有足够的存储空间允许这么做。但对于现在的一般嵌入式设备，很多时候空间换时间就不现实了，因为存储空间太少了。"

——陈黎明（微软，SDE II）

5.2 时间效率

由于每个人都希望软件的响应时间尽量短一些，所以软件公司都很重视软件的时间性能，都会在发布软件之前花不少精力进行时间效率优化。这也就不难理解为什么很多公司的面试官都把代码的时间效率当作一个考查重点。面试官除了考查应聘者的编程能力，还关注应聘者有没有不断优化效率、追求完美的态度和能力。

首先，我们的编程习惯对代码的时间效率有很大影响。比如 C/C++ 程序员要养成采用引用（或指针）传递复杂类型参数的习惯。如果采用值传递的方式，则从形参到实参会产生一次复制操作。这样的复制是多余的操作，我们应该尽量避免。再举个例子，如果用 C# 做多次字符串的拼接操作，则不要多次用 String 的+运算符来拼接字符串，因为这样会产生很多 String 的临时实例，造成时间和空间的浪费。更好的办法是用 StringBuilder 的 Append 方法来完成字符串的拼接。如果我们平时不太注意这些影响代码效率的细节，没有养成好的编码习惯，那么我们写出的代码可能会让面试官大失所望。

其次，即使同一个算法用循环和递归两种思路实现的时间效率可能会大不一样。递归的本质是把一个大的复杂问题分解成两个或者多个小的简单问题。如果小问题中有相互重叠的部分，那么直接用递归实现虽然代码显得很简洁，但时间效率可能会非常差（详细讨论见本书 2.4.1 节）。对于这种类型的题目，我们可以用递归的思路来分析问题，但写代码的时候可以用数组（一维或者多维数组）来保存中间结果基于循环实现。绝大部分动态规划算法的分析和代码实现都是分这两个步骤完成的。详细的讨论请参考面试题 47 "礼物的最大价值" 和面试题 48 "最长不含重复字符的子字符串"。

再次，代码的时间效率还能体现应聘者对数据结构和算法功底的掌握程度。同样是查找，如果是顺序查找则需要 $O(n)$ 的时间；如果输入的是排序的数组则只需要 $O(\log n)$ 的时间；如果事先已经构造好了哈希表，那么查找在 $O(1)$ 时间内就能完成。我们只有对常见的数据结构和算法都了然于胸，才能在需要的时候选择合适的数据结构和算法来解决问题。

最后，应聘者在面试的时候要展示敏捷的思维能力和追求完美的激情。听到题目的时候，我们一般很快就能想到最直观的算法。这个最直观的办法很有可能不是最优的，但也不妨在第一时间告诉面试官，这样面试官至少会觉得我们思维比较敏捷。我们想到几种思路之后，面试官可能仍然不满意，还在提示我们有更好的办法。这时候我们一定不能轻言放弃，而要表现出积极思考的态度，努力从不同的角度去思考问题。有些题目很难，面试官甚至不期待应聘者在短短几十分钟里想出完美的解法，但他会希望应聘者能够有激情、有耐心地去尝试新的思路，而不是碰到难题就退缩。在面试的时候，应聘者的态度和激情对最终的面试结果已有很重要的影响。

面试题 39：数组中出现次数超过一半的数字

> 题目：数组中有一个数字出现的次数超过数组长度的一半，请找出这个数字。例如，输入一个长度为 9 的数组{1, 2, 3, 2, 2, 2, 5, 4, 2}。由于数字 2 在数组中出现了 5 次，超过数组长度的一半，因此输出 2。

看到这道题，很多应聘者就会想要是这个数组是排序的数组就好了。如果是排好序的数组，那么我们就能很容易统计出每个数字出现的次数。题目给出的数组没有说是排序的，因此我们需要先给它排序。排序的时间复杂度是 $O(n\log n)$。最直观的算法通常不是面试官满意的算法，接下来我们试着找出更快的算法。

❖ 解法一：基于 Partition 函数的时间复杂度为 $O(n)$ 的算法

如果我们回到题目本身仔细分析，就会发现前面的思路并没有考虑到数组的特性：数组中有一个数字出现的次数超过了数组长度的一半。如果把这个数组排序，那么排序之后位于数组中间的数字一定就是那个出现次数超过数组长度一半的数字。也就是说，这个数字就是统计学上的中位数，即长度为 n 的数组中第 $n/2$ 大的数字。我们有成熟的时间复杂度为 $O(n)$ 的算法得到数组中任意第 k 大的数字。

这种算法受快速排序算法的启发。在随机快速排序算法中，我们先在数组中随机选择一个数字，然后调整数组中数字的顺序，使得比选中的数字小的数字都排在它的左边，比选中的数字大的数字都排在它的右边。如果这个选中的数字的下标刚好是 $n/2$，那么这个数字就是数组的中位数；如果它的下标大于 $n/2$，那么中位数应该位于它的左边，我们可以接着在它的左边部分的数组中查找；如果它的下标小于 $n/2$，那么中位数应该位于它的右边，我们可以接着在它的右边部分的数组中查找。这是一个典型的递归过程，可以用如下代码实现：

```
int MoreThanHalfNum(int* numbers, int length)
{
    if(CheckInvalidArray(numbers, length))
        return 0;

    int middle = length >> 1;
    int start = 0;
    int end = length - 1;
    int index = Partition(numbers, length, start, end);
    while(index != middle)
    {
        if(index > middle)
        {
            end = index - 1;
            index = Partition(numbers, length, start, end);
        }
        else
        {
            start = index + 1;
            index = Partition(numbers, length, start, end);
        }
    }

    int result = numbers[middle];
    if(!CheckMoreThanHalf(numbers, length, result))
        result = 0;
```

```
    return result;
}
```

上述代码中的函数 Partition 是完成快速排序的基础。我们在本书的 2.4.2 节详细讨论了这个函数，这里不再重复。

在面试的时候，除了要完成基本功能即找到符合要求的数字，还要考虑一些无效的输入。如果函数的输入参数是一个指针（数组在参数传递的时候退化为指针），就要考虑这个指针可能为 nullptr。下面的函数 CheckInvalidArray 用来判断输入的数组是不是无效的。题目中说数组中有一个数字出现的次数超过数组长度的一半，如果输入的数组中出现频率最高的数字都没有达到这个标准，那该怎么办？这就是我们定义了一个 CheckMoreThanHalf 函数的原因。面试的时候我们要全面考虑这些情况，才能让面试官完全满意。下面的代码用一个全局变量来表示输入无效的情况。更多关于出错处理的讨论，详见本书 3.3 节。

```
bool g_bInputInvalid = false;

bool CheckInvalidArray(int* numbers, int length)
{
    g_bInputInvalid = false;
    if(numbers == nullptr || length <= 0)
        g_bInputInvalid = true;

    return g_bInputInvalid;
}

bool CheckMoreThanHalf(int* numbers, int length, int number)
{
    int times = 0;
    for(int i = 0; i < length; ++i)
    {
        if(numbers[i] == number)
            times++;
    }

    bool isMoreThanHalf = true;
    if(times * 2 <= length)
    {
        g_bInputInvalid = true;
        isMoreThanHalf = false;
    }

    return isMoreThanHalf;
}
```

❖ **解法二：根据数组特点找出时间复杂度为 $O(n)$ 的算法**

接下来我们从另外一个角度来解决这个问题。数组中有一个数字出现的次数超过数组长度的一半，也就是说它出现的次数比其他所有数字出现次数的和还要多。因此，我们可以考虑在遍历数组的时候保存两个值：一个是数组中的一个数字；另一个是次数。当我们遍历到下一个数字的时候，如果下一个数字和我们之前保存的数字相同，则次数加 1；如果下一个数字和我们之前保存的数字不同，则次数减 1。如果次数为零，那么我们需要保存下一个数字，并把次数设为 1。由于我们要找的数字出现的次数比其他所有数字出现的次数之和还要多，那么要找的数字肯定是最后一次把次数设为 1 时对应的数字。

下面是这种思路的参考代码：

```
int MoreThanHalfNum(int* numbers, int length)
{
    if(CheckInvalidArray(numbers, length))
        return 0;

    int result = numbers[0];
    int times = 1;
    for(int i = 1; i < length; ++i)
    {
        if(times == 0)
        {
            result = numbers[i];
            times = 1;
        }
        else if(numbers[i] == result)
            times++;
        else
            times--;
    }

    if(!CheckMoreThanHalf(numbers, length, result))
        result = 0;

    return result;
}
```

和第一种思路一样，我们也要检验输入的数组是不是有效的，这里不再重复。

❖ **解法比较**

上述两种算法的时间复杂度都是 $O(n)$。基于 Partition 函数的算法的时间复杂度的分析不是很直观,本书限于篇幅不作详细讨论,感兴趣的读者可以参考《算法导论》等书籍的相关章节。我们注意到,在第一种解法中,需要交换数组中数字的顺序,这就会修改输入的数组。是不是可以修改输入的数组呢?在面试的时候,我们可以和面试官讨论,让他明确需求。如果面试官说不能修改输入的数组,那就只能采用第二种解法了。

 源代码:

本题完整的源代码:

https://github.com/zhedahht/CodingInterviewChinese2/tree/master/39_MoreThanHalfNumber

 测试用例:

- 功能测试(输入的数组中存在一个出现次数超过数组长度一半的数字;输入的数组中不存在一个出现次数超过数组长度一半的数字)。
- 特殊输入测试(输入的数组中只有一个数字;输入 nullptr 指针)。

本题考点:

- 考查应聘者对时间复杂度的理解。应聘者每想出一种解法,面试官都期待他能分析出这种解法的时间复杂度是多少。
- 考查应聘者思维的全面性。面试官除了要求应聘者能对有效的输入返回正确的结果,同时也期待应聘者能对无效的输入进行相应的处理。

面试题 40:最小的 k 个数

> 题目:输入 n 个整数,找出其中最小的 k 个数。例如,输入 4、5、1、6、2、7、3、8 这 8 个数字,则最小的 4 个数字是 1、2、3、4。

这道题最简单的思路莫过于把输入的 n 个整数排序,排序之后位于最前面的 k 个数就是最小的 k 个数。这种思路的时间复杂度是 $O(nlogn)$,面试官会提示我们还有更快的算法。

❖ **解法一**：时间复杂度为 $O(n)$ 的算法，只有当我们可以修改输入的数组时可用

从解决面试题 39 "数组中出现次数超过一半的数字"得到了启发，我们同样可以基于 Partition 函数来解决这个问题。如果基于数组的第 k 个数字来调整，则使得比第 k 个数字小的所有数字都位于数组的左边，比第 k 个数字大的所有数字都位于数组的右边。这样调整之后，位于数组中左边的 k 个数字就是最小的 k 个数字（这 k 个数字不一定是排序的）。下面是基于这种思路的参考代码：

```cpp
void GetLeastNumbers(int* input, int n, int* output, int k)
{
    if(input == nullptr || output == nullptr || k > n || n <= 0 || k <= 0)
        return;

    int start = 0;
    int end = n - 1;
    int index = Partition(input, n, start, end);
    while(index != k - 1)
    {
        if(index > k - 1)
        {
            end = index - 1;
            index = Partition(input, n, start, end);
        }
        else
        {
            start = index + 1;
            index = Partition(input, n, start, end);
        }
    }

    for(int i = 0; i < k; ++i)
        output[i] = input[i];
}
```

采用这种思路是有限制的。我们需要修改输入的数组，因为函数 Partition 会调整数组中数字的顺序。如果面试官要求不能修改输入的数组，那么我们该怎么办呢？

❖ **解法二**：时间复杂度为 $O(n\log k)$ 的算法，特别适合处理海量数据

我们可以先创建一个大小为 k 的数据容器来存储最小的 k 个数字，接下来每次从输入的 n 个整数中读入一个数。如果容器中已有的数字少于 k 个，则直接把这次读入的整数放入容器之中；如果容器中已有 k 个数字了，也

就是容器已满，此时我们不能再插入新的数字而只能替换已有的数字。找出这已有的 k 个数中的最大值，然后拿这次待插入的整数和最大值进行比较。如果待插入的值比当前已有的最大值小，则用这个数替换当前已有的最大值；如果待插入的值比当前已有的最大值还要大，那么这个数不可能是最小的 k 个整数之一，于是我们可以抛弃这个整数。

因此，当容器满了之后，我们要做 3 件事情：一是在 k 个整数中找到最大数；二是有可能在这个容器中删除最大数；三是有可能要插入一个新的数字。如果用一棵二叉树来实现这个数据容器，那么我们能在 $O(\log k)$ 时间内实现这 3 步操作。因此，对于 n 个输入数字而言，总的时间效率就是 $O(n\log k)$。

我们可以选择用不同的二叉树来实现这个数据容器。由于每次都需要找到 k 个整数中的最大数字，我们很容易想到用最大堆。在最大堆中，根节点的值总是大于它的子树中任意节点的值。于是我们每次可以在 $O(1)$ 时间内得到已有的 k 个数字中的最大值，但需要 $O(\log k)$ 时间完成删除及插入操作。

我们自己从头实现一个最大堆需要一定的代码，这在面试短短的几十分钟内很难完成。我们还可以采用红黑树来实现我们的容器。红黑树通过把节点分为红、黑两种颜色并根据一些规则确保树在一定程度上是平衡的，从而保证在红黑树中的查找、删除和插入操作都只需要 $O(\log k)$ 时间。在 STL 中，set 和 multiset 都是基于红黑树实现的。如果面试官不反对我们用 STL 中的数据容器，那么我们可以直接拿过来用。下面是基于 STL 中的 multiset 的参考代码：

```
typedef multiset<int, greater<int> >            intSet;
typedef multiset<int, greater<int> >::iterator    setIterator;

void GetLeastNumbers(const vector<int>& data, intSet& leastNumbers, int k)
{
    leastNumbers.clear();

    if(k < 1 || data.size() < k)
        return;

    vector<int>::const_iterator iter = data.begin();
    for(; iter != data.end(); ++ iter)
    {
        if((leastNumbers.size()) < k)
            leastNumbers.insert(*iter);

        else
```

```
            {
                setIterator iterGreatest = leastNumbers.begin();

                if(*iter < *(leastNumbers.begin()))
                {
                    leastNumbers.erase(iterGreatest);
                    leastNumbers.insert(*iter);
                }
            }
        }
    }
}
```

❖ 解法比较

基于函数 Partition 的第一种解法的平均时间复杂度是 $O(n)$，比第二种解法要快，但同时它也有明显的限制，比如会修改输入的数组。

第二种解法虽然慢一点，但它有两个明显的优点。一是没有修改输入的数据（代码中的变量 data）。我们每次只是从 data 中读入数字，所有的写操作都是在容器 leastNumbers 中进行的。二是该算法适合海量数据的输入（包括百度在内的多家公司非常喜欢与海量输入数据相关的问题）。假设题目是要求从海量的数据中找出最小的 k 个数字，由于内存的大小是有限的，有可能不能把这些海量的数据一次性全部载入内存。这个时候，我们可以从辅助存储空间（如硬盘）中每次读入一个数字，根据 GetLeastNumbers 的方式判断是不是需要放入容器 leastNumbers 即可。这种思路只要求内存能够容纳 leastNumbers 即可，因此它最适合的情形就是 n 很大并且 k 较小的问题。

我们可以用表 5.1 总结这两种解法的特点。

表 5.1 两种解法的特点比较

	基于 Partition 函数的解法	基于堆或者红黑树的解法
时间复杂度	$O(n)$	$O(n\log k)$
是否需要修改输入数组	是	否
是否适用于海量数据	否	是

由于这两种解法各有优缺点，各自适用于不同的场合，因此应聘者在动手做题之前要先问清楚题目的要求，包括输入的数据量有多大、能否一次性载入内存、是否允许交换输入数据中数字的顺序等。

面试小提示：

如果面试时遇到的面试题有多种解法，并且每种解法都各有优缺点，那么我们要向面试官问清楚题目的要求、输入的特点，从而选择最合适的解法。

源代码：

本题完整的源代码：

https://github.com/zhedahht/CodingInterviewChinese2/tree/master/40_KLeastNumbers

测试用例：

- 功能测试（输入的数组中有相同的数字；输入的数组中没有相同的数字）。
- 边界值测试（输入的 *k* 等于 1 或者等于数组的长度）。
- 特殊输入测试（*k* 小于 1；*k* 大于数组的长度；指向数组的指针为 NULL）。

本题考点：

- 考查应聘者对时间复杂度的分析能力。面试的时候每想出一种解法，我们都要能分析出这种解法的时间复杂度是多少。
- 如果采用第一种思路，则本题考查应聘者对 Partition 函数的理解。这个函数既是快速排序的基础，也可以用来查找 *n* 个数中第 *k* 大的数字。
- 如果采用第二种思路，则本题考查应聘者对堆、红黑树等数据结构的理解。当需要在某个数据容器内频繁查找及替换最大值时，我们要想到二叉树是一个合适的选择，并能想到用堆或者红黑树等特殊的二叉树来实现。

面试题 41：数据流中的中位数

> 题目：如何得到一个数据流中的中位数？如果从数据流中读出奇数个数值，那么中位数就是所有数值排序之后位于中间的数值。如果从数据流中读出偶数个数值，那么中位数就是所有数值排序之后中间两个数的平均值。

由于数据是从一个数据流中读出来的，因而数据的数目随着时间的变化而增加。如果用一个数据容器来保存从流中读出来的数据，则当有新的数据从流中读出来时，这些数据就插入数据容器。这个数据容器用什么数据结构定义最合适呢？

数组是最简单的数据容器。如果数组没有排序，则可以用 Partition 函数找出数组中的中位数（详见面试题 39）。在没有排序的数组中插入一个数字和找出中位数的时间复杂度分别是 $O(1)$ 和 $O(n)$。

我们还可以在往数组里插入新数据时让数组保持排序。这时由于可能需要移动 $O(n)$ 个数，因此需要 $O(n)$ 时间才能完成插入操作。在已经排好序的数组中找出中位数是一个简单的操作，只需要 $O(1)$ 时间即可完成。

排序的链表是另外一种选择。我们需要 $O(n)$ 时间才能在链表中找到合适的位置插入新的数据。如果定义两个指针指向链表中间的节点（如果链表的节点数目是奇数，那么这两个指针指向同一个节点），那么可以在 $O(1)$ 时间内得出中位数。此时的时间复杂度与基于排序的数组的时间复杂度一样。

二叉搜索树可以把插入新数据的平均时间降低到 $O(\log n)$。但是，当二叉搜索树极度不平衡从而看起来像一个排序的链表时，插入新数据的时间仍然是 $O(n)$。为了得到中位数，可以在二叉树节点中添加一个表示子树节点数目的字段。有了这个字段，可以在平均 $O(\log n)$ 时间内得到中位数，但最差情况仍然需要 $O(n)$ 时间。

为了避免二叉搜索树的最差情况，还可以利用平衡的二叉搜索树，即 AVL 树。通常 AVL 树的平衡因子是左、右子树的高度差。可以稍作修改，把 AVL 的平衡因子改为左、右子树节点数目之差。有了这个改动，可以用 $O(\log n)$ 时间往 AVL 树中添加一个新节点，同时用 $O(1)$ 时间得到所有节点的中位数。

AVL 树的时间效率很高，但大部分编程语言的函数库中都没有实现这个数据结构。应聘者在短短几十分钟内实现 AVL 树的插入操作是非常困难的，于是我们不得不再分析还有没有其他的方法。

如图 5.1 所示，如果数据在容器中已经排序，那么中位数可以由 P_1 和 P_2 指向的数得到。如果容器中数据的数目是奇数，那么 P_1 和 P_2 指向同一个数据。

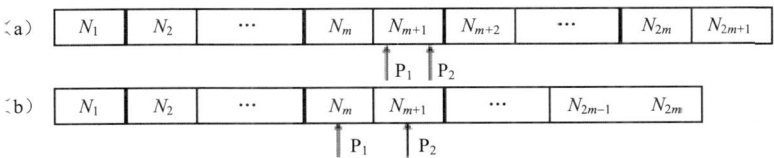

图 5.1 容器中数据被中间的一个或两个数据分隔成两部分：（a）数据的数目是奇数；（b）数据的数目是偶数

我们注意到整个数据容器被分隔成两部分。位于容器左边部分的数据比右边的数据小。另外，P_1 指向的数据是左边部分最大的数，P_2 指向的数据是左边部分最小的数。

如果能够保证数据容器左边的数据都小于右边的数据，那么即使左、右两边内部的数据没有排序，也可以根据左边最大的数及右边最小的数得到中位数。如何快速从一个数据容器中找出最大数？用最大堆实现这个数据容器，因为位于堆顶的就是最大的数据。同样，也可以快速从最小堆中找出最小数。

因此，可以用如下思路来解决这个问题：用一个最大堆实现左边的数据容器，用一个最小堆实现右边的数据容器。往堆中插入一个数据的时间效率是 $O(\log n)$。由于只需要 $O(1)$ 时间就可以得到位于堆顶的数据，因此得到中位数的时间复杂度是 $O(1)$。

表 5.2 总结了使用没有排序的数组、排序的数组、排序的链表、二叉搜索树、AVL 数、最大堆和最小堆几种不同的数据结构的时间复杂度。

表 5.2 使用没有排序的数组、排序的数组、排序的链表、二叉搜索树、AVL 树、最大堆和最小堆等不同数据结构的时间复杂度

数据结构	插入的时间复杂度	得到中位数的时间复杂度
没有排序的数组	$O(1)$	$O(n)$
排序的数组	$O(n)$	$O(1)$
排序的链表	$O(n)$	$O(1)$

续表

数据结构	插入的时间复杂度	得到中位数的时间复杂度
二叉搜索树	平均 $O(\log n)$，最差 $O(n)$	平均 $O(\log n)$，最差 $O(n)$
AVL 数	$O(\log n)$	$O(1)$
最大堆和最小堆	$O(\log n)$	$O(1)$

接下来考虑用最大堆和最小堆实现的一些细节。首先要保证数据平均分配到两个堆中，因此两个堆中数据的数目之差不能超过 1。为了实现平均分配，可以在数据的总数目是偶数时把新数据插入最小堆，否则插入最大堆。

还要保证最大堆中的所有数据都要大于最小堆中的数据。当数据的总数目是偶数时，按照前面的分配规则会把新的数据插入最小堆。如果此时这个新的数据比最大堆中的一些数据要小，那该怎么办呢？

可以先把这个新的数据插入最大堆，接着把最大堆中最大的数字拿出来插入最小堆。由于最终插入最小堆的数字是原最大堆中最大的数字，这样就保证了最小堆中所有数字都大于最大堆中的数字。

当需要把一个数据插入最大堆，但这个数据大于最小堆里的一些数据时，这个情形和前面类似，请大家自己分析。

以下是用 C++实现的参考代码。我们基于 STL 中的函数 push_heap、pop_heap 及 vector 实现堆。比较仿函数 less 和 greater 分别用来实现最大堆和最小堆。

```cpp
template<typename T> class DynamicArray
{
public:
    void Insert(T num)
    {
        if(((min.size() + max.size()) & 1) == 0)
        {
            if(max.size() > 0 && num < max[0])
            {
                max.push_back(num);
                push_heap(max.begin(), max.end(), less<T>());

                num = max[0];

                pop_heap(max.begin(), max.end(), less<T>());
                max.pop_back();
            }

            min.push_back(num);
```

```cpp
            push_heap(min.begin(), min.end(), greater<T>());
        }
        else
        {
            if(min.size() > 0 && min[0] < num)
            {
                min.push_back(num);
                push_heap(min.begin(), min.end(), greater<T>());

                num = min[0];

                pop_heap(min.begin(), min.end(), greater<T>());
                min.pop_back();
            }

            max.push_back(num);
            push_heap(max.begin(), max.end(), less<T>());
        }
    }

    T GetMedian()
    {
        int size = min.size() + max.size();
        if(size == 0)
            throw exception("No numbers are available");

        T median = 0;
        if((size & 1) == 1)
            median = min[0];
        else
            median = (min[0] + max[0]) / 2;

        return median;
    }

private:
    vector<T> min;
    vector<T> max;
};
```

在上述代码中，min 是一个最小堆，max 是一个最大堆。函数 Insert 用来插入从数据流中读出来的数据，函数 GetMedian 用来得到已有所有数据的中位数。

 源代码：

本题完整的源代码：

https://github.com/zhedahht/CodingInterviewChinese2/tree/master/41_StreamMedian

测试用例：

- 功能测试（从数据流中读出奇数个数字；从数据流中读出偶数个数字）。
- 边界值测试（从数据流中读出 0 个、1 个、2 个数字）

本题考点：

- 考查应聘者对时间复杂度的分析能力。
- 考查应聘者对数据结构的理解程度。应聘者只有对各个常用数据容器的特点非常了解，知道它们的优缺点及适用场景，才能找出最优的解法。

面试题 42：连续子数组的最大和

> 题目：输入一个整型数组，数组里有正数也有负数。数组中的一个或连续多个整数组成一个子数组。求所有子数组的和的最大值。要求时间复杂度为 $O(n)$。

例如，输入的数组为{1, -2, 3, 10, -4, 7, 2, -5}，和最大的子数组为{3, 10, -4, 7, 2}，因此输出为该子数组的和 18。

看到这道题，很多人都能想到最直观的方法，即枚举数组的所有子数组并求出它们的和。一个长度为 n 的数组，总共有 $n(n+1)/2$ 个子数组。计算出所有子数组的和，最快也需要 $O(n^2)$ 时间。通常最直观的方法不会是最优的解法，面试官将提示我们还有更快的算法。

❖ 解法一：举例分析数组的规律

我们试着从头到尾逐个累加示例数组中的每个数字。初始化和为 0。第一步加上第一个数字 1，此时和为 1。第二步加上数字-2，和就变成了-1。第三步加上数字 3。我们注意到由于此前累加的和是-1，小于 0，那如果用-1 加上 3，得到的和是 2，比 3 本身还小。也就是说，从第一个数字开始的子数组的和会小于从第三个数字开始的子数组的和。因此，我们不用考虑从第一个数字开始的子数组，之前累加的和也被抛弃。

我们从第三个数字重新开始累加，此时得到的和是 3。第四步加 10，得到的和为 13。第五步加上-4，和为 9。我们发现，由于-4 是一个负数，因此累加-4 之后得到的和比原来的和还要小。因此，我们要把之前得到的和 13 保存下来，因为它有可能是最大的子数组的和。第六步加上数字 7，9 加 7 的结果是 16，此时的和比之前最大的和 13 还要大，把最大的子数组的和由 13 更新为 16。第七步加上 2，累加得到的和为 18，同时更新最大子数组的和。第八步加上最后一个数字-5，由于得到的和为 13，小于此前最大的和 18，因此，最终最大的子数组的和为 18，对应的子数组是{3, 10,-4, 7, 2}。整个过程可以用表 5.3 总结如下。

表 5.3 计算数组{1, -2, 3, 10, -4, 7, 2, -5}中子数组的最大和的过程

步骤	操作	累加的子数组和	最大的子数组和
1	加 1	1	1
2	加-2	-1	1
3	抛弃前面的和-1，加 3	3	3
4	加 10	13	13
5	加-4	9	13
6	加 7	16	16
7	加 2	18	18
8	加-5	13	18

把过程分析清楚之后，我们就可以动手写代码了。下面是一段参考代码。

```
bool g_InvalidInput = false;

int FindGreatestSumOfSubArray(int *pData, int nLength)
{
    if((pData == nullptr) || (nLength <= 0))
    {
        g_InvalidInput = true;
        return 0;
    }

    g_InvalidInput = false;

    int nCurSum = 0;
    int nGreatestSum = 0x80000000;
    for(int i = 0; i < nLength; ++i)
    {
        if(nCurSum <= 0)
            nCurSum = pData[i];
```

```
            else
                nCurSum += pData[i];

            if(nCurSum > nGreatestSum)
                nGreatestSum = nCurSum;
    }

    return nGreatestSum;
}
```

面试的时候我们要考虑无效的输入，如输入的数组参数为空指针、数组长度小于等于 0 等情况。此时我们让函数返回什么数字？如果返回 0，那我们又怎么区分子数组的和的最大值是 0 和无效输入这两种不同情况呢？因此，我们定义了一个全局变量来标记是否输入无效。

❖ **解法二：应用动态规划法**

如果算法的功底足够扎实，那么我们还可以用动态规划的思想来分析这个问题。如果用函数 $f(i)$ 表示以第 i 个数字结尾的子数组的最大和，那么我们需要求出 $\max[f(i)]$，其中 $0 \leq i < n$。我们可用如下递归公式求 $f(i)$：

$$f(i) = \begin{cases} \text{pData}[i] & i = 0 \text{ 或者 } f(i-1) \leq 0 \\ f(i-1) + \text{pData}[i] & i \neq 0 \text{ 并且 } f(i-1) > 0 \end{cases}$$

这个公式的意义：当以第 i-1 个数字结尾的子数组中所有数字的和小于 0 时，如果把这个负数与第 i 个数累加，则得到的结果比第 i 个数字本身还要小，所以这种情况下以第 i 个数字结尾的子数组就是第 i 个数字本身（如表 5.3 中的第 3 步）。如果以第 i-1 个数字结尾的子数组中所有数字的和大于 0，则与第 i 个数字累加就得到以第 i 个数字结尾的子数组中所有数字的和。

虽然通常我们用递归的方式分析动态规划的问题，但最终都会基于循环去编码。上述公式对应的代码和前面给出的代码一致。递归公式中的 $f(i)$ 对应的变量是 nCurSum，而 $\max[f(i)]$ 就是 nGreatestSum。因此，可以说这两种思路是异曲同工的。

 源代码：

本题完整的源代码：

https://github.com/zhedahht/CodingInterviewChinese2/tree/master/42_GreatestSumOfSubarrays

测试用例：
- 功能测试（输入的数组中有正数也有负数；输入的数组中全是正数；输入的数组中全是负数）。
- 特殊输入测试（表示数组的指针为 nullptr 指针）。

本题考点：
- 考查应聘者对时间复杂度的理解。这道题如果应聘者给出时间复杂度为 $O(n^2)$ 甚至 $O(n^3)$ 的算法，则是不能通过面试的。
- 考查应聘者对动态规划的理解。如果应聘者熟练掌握了动态规划算法，那么他就能轻松地找到解题方案。如果没有想到用动态规划的思想，那么应聘者就需要仔细地分析累加子数组的和的过程，从而找到解题的规律。
- 考查应聘者思维的全面性。能否合理地处理无效的输入，对面试结果有很重要的影响。

面试题 43：1~n 整数中 1 出现的次数

> 题目：输入一个整数 n，求 1~n 这 n 个整数的十进制表示中 1 出现的次数。例如，输入 12，1~12 这些整数中包含 1 的数字有 1、10、11 和 12，1 一共出现了 5 次。

❖ 不考虑时间效率的解法，靠它想拿 Offer 有点难

如果在面试的时候碰到这个问题，则应聘者大多能想到最直观的方法，也就是累加 1~n 中每个整数 1 出现的次数。我们可以每次通过对 10 求余数判断整数的个位数字是不是 1。如果这个数字大于 10，则除以 10 之后再判断个位数字是不是 1。基于这种思路，我们不难写出如下代码：

```
int NumberOf1Between1AndN(unsigned int n)
{
    int number = 0;

    for(unsigned int i = 1; i <= n; ++ i)
        number += NumberOf1(i);
    return number;
}
```

```
int NumberOf1(unsigned int n)
{
    int number = 0;
    while(n)
    {
        if(n % 10 == 1)
            number ++;

        n = n / 10;
    }

    return number;
}
```

在上述思路中，我们对每个数字都要做除法和求余运算，以求出该数字中 1 出现的次数。如果输入数字 n，n 有 $O(\log n)$ 位，我们需要判断每一位是不是 1，那么它的时间复杂度是 $O(n\log n)$。当输入的 n 非常大的时候，需要大量的计算，运算效率不高。面试官不会满意这种算法，我们仍然需要努力。

❖ **从数字规律着手明显提高时间效率的解法，能让面试官耳目一新**

如果希望不用计算每个数字的 1 的个数，那就只能去寻找 1 在数字中出现的规律了。为了找到规律，我们不妨用一个稍微大一点的数字如 21345 作为例子来分析。我们把 1~21345 的所有数字分为两段：一段是 1~1345；另一段是 1346~21345。

我们先看 1346~21345 中 1 出现的次数。1 的出现分为两种情况。首先分析 1 出现在最高位（本例中是万位）的情况。在 1346~21345 的数字中，1 出现在 10000~19999 这 10000 个数字的万位中，一共出现了 10000（10^4）次。

值得注意的是，并不是对所有 5 位数而言在万位出现的次数都是 10000 次。对于万位是 1 的数字如输入 12345，1 只出现在 10000~12345 的万位，出现的次数不是 10^4 次，而是 2346 次，也就是除去最高数字之后剩下的数字再加上 1（2345+1=2346 次）。

接下来分析 1 出现在除最高位之外的其他 4 位数中的情况。例子中 1346~21345 这 20000 个数字中后 4 位中 1 出现的次数是 8000 次。由于最高位是 2，我们可以再把 1346~21345 分成两段：1346~11345 和 11346~21345。每一段剩下的 4 位数字中，选择其中一位是 1，其余三位可以在 0~

9 这 10 个数字中任意选择,因此根据排列组合原则,总共出现的次数是 2×4×10³=8000 次。

至于在 1~1345 中 1 出现的次数,我们就可以用递归求得了。这也是我们为什么要把 1~21345 分成 1~1345 和 1346~21345 两段的原因。因为把 21345 的最高位去掉就变成 1345,便于我们采用递归的思路。

基于前面的分析,我们可以写出如下代码(为了编程方便,我们先把数字转换成字符串):

```
int NumberOf1Between1AndN(int n)
{
    if(n <= 0)
        return 0;

    char strN[50];
    sprintf(strN, "%d", n);

    return NumberOf1(strN);
}

int NumberOf1(const char* strN)
{
    if(!strN || *strN < '0' || *strN > '9' || *strN == '\0')
        return 0;

    int first = *strN - '0';
    unsigned int length = static_cast<unsigned int>(strlen(strN));

    if(length == 1 && first == 0)
        return 0;

    if(length == 1 && first > 0)
        return 1;

    // 假设 strN 是"21345"
    // numFirstDigit 是数字 10000~19999 的第一位中的数目
    int numFirstDigit = 0;
    if(first > 1)
        numFirstDigit = PowerBase10(length - 1);
    else if(first == 1)
        numFirstDigit = atoi(strN + 1) + 1;

    // numOtherDigits 是 1346~21345 除第一位之外的数位中的数目
    int numOtherDigits = first * (length-1) * PowerBase10(length-2);
    // numRecursive 是 1~1345 中的数目
    int numRecursive = NumberOf1(strN + 1);

    return numFirstDigit + numOtherDigits + numRecursive;
}

int PowerBase10(unsigned int n)
```

```
{
    int result = 1;
    for(unsigned int i = 0; i < n; ++ i)
        result *= 10;

    return result;
}
```

这种思路是每次去掉最高位进行递归，递归的次数和位数相同。一个数字 n 有 $O(\log n)$ 位，因此这种思路的时间复杂度是 $O(\log n)$，比前面的原始方法要好很多。

 源代码：

本题完整的源代码：

https://github.com/zhedahht/CodingInterviewChinese2/tree/master/43_NumberOf1

 测试用例：

- 功能测试（输入 5、10、55、99 等）。
- 边界值测试（输入 0、1 等）。
- 性能测试（输入较大的数字，如 10000、21235 等）。

 本题考点：

- 考查应聘者做优化的激情和能力。最原始的方法大部分应聘者都能想到。当面试官提示还有更快的方法之后，应聘者千万不要轻易放弃尝试。虽然想出时间复杂度为 $O(\log n)$ 的方法不容易，但应聘者要展示自己追求更快算法的激情，多尝试不同的方法，必要的时候可以要求面试官给出提示，但不能轻易说自己想不出来并且放弃努力。

- 考查应聘者面对复杂问题的思维能力。要想找到时间复杂度为 $O(\log n)$ 的方法，应聘者需要有严密的数学思维能力，并且还要通过分析具体例子一步步找到通用的规律。这些能力在实际工作中面对复杂问题的时候都非常有用。

面试题 44：数字序列中某一位的数字

> 题目：数字以 0123456789101112131415…的格式序列化到一个字符序列中。在这个序列中，第 5 位（从 0 开始计数）是 5，第 13 位是 1，第 19 位是 4，等等。请写一个函数，求任意第 n 位对应的数字。

在面试的时候，很多应聘者都能想到最直观的方法，也就是从 0 开始逐一枚举每个数字。每枚举一个数字的时候，求出该数字是几位数（如 15 是 2 位数、9323 是 4 位数），并把该数字的位数和前面所有数字的位数累加。如果位数之和仍然小于或者等于输入 n，则继续枚举下一个数字。当累加的数位大于 n 时，那么第 n 位数字一定在这个数字里，我们再从该数字中找出对应的那一位。

还有没有更快一些的办法，比如我们是不是可以找出某些规律从而跳过若干数字？接下来用一个具体的例子来分析如何解决这个问题。比如，序列的第 1001 位是什么？

序列的前 10 位是 0～9 这 10 个只有一位的数字。显然第 1001 位在这 10 个数字之后，因此这 10 个数字可以直接跳过。我们再从后面紧跟着的序列中找第 991（991=1001-10）位的数字。

接下来 180 位数字是 90 个 10～99 的两位数。由于 991>180，所以第 991 位在所有的两位数之后。我们再跳过 90 个两位数，继续从后面找 881（881=991-180）位。

接下来的 2700 位是 900 个 100～999 的三位数。由于 811<2700，所以第 811 位是某个三位数中的一位。由于 811=270×3+1，这意味着第 811 位是从 100 开始的第 270 个数字即 370 的中间一位，也就是 7。

我们可以用如下代码表达这种思路：

```
int digitAtIndex(int index)
{
    if(index < 0)
        return -1;

    int digits = 1;
    while(true)
    {
        int numbers = countOfIntegers(digits);
        if(index < numbers * digits)
            return digitAtIndex(index, digits);

        index -= digits * numbers;
```

```
            digits++;
    }

    return -1;
}
```

下面的函数 countOfIntegers 得到 m 位的数字总共有多少个？例如，输入 2，则返回两位数（10～99）的个数 90；输入 3，则返回三位数（100～999）的个数 900。

```
int countOfIntegers(int digits)
{
    if(digits == 1)
        return 10;

    int count = (int) std::pow(10, digits - 1);
    return 9 * count;
}
```

当我们知道要找的那一位数字位于某 m 位数之中后，就可以用如下函数找出那一位数字：

```
int digitAtIndex(int index, int digits)
{
    int number = beginNumber(digits) + index / digits;
    int indexFromRight = digits - index % digits;
    for(int i = 1; i < indexFromRight; ++i)
        number /= 10;
    return number % 10;
}
```

在上述函数中，我们需要知道 m 位数的第一个数字。例如，第一个两位数是 10，第一个三位数是 100。第一个 m 位数可以用如下函数求得：

```
int beginNumber(int digits)
{
    if(digits == 1)
        return 0;

    return (int) std::pow(10, digits - 1);
}
```

 源代码：

本题完整的源代码：

https://github.com/zhedahht/CodingInterviewChinese2/blob/master/44_DigitsInSequence/DigitsInSequence.cpp

测试用例：

- 功能测试（输入 10、190、1000 等）。
- 边界值测试（输入 0、1 等）。

本题考点：

- 考查应聘者做优化的激情和能力。最直观的方法很多应聘者都能想到。当面试官提示还有更快的方法之后，应聘者千万不要轻易放弃尝试。虽然想出好的方法不容易，但应聘者要展示自己追求更快算法的激情，多尝试不同的方法，必要的时候可以要求面试官给出提示，但不能轻易说自己想不出来并且放弃努力。
- 考查应聘者面对复杂问题的思维能力。应聘者需要有严密的数学思维能力，并且还要通过分析具体例子一步步找到通用的规律，才能想出好的算法。这些能力在实际工作中面对复杂问题的时候都非常有用。

面试题 45：把数组排成最小的数

> 题目：输入一个正整数数组，把数组里所有数字拼接起来排成一个数，打印能拼接出的所有数字中最小的一个。例如，输入数组{3,32,321}，则打印出这 3 个数字能排成的最小数字 321323。

这道题最直接的解法应该是先求出这个数组中所有数字的全排列，然后把每个排列拼起来，最后求出拼起来的数字的最小值。求数组的排列和面试题 38 "字符串的排列"非常类似，这里不再详细介绍。根据排列组合的知识，n 个数字总共有 $n!$ 个排列。我们再来看一种更快的算法。

这道题其实是希望我们能找到一个排序规则，数组根据这个规则排序之后能排成一个最小的数字。要确定排序规则，就要比较两个数字，也就是给出两个数字 m 和 n，我们需要确定一个规则判断 m 和 n 哪个应该排在前面，而不是仅仅比较这两个数字的值哪个更大。

根据题目的要求，两个数字 m 和 n 能拼接成数字 mn 和 nm。如果 $mn<nm$，那么我们应该打印出 mn，也就是 m 应该排在 n 的前面。我们定义此时 m 小于 n；反之，如果 $nm<mn$，则我们定义 n 小于 m；如果 $mn=nm$，则 m 等

于 n。在下文中，符号"<"、">"及"="表示常规意义的数值的大小关系，而文字"大于"、"小于"、"等于"表示我们新定义的大小关系。

接下来考虑怎么去拼接数字，即给出数字 m 和 n，怎么得到数字 mn 和 nm 并比较它们的大小。直接用数值去计算不难办到，但需要考虑的一个潜在问题就是 m 和 n 都在 int 型能表达的范围内，但把它们拼接起来的数字 mn 和 nm 用 int 型表示就有可能溢出了，所以这还是一个隐形的大数问题。

一个非常直观的解决大数问题的方法就是把数字转换成字符串。另外，由于把数字 m 和 n 拼接起来得到 mn 和 nm，它们的位数肯定是相同的，因此比较它们的大小只需要按照字符串大小的比较规则就可以了。

基于这种思路，我们可以写出如下代码：

```
const int g_MaxNumberLength = 10;

char* g_StrCombine1 = new char[g_MaxNumberLength * 2 + 1];
char* g_StrCombine2 = new char[g_MaxNumberLength * 2 + 1];

void PrintMinNumber(int* numbers, int length)
{
    if(numbers == nullptr || length <= 0)
        return;

    char** strNumbers = (char**)(new int[length]);
    for(int i = 0; i < length; ++i)
    {
        strNumbers[i] = new char[g_MaxNumberLength + 1];
        sprintf(strNumbers[i], "%d", numbers[i]);
    }

    qsort(strNumbers, length, sizeof(char*), compare);

    for(int i = 0; i < length; ++i)
        printf("%s", strNumbers[i]);
    printf("\n");

    for(int i = 0; i < length; ++i)
        delete[] strNumbers[i];
    delete[] strNumbers;
}

int compare(const void* strNumber1, const void* strNumber2)
{
    strcpy(g_StrCombine1, *(const char**)strNumber1);
    strcat(g_StrCombine1, *(const char**)strNumber2);

    strcpy(g_StrCombine2, *(const char**)strNumber2);
    strcat(g_StrCombine2, *(const char**)strNumber1);

    return strcmp(g_StrCombine1, g_StrCombine2);
}
```

在上述代码中，我们先把数组中的整数转换成字符串，然后在函数 compare 中定义比较规则，并根据该规则调用库函数 qsort 排序，最后把排好序的数组中的数字依次打印出来，就是该数组中数字能拼接出来的最小数字。这种思路的时间复杂度和 qsort 的时间复杂度相同，也就是 $O(n\log n)$，这比用 $n!$ 的时间求出所有排列的思路要好很多。

在上述思路中，我们定义了一种新的比较两个数字大小的规则，这种规则是不是有效的？另外，我们只是定义了比较两个数字大小的规则，却用它来排序一个含有多个数字的数组，最终拼接数组中的所有数字得到的是不是真的就是最小的数字？一些严格的面试官还会要求我们给出严格的数学证明，以确保我们的解决方案是正确的。

我们首先证明之前定义的比较两个数字大小的规则是有效的。一个有效的比较规则需要 3 个条件：自反性、对称性和传递性。我们分别予以证明。

（1）自反性：显然有 $aa=aa$，所以 a 等于 a。

（2）对称性：如果 a 小于 b，则 $ab<ba$，所以 $ba>ab$，因此 b 大于 a。

（3）传递性：如果 a 小于 b，则 $ab<ba$。假设 a 和 b 用十进制表示时分别有 l 位和 m 位，于是 $ab=a\times 10^m+b$，$ba=b\times 10^l+a$。

$ab<ba\rightarrow a\times 10^m+b<b\times 10^l+a\rightarrow a\times 10^m-a< b\times 10^l -b\rightarrow$
$a(10^m-1)<b(10^l-1) \rightarrow a/(10^l-1)<b/(10^m-1)$

同理，如果 b 小于 c，则 $bc<cb$。假设 c 用十进制表示时有 n 位，和前面的证明过程一样，可以得到 $b/(10^m-1)<c/(10^n-1)$。

$a/(10^l-1)<b/(10^m-1)$ 并且 $b/(10^m-1)<c/(10^n-1)\rightarrow a/(10^l-1)<c/(10^n-1)\rightarrow$
$a(10^n-1)<c(10^l-1)\rightarrow a\times 10^n +c<c\times 10^l +a\rightarrow ac<ca\rightarrow a$ 小于 c

于是我们证明了这种比较规则满足自反性、对称性和传递性，是一种有效的比较规则。接下来我们证明根据这种比较规则把数组排序之后，把数组中的所有数字拼接起来得到的数字的确是最小的。直接证明不是很容易，我们不妨用反证法来证明。

我们把 n 个数按照前面的排序规则排序之后，表示为 $A_1A_2A_3\cdots A_n$。假设这样拼接出来的数字并不是最小的，即至少存在两个 x 和 y（$0<x<y<n$），交换第 x 个数和第 y 个数后，$A_1A_2\cdots A_y\cdots A_x\cdots A_n<A_1A_2\cdots A_x\cdots A_y\cdots A_n$。

由于 $A_1A_2\cdots A_x\cdots A_y\cdots A_r$ 是按照前面的规则排好的序列，所以有 A_x 小于 A_{x+1} 小于 A_{x+2} 小于…小于 A_{y-2} 小于 A_{y-1} 小于 A_y。

由于 A_{y-1} 小于 A_y，所以 $A_{y-1}A_y<A_yA_{y-1}$。我们在序列 $A_1A_2\cdots A_x\cdots A_{y-1}A_y\cdots A_n$ 中交换 A_{y-1} 和 A_y，有 $A_1A_2\cdots A_x\cdots A_{y-1}A_y\cdots A_n<A_1A_2\cdots A_x\cdots A_yA_{y-1}\cdots A_n$（这个实际上也需要证明，感兴趣的读者可以自己试着证明）。我们就这样一直把 A_y 和前面的数字交换，直到和 A_x 交换为止。于是就有 $A_1A_2\cdots A_x\cdots A_{y-1}A_y\cdots A_n<A_1A_2\cdots A_x\cdots A_yA_{y-1}\cdots A_n<A_1A_2\cdots Ax\cdots A_yA_{y-2}A_{y-1}\cdots A_n<\cdots<A_1A_2\cdots A_yA_x\cdots A_{y-2}A_{y-1}\cdots A_n$。

同理，由于 A_x 小于 A_{x+1}，所以 $A_xA_{x+1}<A_{x+1}A_x$。我们在序列 $A_1A_2\cdots A_yA_xA_{x+1}\cdots A_{y-2}A_{y-1}\cdots A_n$ 中只交换 A_x 和 A_{x+1}，有 $A_1A_2\cdots A_yA_xA_{x+1}\cdots A_{y-2}A_{y-1}\cdots A_n<A_1A_2\cdots A_yA_{x+1}A_x\cdots A_{y-2}A_{y-1}\cdots A_n$。接下来一直拿 A_x 和它后面的数字交换，直到和 A_{y-1} 交换为止。于是就有 $A_1A_2\cdots A_yA_xA_{x+1}\cdots A_{y-2}A_{y-1}\cdots A_n<A_1A_2\cdots A_yA_{x+1}A_x\cdots A_{y-2}A_{y-1}\cdots A_n<\cdots<A_1A_2\cdots A_yA_{x+1}A_{x+2}\cdots A_{y-2}A_{y-1}A_x\cdots A_n$。

所以 $A_1A_2\cdots A_x\cdots A_y\cdots A_n<A_1A_2\cdots A_y\cdots A_x\cdots A_n$，这和我们的假设 $A_1A_2\cdots A_y\cdots A_x\cdots A_n<A_1A_2\cdots A_x\cdots A_y\cdots A_n$ 相矛盾。

所以假设不成立，我们的算法是正确的。

  源代码：

本题完整的源代码：

https://github.com/zhedahht/CodingInterviewChinese2/tree/master/45_SortArrayForMinNumber

  测试用例：

- 功能测试（输入的数组中有多个数字；输入的数组中的数字有重复的数位；输入的数组中只有一个数字）。
- 特殊输入测试（表示数组的指针为 nullptr 指针）。

本题考点：

- 本题有两个难点：第一个难点是想出一种新的比较规则来排序一个

数组；第二个难点是证明这个比较规则是有效的，并且证明根据这个规则排序之后，把数组中所有数字拼接起来得到的数字是最小的。要想解决这两个难点，要求应聘者有很强的数学功底和逻辑思维能力。

- 考查应聘者解决大数问题的能力。应聘者在面试的时候要意识到，把两个 int 型的整数拼接起来得到的数字可能会超出 int 型数字能够表达的范围，从而导致数字溢出。我们可以用字符串表示数字，这样就能简捷地解决大数问题。

面试题 46：把数字翻译成字符串

> 题目：给定一个数字，我们按照如下规则把它翻译为字符串：0 翻译成 "a"，1 翻译成 "b"，……，11 翻译成 "l"，……，25 翻译成 "z"。一个数字可能有多个翻译。例如，12258 有 5 种不同的翻译 分别是 "bccfi"、"bwfi"、"bczi"、"mcfi" 和 "mzi"。请编程实现一个函数，用来计算一个数字有多少种不同的翻译方法。

我们以 12258 为例分析如何从数字的第一位开始一步步计算不同翻译方法的数目。我们有两种不同的选择来翻译第一位数字 1。第一种选择是数字 1 单独翻译成 "b"，后面剩下数字 2258；第二种选择是 1 和紧挨着的 2 一起翻译成 "m"，后面剩下数字 258。

当最开始的一个或者两个数字被翻译成一个字符之后，我们接着翻译后面剩下的数字。显然，我们可以写一个递归函数来计算翻译的数目。

我们定义函数 $f(i)$ 表示从第 i 位数字开始的不同翻译的数目，那么 $f(i)=f(i+1)+g(i,i+1)\times f(i+2)$。当第 i 位和第 $i+1$ 位两位数字拼接起来的数字在 10～25 的范围内时，函数 $g(i,i+1)$ 的值为 1；否则为 0。

尽管我们用递归的思路来分析这个问题，但由于存在重复的子问题，递归并不是解决这个问题的最佳方法。还是以 12258 为例。如前所述，翻译 12258 可以分解成两个子问题：翻译 1 和 2258，以及翻译 12 和 258。接下来我们翻译第一个子问题中剩下的 2258，同样也可以分解成两个子问题：翻译 2 和 258，以及翻译 22 和 58。注意到子问题翻译 258 重复出现了。

递归从最大的问题开始自上而下解决问题。我们也可以从最小的子问题开始自下而上解决问题，这样就可以消除重复的子问题。也就是说，我们从数字的末尾开始，然后从右到左翻译并计算不同翻译的数目。下面是参考代码：

```
int GetTranslationCount(int number)
{
    if(number < 0)
        return 0;

    string numberInString = to_string(number);
    return GetTranslationCount(numberInString);
}

int GetTranslationCount(const string& number)
{
    int length = number.length();
    int* counts = new int[length];
    int count = 0;

    for(int i = length - 1; i >= 0; --i)
    {
        count = 0;
        if(i < length - 1)
               count = counts[i + 1];
         else
               count = 1;

        if(i < length - 1)
        {
            int digit1 = number[i] - '0';
            int digit2 = number[i - 1] - '0';
            int converted = digit1 * 10 + digit2;
            if(converted >= 10 && converted <= 25)
            {
                if(i < length - 2)
                    count += counts[i + 2];
                else
                    count += 1;
            }
        }

        counts[i] = count;
    }

    count = counts[0];
    delete[] counts;

    return count;
}
```

源代码：

本题完整的源代码：

https://github.com/zhedahht/CodingInterviewChinese2/tree/master/46_TranslateNumbersToStrings

测试用例:

- 功能测试（只有一位数字；包含多位数字）。
- 特殊输入测试（负数；0；包含 25、26 的数字）。

本题考点:

- 考查应聘者分析问题的能力。应聘者能够问题中分析出递归的表达式是解决这个问题的前提。
- 考查应聘者对递归及时间效率的理解。如果只是能够把递归分析转换为递归代码，则应聘者不一定能够通过这道题的面试。面试官期待应聘者能够用基于循环的代码来避免不必要的重复计算。

面试题 47：礼物的最大价值

> **题目:** 在一个 $m \times n$ 的棋盘的每一格都放有一个礼物，每个礼物都有一定的价值（价值大于 0）。你可以从棋盘的左上角开始拿格子里的礼物，并每次向左或者向下移动一格，直到到达棋盘的右下角。给定一个棋盘及其上面的礼物，请计算你最多能拿到多少价值的礼物？

例如，在下面的棋盘中，如果沿着带下画线的数字的线路（1、12、5、7、7、16、5），那么我们能拿到最大价值为 53 的礼物。

<u>1</u>	10	3	8
<u>12</u>	2	9	6
<u>5</u>	<u>7</u>	4	11
3	<u>7</u>	<u>16</u>	<u>5</u>

这是一个典型的能用动态规划解决的问题。我们先用递归的思路来分析。我们先定义第一个函数 $f(i,j)$ 表示到达坐标为 (i,j) 的格子时能拿到的礼物总和的最大值。根据题目要求，我们有两种可能的途径到达坐标为 (i,j) 的格

子：通过格子$(i-1,j)$或者$(i,j-1)$。所以$f(i,j)= \max(f(i-1,j), f(i,j-1)) + gift[i,j]$。$gift[i,j]$表示坐标为$(i,j)$的格子里礼物的价值。

尽管我们用递归来分析问题，但由于有大量重复的计算，导致递归的代码并不是最优的。相对而言，基于循环的代码效率要高很多。为了缓存中间计算结果，我们需要一个辅助的二维数组。数组中坐标为(i,j)的元素表示到达坐标为(i,j)的格子时能拿到的礼物价值总和的最大值。

下面是参考代码：

```cpp
int getMaxValue_solution1(const int* values, int rows, int cols)
{
    if(values == nullptr || rows <= 0 || cols <= 0)
        return 0;

    int** maxValues = new int*[rows];
    for(int i = 0; i < rows; ++i)
        maxValues[i] = new int[cols];

    for(int i = 0; i < rows; ++i)
    {
        for(int j = 0; j < cols; ++j)
        {
            int left = 0;
            int up = 0;

            if(i > 0)
                up = maxValues[i - 1][j];

            if(j > 0)
                left = maxValues[i][j - 1];

            maxValues[i][j] = std::max(left, up) + values[i * cols + j];
        }
    }

    int maxValue = maxValues[rows - 1][cols - 1];

    for(int i = 0; i < rows; ++i)
        delete[] maxValues[i];
    delete[] maxValues;

    return maxValue;
}
```

接下来我们考虑进一步的优化。前面我们提到，到达坐标为(i,j)的格子时能够拿到的礼物的最大价值只依赖坐标为$(i-1,j)$和$(i,j-1)$的两个格子，因此第$i-2$行及更上面的所有格子礼物的最大价值实际上没有必要保存下来。我们可以用一个一维数组来替代前面代码中的二维矩阵maxValues。该一维数组的长度为棋盘的列数n。当我们计算到达坐标为(i,j)的格子时能够拿到

的礼物的最大价值 $f(i,j)$，数组中前 j 个数字分别是 $f(i,0),f(i,1),\cdots,f(i,j-1)$，数组从下标为 j 的数字开始到最后一个数字，分别为 $f(i-1,j),f(i-1,j+1),\cdots,f(i-1,n-1)$。也就是说，该数组前面 j 个数字分别是当前第 i 行前面 j 个格子礼物的最大价值，而之后的数字分别保存前面第 $i-1$ 行 $n-j$ 个格子礼物的最大价值。

优化之后的代码如下：

```
int getMaxValue_solution2(const int* values, int rows, int cols)
{
    if(values == nullptr || rows <= 0 || cols <= 0)
        return 0;

    int* maxValues = new int[cols];
    for(int i = 0; i < rows; ++i)
    {
        for(int j = 0; j < cols; ++j)
        {
            int left = 0;
            int up = 0;

            if(i > 0)
                up = maxValues[j];

            if(j > 0)
                left = maxValues[j - 1];

            maxValues[j] = std::max(left, up) + values[i * cols + j];
        }
    }

    int maxValue = maxValues[cols - 1];

    delete[] maxValues;

    return maxValue;
}
```

源代码：

本题完整的源代码：

https://github.com/zhedahht/CodingInterviewChinese2/tree/master/47_MaxValueOfGifts

测试用例:
- 功能测试(多行多列的矩阵;一行或者一列的矩阵;只有一个数字的矩阵)。
- 特殊输入测试(指向矩阵数组的指针为 nullptr)。

本题考点:
- 考查应聘者用动态规划分析问题的能力。应聘者能够熟练应用动态规划分析问题是解答这道面试题的前提。
- 考查应聘者对递归及时间效率的理解。如果只是能够把递归分析转换为递归代码,则应聘者不一定能够通过这道题的面试。面试官期待应聘者能够用基于循环的代码来避免不必要的重复计算。

面试题 48: 最长不含重复字符的子字符串

> 题目:请从字符串中找出一个最长的不包含重复字符的子字符串,计算该最长子字符串的长度。假设字符串中只包含'a'~'z'的字符。例如,在字符串"arabcacfr"中,最长的不含重复字符的子字符串是"acfr",长度为4。

我们不难找出字符串的所有子字符串,然后就可以判断每个子字符串中是否包含重复的字符。这种蛮力法唯一的缺点就是效率。一个长度为 n 的字符串有 $O(n^2)$ 个子字符串,我们需要 $O(n)$ 的时间判断一个子字符串中是否包含重复的字符,因此该解法的总的时间效率是 $O(n^3)$。

接下来我们用动态规划算法来提高效率。首先定义函数 $f(i)$ 表示以第 i 个字符为结尾的不包含重复字符的子字符串的最长长度。我们从左到右逐一扫描字符串中的每个字符。当我们计算以第 i 个字符为结尾的不包含重复字符的子字符串的最长长度 $f(i)$ 时,我们已经知道 $f(i-1)$ 了。

如果第 i 个字符之前没有出现过,那么 $f(i)=f(i-1)+1$。例如,在字符串"arabcacfr"中,显然 $f(0)$ 等于 1。在计算 $f(1)$ 时,下标为 1 的字符'r'之前没有出现过,因此 $f(1)$ 等于 2,即 $f(1)=f(0)+1$。到目前为止,最长的不含重复字符的子字符串是"ar"。

如果第 i 个字符之前已经出现过,那情况就要复杂一点了。我们先计算

第 i 个字符和它上次出现在字符串中的位置的距离，并记为 d，接着分两种情形分析。第一种情形是 d 小于或者等于 $f(i-1)$，此时第 i 个字符上次出现在 $f(i-1)$ 对应的最长子字符串之中，因此 $f(i)=d$。同时这也意味着在第 i 个字符出现两次所夹的子字符串中再也没有其他重复的字符了。在前面的例子中，我们继续计算 $f(2)$，即以下标为 2 的字符'a'为结尾的不含重复字符的子字符串的最长长度。我们注意到字符'a'在之前出现过，该字符上一次出现在下标为 0 的位置，它们之间的距离 d 为 2，也就是字符'a'出现在 $f(1)$ 对应的最长不含重复字符的子字符串"ar"中，此时 $f(2)=d$，即 $f(2)=2$，对应的最长不含重复字符的子字符串是"ra"。

第二种情形是 d 大于 $f(i-1)$，此时第 i 个字符上次出现在 $f(i-1)$ 对应的最长子字符串之前，因此仍然有 $f(i)=f(i-1)+1$。我们接下来分析以字符串"arabcacfr"最后一个字符'r'为结尾的最长不含重复字符的子字符串的长度，即求 $f(8)$。以它前一个字符'f'为结尾的最长不含重复字符的子字符串是"acf"，因此 $f(7)=3$。我们注意到最后一个字符'r'之前在字符串"arabcacfr"中出现过，上一次出现在下标为 1 的位置，因此两次出现的距离 d 等于 7，大于 $f(7)$。这说明上一个字符'r'不在 $f(7)$ 对应的最长不含重复字符的子字符串"acf"中，此时把字符'r'拼接到"acf"的后面也不会出现重复字符。因此 $f(8)=f(7)+1$，即 $f(8)=4$，对应的最长不含重复字符的子字符串是"acfr"。

下面是参考代码：

```
int longestSubstringWithoutDuplication(const std::string& str)
{
    int curLength = 0;
    int maxLength = 0;

    int* position = new int[26];
    for(int i = 0; i < 26; ++i)
        position[i] = -1;

    for(int i = 0; i < str.length(); ++i)
    {
        int prevIndex = position[str[i] - 'a'];
        if(prevIndex < 0 || i - prevIndex > curLength)
            ++curLength;
        else
        {
            if(curLength > maxLength)
                maxLength = curLength;

            curLength = i - prevIndex;
        }
        position[str[i] - 'a'] = i;
```

```
        }
        if(curLength > maxLength)
            maxLength = curLength;

    delete[] position;
    return maxLength;
}
```

在上述代码中,我们创建了一个长度为 26 的数组 position 用来存储每个字符上次出现在字符串中位置的下标。该数组所有元素的值都初始化为 −1,负数表示该元素对应的字符在字符串中还没有出现过。我们在扫描字符串时遇到某个字符,就把该字符在字符串中的位置存储到数组对应的元素中。

 源代码:

本题完整的源代码:

https://github.com/zhedahht/CodingInterviewChinese2/tree/master/48_LongestSubstringWithoutDup

 测试用例:

- 功能测试(包含多个字符的字符串;只有一个字符的字符串;所有字符都唯一的字符串;所有字符都相同的字符串)。
- 特殊输入测试(空字符串)。

 本题考点:

- 考查应聘者用动态规划分析问题的能力。应聘者能够熟练应用动态规划分析问题是解答这道面试题的前提。
- 考查应聘者对递归及时间效率的理解。如果只是能够把递归分析转换为递归代码,则应聘者不一定能够通过这道题的面试。面试官期待应聘者能够用基于循环的代码来避免不必要的重复计算。

5.3 时间效率与空间效率的平衡

硬件的发展一直遵循摩尔定律，内存的容量基本上每隔 18 个月就会翻一番。由于内存的容量增加迅速，在软件开发的过程中我们允许以牺牲一定的空间为代价来优化时间性能，以尽可能地缩短软件的响应时间。这就是我们通常所说的"以空间换时间"。

在面试的时候，如果我们分配少量的辅助空间来保存计算的中间结果以提高时间效率，则通常是可以被接受的。本书中收集的面试题中有不少这种类型的题目，比如在面试题 49 "丑数"中用一个数组按照从小到大的顺序保存已经求出的丑数；在面试题 60 "n 个骰子的点数"中交替使用两个数组求骰子每个点数出现的次数。

值得注意的是，"以空间换时间"的策略并不一定都是可行的，在面试的时候要具体问题具体分析。我们都知道在 n 个无序的元素里执行查找操作，需要 $O(n)$ 的时间。但如果我们把这些元素放进一个哈希表，那么在哈希表内就能实现时间复杂度为 $O(1)$ 的查找。但同时实现一个哈希表是有空间消耗的，是不是值得以多消耗空间为前提来换取时间性能的提升，我们需要根据实际情况仔细权衡。在面试题 50 "第一个只出现一次的字符"中，我们用数组实现了一个简易哈希表，有了这个哈希表就能实现在 $O(1)$ 时间内查找任意字符。对于 ASCII 码的字符而言，总共只有 256 个字符，因此只需要 1KB 的辅助内存。这点内存消耗对于绝大多数硬件来说是完全可以接受的。但如果是 16 位的 Unicode 的字符，创建这样一个长度为 2^{16} 的整型数组需要 4×2^{16} 也就是 256KB 的内存。这对于个人计算机来说也是可以接受的，但对于一些嵌入式的开发就要慎重了。

很多时候时间效率和空间效率存在类似于鱼与熊掌的关系，我们需要在它们之间有所取舍。在面试的时候究竟是"以时间换空间"还是"以空间换时间"，我们可以和面试官进行探讨。多和面试官进行这方面的讨论是很有必要的，这既能显示我们的沟通能力，又能展示我们对软件性能全方位的把握能力。

面试题 49：丑数

> 题目：我们把只包含因子 2、3 和 5 的数称作丑数（Ugly Number）。求按从小到大的顺序的第 1500 个丑数。例如，6、8 都是丑数，但 14 不是，因为它包含因子 7。习惯上我们把 1 当作第一个丑数。

❖ 逐个判断每个整数是不是丑数的解法，直观但不够高效

所谓一个数 m 是另一个数 n 的因子，是指 n 能被 m 整除，也就是 $n\%m==0$。根据丑数的定义，丑数只能被 2、3 和 5 整除。也就是说，如果一个数能被 2 整除，就连续除以 2；如果能被 3 整除，就连续除以 3；如果能被 5 整除，就除以连续 5。如果最后得到的是 1，那么这个数就是丑数；否则不是。

因此，我们可以写出下面的函数来判断一个数是不是丑数：

```
bool IsUgly(int number)
{
    while(number % 2 == 0)
        number /= 2;
    while(number % 3 == 0)
        number /= 3;
    while(number % 5 == 0)
        number /= 5;

    return (number == 1) ? true : false;
}
```

接下来，我们只需要按照顺序判断每个整数是不是丑数，即：

```
int GetUglyNumber(int index)
{
    if(index <= 0)
        return 0;

    int number = 0;
    int uglyFound = 0;
    while(uglyFound < index)
    {
        ++number;

        if(IsUgly(number))
        {
            ++uglyFound;
        }
    }

    return number;
}
```

我们只需要在函数 GetUglyNumber 中传入参数 1500，就能得到第 1500 个丑数。该算法非常直观，代码也非常简洁，但最大的问题是每个整数都需要计算。即使一个数字不是丑数，我们还是需要对它执行求余数和除法操作。因此该算法的时间效率不是很高，面试官也不会就此满足，他会提示我们还有更高效的算法。

❖ **创建数组保存已经找到的丑数，用空间换时间的解法**

前面的算法之所以效率低，很大程度上是因为不管一个数是不是丑数，我们都要对它进行计算。接下来我们试着找到一种只计算丑数的方法，而不在非丑数的整数上花费时间。根据丑数的定义，丑数应该是另一个丑数乘以 2、3 或者 5 的结果（1 除外）。因此，我们可以创建一个数组，里面的数字是排好序的丑数，每个丑数都是前面的丑数乘以 2、3 或者 5 得到的。

这种思路的关键在于怎样确保数组里面的丑数是排好序的。假设数组中已经有若干个排好序的丑数，并且把已有最大的丑数记作 M，接下来分析如何生成下一个丑数。该丑数肯定是前面某一个丑数乘以 2、3 或者 5 的结果，所以我们首先考虑把已有的每个丑数乘以 2。在乘以 2 的时候，能得到若干个小于或等于 M 的结果。由于是按照顺序生成的，小于或者等于 M 肯定已经在数组中了，我们不需再次考虑；还会得到若干个大于 M 的结果，但我们只需要第一个大于 M 的结果，因为我们希望丑数是按从小到大的顺序生成的，其他更大的结果以后再说。我们把得到的第一个乘以 2 后大于 M 的结果记为 M_2。同样，我们把已有的每个丑数乘以 3 和 5，能得到第一个大于 M 的结果 M_3 和 M_5。那么下一个丑数应该是 M_2、M_3 和 M_5 这 3 个数的最小者。

在前面分析的时候提到把已有的每个丑数分别乘以 2、3 和 5。事实上这不是必需的，因为已有的丑数是按顺序存放在数组中的。对于乘以 2 而言，肯定存在某一个丑数 T_2，排在它之前的每个丑数乘以 2 得到的结果都会小于已有最大的丑数，在它之后的每个丑数乘以 2 得到的结果都会太大。我们只需记下这个丑数的位置，同时每次生成新的丑数的时候去更新这个 T_2 即可。对于乘以 3 和 5 而言，也存在同样的 T_3 和 T_5。

有了这些分析，我们就可以写出如下代码：

```
int GetUglyNumber_Solution2(int index)
{
    if(index <= 0)
```

```
            return 0;

        int *pUglyNumbers = new int[index];
        pUglyNumbers[0] = 1;
        int nextUglyIndex = 1;

        int *pMultiply2 = pUglyNumbers;
        int *pMultiply3 = pUglyNumbers;
        int *pMultiply5 = pUglyNumbers;

        while(nextUglyIndex < index)
        {
            int min = Min(*pMultiply2 * 2, *pMultiply3 * 3, *pMultiply5 * 5);
            pUglyNumbers[nextUglyIndex] = min;

            while(*pMultiply2 * 2 <= pUglyNumbers[nextUglyIndex])
                ++pMultiply2;
            while(*pMultiply3 * 3 <= pUglyNumbers[nextUglyIndex])
                ++pMultiply3;
            while(*pMultiply5 * 5 <= pUglyNumbers[nextUglyIndex])
                ++pMultiply5;

            ++nextUglyIndex;
        }

        int ugly = pUglyNumbers[nextUglyIndex - 1];
        delete[] pUglyNumbers;
        return ugly;
}

int Min(int number1, int number2, int number3)
{
        int min = (number1 < number2) ? number1 : number2;
        min = (min < number3) ? min : number3;

    return min;
}
```

和第一种思路相比，第二种思路不需要在非丑数的整数上进行任何计算，因此时间效率有明显提升。但也需要指出，第二种算法由于需要保存已经生成的丑数，则因此需要一个数组，从而增加了空间消耗。如果是求第 1500 个丑数，则将创建一个能容纳 1500 个丑数的数组，这个数组占据 6KB 的内容空间。而第一种思路没有这样的内存开销。总的来说，第二种思路相当于用较小的空间消耗换取了时间效率的提升。

 源代码：

本题完整的源代码：

https://github.com/zhedahht/CodingInterviewChinese2/tree/master/49_UglyNumber

📝 测试用例：

- 功能测试（输入 2、3、4、5、6 等）。
- 特殊输入测试（边界值 1；无效输入 0）。
- 性能测试（输入较大的数字，如 1500）。

🎓 本题考点：

- 考查应聘者对时间复杂度的理解。绝大部分应聘者都能想出第一种思路。在面试官提示还有更快的解法之后，应聘者能否分析出时间效率的瓶颈，并找出解决方案，是能否通过这轮面试的关键。
- 考查应聘者的学习能力和沟通能力。丑数对很多人而言是一个新概念。有些面试官喜欢在面试的时候定义一个新概念，然后针对这个新概念出面试题。这就要求应聘者听到不熟悉的概念之后，要有主动积极的态度，大胆向面试官提问，经过几次思考、提问、再思考的循环，在短时间内理解这个新概念。这个过程就体现了应聘者的学习能力和沟通能力。

面试题 50：第一个只出现一次的字符

> 题目一：字符串中第一个只出现一次的字符。
>
> 在字符串中找出第一个只出现一次的字符。如输入"abaccdeff"，则输出'b'。

看到这道题时，我们最直观的想法是从头开始扫描这个字符串中的每个字符。当访问到某字符时，拿这个字符和后面的每个字符相比较，如果在后面没有发现重复的字符，则该字符就是只出现一次的字符。如果字符串有 n 个字符，则每个字符可能与后面的 $O(n)$ 个字符相比较，因此这种思路的时间复杂度是 $O(n^2)$。面试官不会满意这种思路，他会提示我们还有更快的方法。

由于题目与字符出现的次数相关，那么我们是不是可以统计每个字符在该字符串中出现的次数？要达到这个目的，我们需要一个数据容器来存放每个字符的出现次数。在这个数据容器中，可以根据字符来查找它出现的次数，也就是说这个容器的作用是把一个字符映射成一个数字。在常用的数据容器中，哈希表正是这个用途。

为了解决这个问题，我们可以定义哈希表的键值（Key）是字符，而值（Value）是该字符出现的次数。同时我们还需要从头开始扫描字符串两次。第一次扫描字符串时，每扫描到一个字符，就在哈希表的对应项中把次数加 1。接下来第二次扫描时，每扫描到一个字符，就能从哈希表中得到该字符出现的次数。这样，第一个只出现一次的字符就是符合要求的输出。

哈希表是一种比较复杂的数据结构，C++标准模板库中的 map 和 unordered_map 实现了哈希表的功能，我们可以直接拿过来用。由于本题的特殊性，我们其实只需要一个非常简单的哈希表就能满足要求，因此我们可以考虑实现一个简单的哈希表。字符（char）是一个长度为 8 的数据类型，因此总共有 256 种可能。于是我们创建一个长度为 256 的数组，每个字母根据其 ASCII 码值作为数组的下标对应数组的一个数字，而数组中存储的是每个字符出现的次数。这样我们就创建了一个大小为 256、以字符 ASCII 码为键值的哈希表。

第一次扫描时，在哈希表中更新一个字符出现的次数的时间是 $O(1)$。如果字符串长度为 n，那么第一次扫描的时间复杂度是 $O(n)$。第二次扫描时，同样在 $O(1)$ 时间内能读出一个字符出现的次数，所以时间复杂度仍然是 $O(n)$。这样算起来，总的时间复杂度是 $O(n)$。同时，我们需要一个包含 256 个字符的辅助数组，它的大小是 1KB。由于这个数组的大小是一个常数，因此可以认为这种算法的空间复杂度是 $O(1)$。

当我们向面试官讲述清楚这种思路并得到面试官的首肯之后，就可以动手写代码了。下面是一段参考代码：

```cpp
char FirstNotRepeatingChar(char* pString)
{
    if(pString == nullptr)
        return '\0';
    const int tableSize = 256;
    unsigned int hashTable[tableSize];
    for(unsigned int i = 0; i<tableSize; ++ i)
        hashTable[i] = 0;

    char* pHashKey = pString;
    while(*(pHashKey) != '\0')
        hashTable[*(pHashKey++)] ++;
```

```
pHashKey = pString;
while(*pHashKey != '\0')
{
    if(hashTable[*pHashKey] == 1)
        return *pHashKey;

    pHashKey++;
}

return '\0';
}
```

源代码:

本题完整的源代码：

https://github.com/zhedahht/CodingInterviewChinese2/tree/master/50_01_FirstNotRepeatingChar

测试用例:

- 功能测试（字符串中存在只出现一次的字符；字符串中不存在只出现一次的字符；字符串中所有字符都只出现一次）。
- 特殊输入测试（字符串为 nullptr 指针）。

本题考点:

- 考查应聘者对数组和字符串的编程能力。
- 考查应聘者对哈希表的理解及运用。
- 考查应聘者对时间效率及空间效率的分析能力。当面试官提示最直观的算法不是最优解的时候，应聘者需要立即分析出这种算法的时间效率。在想出基于哈希表的算法之后，应聘者也应该分析出该方法的时间效率和空间效率分别是 $O(n)$ 和 $O(1)$。

本题扩展:

在前面的例子中，我们之所以可以把哈希表的大小设为 256，是因为字符（char）是 8bit 的类型，总共只有 256 个字符。但实际上字符不只是 256

个，比如中文就有几千个汉字。如果题目要求考虑汉字，那么前面的算法是不是有问题？如果有，则可以怎么解决？

相关题目：

- 定义一个函数，输入两个字符串，从第一个字符串中删除在第二个字符串中出现过的所有字符。例如，从第一个字符串"We are students."中删除在第二个字符串"aeiou"中出现过的字符得到的结果是"W r Stdnts."。为了解决这个问题，我们可以创建一个用数组实现的简单哈希表来存储第二个字符串。这样我们从头到尾扫描第一个字符串的每个字符时，用 $O(1)$ 时间就能判断出该字符是不是在第二个字符串中。如果第一个字符串的长度是 n，那么总的时间复杂度是 $O(n)$。

- 定义一个函数，删除字符串中所有重复出现的字符。例如，输入"google"，删除重复的字符之后的结果是"gole"。这道题目和上面的问题比较类似，我们可以创建一个用布尔型数组实现的简单的哈希表。数组中的元素的意义是其下标看作 ASCII 码后对应的字母在字符串中是否已经出现。我们先把数组中所有的元素都设为 false。以"google"为例，当扫描到第一个 g 时，g 的 ASCII 码是 103，那么我们把数组中下标为 103 的元素设为 true。当扫描到第二个 g 时，我们发现数组中下标为 103 的元素的值是 true，就知道 g 在前面已经出现过。也就是说，我们用 $O(1)$ 时间就能判断出每个字符是否在前面已经出现过。如果字符串的长度是 n，那么总的时间复杂度是 $O(n)$。

- 在英语中，如果两个单词中出现的字母相同，并且每个字母出现的次数也相同，那么这两个单词互为变位词（Anagram）。例如，silent 与 listen、evil 与 live 等互为变位词。请完成一个函数，判断输入的两个字符串是不是互为变位词。我们可以创建一个用数组实现的简单哈希表，用来统计字符串中每个字符出现的次数。当扫描到第一个字符串中的每个字符时，为哈希表对应的项的值增加 1。接下来扫描第二个字符串，当扫描到每个字符时，为哈希表对应的项的值减去 1。如果扫描完第二个字符串后，哈希表中所有的值都是 0，那么这两个字符串就互为变位词。

举一反三：

如果需要判断多个字符是不是在某个字符串里出现过或者统计多个字符在某个字符串中出现的次数，那么我们可以考虑基于数组创建一个简单的哈希表，这样可以用很小的空间消耗换来时间效率的提升。

> **题目二**：字符流中第一个只出现一次的字符。
>
> 请实现一个函数，用来找出字符流中第一个只出现一次的字符。例如，当从字符流中只读出前两个字符"go"时，第一个只出现一次的字符是'g'；当从该字符流中读出前 6 个字符"google"时，第一个只出现一次的字符是'l'。

字符只能一个接着一个从字符流中读出来。可以定义一个数据容器来保存字符在字符流中的位置。当一个字符第一次从字符流中读出来时，把它在字符流中的位置保存到数据容器里。当这个字符再次从字符流中读出来时，那么它就不是只出现一次的字符，也就可以被忽略了。这时把它在数据容器里保存的值更新成一个特殊的值（如负数值）。

为了尽可能高效地解决这个问题，需要在 $O(1)$ 时间内往数据容器里插入一个字符，以及更新一个字符对应的值。受面试题 50 的启发，这个数据容器可以用哈希表来实现。用字符的 ASCII 码作为哈希表的键值，而把字符对应的位置作为哈希表的值。实现这种思路的参考代码如下：

```cpp
class CharStatistics
{
public:
    CharStatistics() : index (0)
    {
        for(int i = 0; i < 256; ++i)
            occurrence[i] = -1;
    }

    void Insert(char ch)
    {
        if(occurrence[ch] == -1)
            occurrence[ch] = index;
        else if(occurrence[ch] >= 0)
            occurrence[ch] = -2;

        index++;
    }

    char FirstAppearingOnce()
    {
        char ch = '\0';
```

```
            int minIndex = numeric_limits<int>::max();
            for(int i = 0; i < 256; ++i)
            {
                if(occurrence[i] >= 0 && occurrence[i] < minIndex)
                {
                    ch = (char)i;
                    minIndex = occurrence[i];
                }
            }

            return ch;
        }

private:
        // occurrence[i]: A character with ASCII value i;
        // occurrence[i] = -1: The character has not found;
        // occurrence[i] = -2: The character has been found for mutlple times
        // occurrence[i] >= 0: The character has been found only once
        int occurrence[256];
        int index;
};
```

在上述代码中，哈希表用数组 occurrence 实现。数组中的元素 occurrence[i]和 ASCII 码的值为 i 的字符相对应。最开始的时候，数组中的所有元素都初始化为−1。当一个 ASCII 码为 i 的字符第一次从字符流中读出时，occurrence[i]的值更新为它在字符流中的位置。当这个字符再次从字符流中读出时（occurrence[i]大于或者等于 0），occurrence[i]的值更新为−2。

当我们需要找出到目前为止从字符流里读出的所有字符中第一个不重复的字符时，只需要扫描整个数组，并从中找出最小的大于等于 0 的值对应的字符即可。这就是函数 FirstAppearingOnce 的功能。

 源代码：

本题完整的源代码：

https://github.com/zhedaht/CodingInterviewChinese2/tree/master/50_02_FirstCharacterInStream

 测试用例：

- 功能测试（读入一个字符；读入多个字符；读入的所有字符都是唯一的；读入的所有字符都是重复出现的）。
- 特殊输入测试（读入 0 个字符）。

本题考点：

- 考查应聘者对数组和字符串的编程能力。
- 考查应聘者对哈希表的理解及运用。
- 考查应聘者对时间效率及空间效率的分析能力。当面试官提示最直观的算法不是最优解的时候，应聘者需要立即分析出这种算法的时间效率。在想出基于哈希表的算法之后，应聘者也应该分析出该方法的时间效率和空间效率分别是 $O(n)$ 和 $O(1)$。

面试题 51：数组中的逆序对

> 题目：在数组中的两个数字，如果前面一个数字大于后面的数字，则这两个数字组成一个逆序对。输入一个数组，求出这个数组中的逆序对的总数。例如，在数组{7, 5, 6, 4}中，一共存在 5 个逆序对，分别是(7, 6)、(7, 5)、(7, 4)、(6, 4)和(5, 4)。

看到这道题目，我们的第一反应是顺序扫描整个数组。每扫描到一个数字，逐个比较该数字和它后面的数字的大小。如果后面的数字比它小，则这两个数字就组成一个逆序对。假设数组中含有 n 个数字。由于每个数字都要和 $O(n)$ 个数字进行比较，因此这种算法的时间复杂度是 $O(n^2)$。我们再尝试找找更快的算法。

我们以数组{7, 5, 6, 4}为例来分析统计逆序对的过程。每扫描到一个数字的时候，我们不能拿它和后面的每一个数字进行比较，否则时间复杂度就是 $O(n^2)$，因此，我们可以考虑先比较两个相邻的数字。

如图 5.2（a）和图 5.2（b）所示，我们先把数组分解成两个长度为 2 的子数组，再把这两个子数组分别拆分成两个长度为 1 的子数组。接下来一边合并相邻的子数组，一边统计逆序对的数目。在第一对长度为 1 的子数组{7}、{5}中，7 大于 5，因此(7, 5)组成一个逆序对。同样，在第二对长度为 1 的子数组{6}、{4}中，也有逆序对(6, 4)。由于我们已经统计了这两对子数组内部的逆序对，因此需要把这两对子数组排序，如图 5.2（c）所示，以免在以后的统计过程中再重复统计。

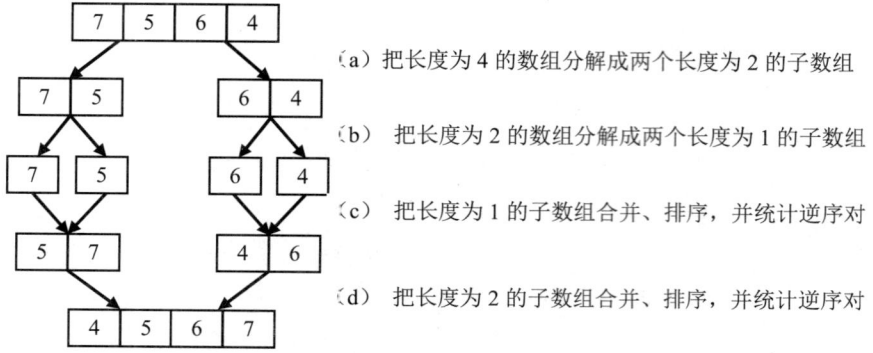

图 5.2　统计数组{7, 5, 6, 4} 中逆序对的过程

接下来我们统计两个长度为 2 的子数组之间的逆序对。我们在图 5.3 中细分图 5.2（d）的合并子数组及统计逆序对的过程。

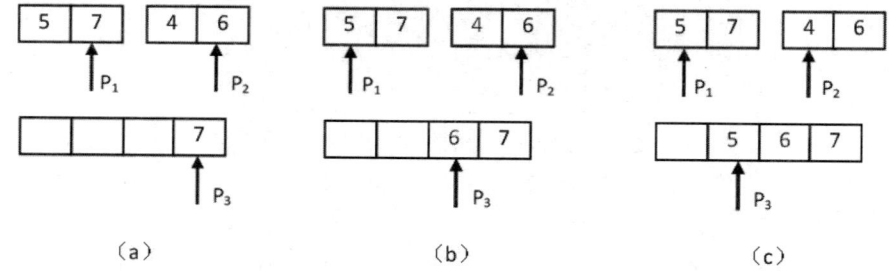

图 5.3　图 5.2（d）中合并两个子数组并统计逆序对的过程

注：图中省略了最后一步，即复制第二个子数组最后剩余的 4 到辅助数组。（a）P_1 指向的数字大于 P_2 指向的数字，表明数组中存在逆序对。P_2 指向的数字是第二个子数组的第二个数字，因此第二个子数组中有两个数字比 7 小。把逆序对数目加 2，并把 7 复制到辅助数组，向前移动 P_1 和 P_3。（b）P_1 指向的数字小于 P_2 指向的数字，没有逆序对。把 P_2 指向的数字复制到辅助数组，并向前移动 P_2 和 P_3。（c）P_1 指向的数字大于 P_2 指向的数字，因此存在逆序对。由于 P_2 指向的数字是第二个子数组的第一个数字，子数组中只有一个数字比 5 小。把逆序对数目加 1，并把 5 复制到辅助数组，向前移动 P_1 和 P_3。

我们先用两个指针分别指向两个子数组的末尾，并每次比较两个指针指向的数字。如果第一个子数组中的数字大于第二个子数组中的数字，则构成逆序对，并且逆序对的数目等于第二个子数组中剩余数字的个数，如图 5.3（a）和图 5.3（c）所示。如果第一个数组中的数字小于或等于第二数组中的数字，则不构成逆序对，如图 5.3（b）所示。每次比较的时候，我们都把较大的数字从后往前复制到一个辅助数组，确保辅助数组中的数字是递增排序的。在把较大的数字复制到辅助数组之后，把对应的指针向前移动一位，接下来进行下一轮比较。

经过前面详细的讨论，我们可以总结出统计逆序对的过程：先把数组分隔成子数组，统计出子数组内部的逆序对的数目，然后再统计出两个相邻子数组之间的逆序对的数目。在统计逆序对的过程中，还需要对数组进行排序。如果对排序算法很熟悉，那么我们不难发现这个排序的过程实际上就是归并排序。我们可以基于归并排序写出如下代码：

```
int InversePairs(int* data, int length)
{
    if(data == nullptr || length < 0)
        return 0;

    int* copy = new int[length];
    for(int i = 0; i < length; ++ i)
        copy[i] = data[i];

    int count = InversePairsCore(data, copy, 0, length - 1);
    delete[] copy;

    return count;
}

int InversePairsCore(int* data, int* copy, int start, int end)
{
    if(start == end)
    {
        copy[start] = data[start];
        return 0;
    }

    int length = (end - start) / 2;

    int left = InversePairsCore(copy, data, start, start + length);
    int right = InversePairsCore(copy, data, start + length + 1, end);

    // i 初始化为前半段最后一个数字的下标
    int i = start + length;
    // j 初始化为后半段最后一个数字的下标
    int j = end;
    int indexCopy = end;
    int count = 0;
    while(i >= start && j >= start + length + 1)
    {
        if(data[i] > data[j])
        {
```

```
                copy[indexCopy--] = data[i--];
                count += j - start - length;
            }
            else
            {
                copy[indexCopy--] = data[j--];
            }
        }

        for(; i >= start; --i)
            copy[indexCopy--] = data[i];

        for(; j >= start + length + 1; --j)
            copy[indexCopy--] = data[j];

        return left + right + count;
}
```

我们知道，归并排序的时间复杂度是 $O(nlogn)$，比最直观的 $O(n^2)$ 要快，但同时归并排序需要一个长度为 n 的辅助数组，相当于我们用 $O(n)$ 的空间消耗换来了时间效率的提升，因此这是一种用空间换时间的算法。

 源代码：

本题完整的源代码：

https://github.com/zhedahht/CodingInterviewChinese2/tree/master/51_InversePairs

 测试用例：

- 功能测试（输入未经排序的数组、递增排序的数组、递减排序的数组；输入的数组中包含重复的数字）。
- 边界值测试（输入的数组中只有两个数字；输入的数组中只有一个数字）。
- 特殊输入测试（表示数组的指针为 nullptr 指针）。

本题考点：

- 考查应聘者分析复杂问题的能力。统计逆序对的过程很复杂，如何发现逆序对的规律，是应聘者解决这道题目的关键。

● 考查应聘者对归并排序的掌握程度。如果应聘者在分析统计逆序对的过程中发现问题与归并排序的相似性,并能基于归并排序形成解题思路,那通过这轮面试的概率就很大了。

面试题 52:两个链表的第一个公共节点

> 题目:输入两个链表,找出它们的第一个公共节点。链表节点定义如下:

```
struct ListNode
{
    int         m_nKey;
    ListNode*   m_pNext;
};
```

面试的时候碰到这道题,很多应聘者的第一反应就是蛮力法:在第一链表上顺序遍历每个节点,每遍历到一个节点,就在第二个链表上顺序遍历每个节点。如果在第二个链表上有一个节点和第一个链表上的节点一样,则说明两个链表在这个节点上重合,于是就找到了它们的公共节点。如果第一个链表的长度为 m,第二个链表的长度为 n,那么,显然该方法的时间复杂度是 O(mn)。

通常蛮力法不会是最好的办法,我们接下来试着分析有公共节点的两个链表有哪些特点。从链表节点的定义可以看出,这两个链表是单向链表。如果两个单向链表有公共的节点,那么这两个链表从某一节点开始,它们的 m_pNext 都指向同一个节点。但由于是单向链表的节点,每个节点只有一个 m_pNext,因此从第一个公共节点开始,之后它们所有的节点都是重合的,不可能再出现分叉。所以两个有公共节点而部分重合的链表,其拓扑形状看起来像一个 Y,而不可能像 X,如图 5.4 所示。

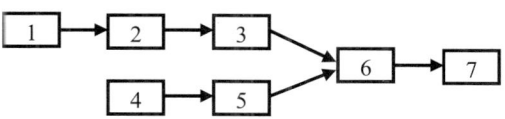

图 5.4 两个链表在值为 6 的节点处交汇

经过分析我们发现,如果两个链表有公共节点,那么公共节点出现在两个链表的尾部。如果我们从两个链表的尾部开始往前比较,那么最后一个相同的节点就是我们要找的节点。可问题是,在单向链表中,我们只能从头节点开始按顺序遍历,最后才能到达尾节点。最后到达的尾节点却要最先被比较,这听起来是不是像"后进先出"?于是我们就能想到用栈的特点来解决这个问题：分别把两个链表的节点放入两个栈里，这样两个链表的尾节点就位于两个栈的栈顶，接下来比较两个栈顶的节点是否相同。如果相同，则把栈顶弹出接着比较下一个栈顶，直到找到最后一个相同的节点。

在上述思路中，我们需要用两个辅助栈。如果链表的长度分别为 m 和 n，那么空间复杂度是 $O(m+n)$。这种思路的时间复杂度也是 $O(m+n)$。和最开始的蛮力法相比，时间效率得到了提高，相当于用空间消耗换取了时间效率。

之所以需要用到栈，是因为我们想同时遍历到达两个栈的尾节点。当两个链表的长度不相同时，如果我们从头开始遍历，那么到达尾节点的时间就不一致。其实解决这个问题还有一种更简单的办法：首先遍历两个链表得到它们的长度，就能知道哪个链表比较长，以及长的链表比短的链表多几个节点。在第二次遍历的时候，在较长的链表上先走若干步，接着同时在两个链表上遍历，找到的第一个相同的节点就是它们的第一个公共节点。

比如在图 5.4 的两个链表中，我们可以先遍历一次得到它们的长度分别为 5 和 4，也就是较长的链表与较短的链表相比多一个节点。第二次先在长的链表上走 1 步，到达节点 2。接下来分别从节点 2 和节点 4 出发同时遍历两个节点，直到找到它们第一个相同的节点 6，这就是我们想要的结果。

第三种思路和第二种思路相比，时间复杂度都是 $O(m+n)$，但我们不再需要辅助栈，因此提高了空间效率。当面试官首肯了我们的最后一种思路之后，就可以动手写代码了。下面是一段参考代码：

```
ListNode* FindFirstCommonNode( ListNode *pHead1, ListNode *pHead2)
{
    // 得到两个链表的长度
    unsigned int nLength1 = GetListLength(pHead1);
    unsigned int nLength2 = GetListLength(pHead2);
    int nLengthDif = nLength1 - nLength2;

    ListNode* pListHeadLong = pHead1;
    ListNode* pListHeadShort = pHead2;
    if(nLength2 > nLength1)
    {
        pListHeadLong = pHead2;
        pListHeadShort = pHead1;
        nLengthDif = nLength2 - nLength1;
    }

    // 先在长链表上走几步，再同时在两个链表上遍历
    for(int i = 0; i < nLengthDif; ++ i)
        pListHeadLong = pListHeadLong->m_pNext;

    while((pListHeadLong != nullptr) &&
```

```
        (pListHeadShort != nullptr) &&
        (pListHeadLong != pListHeadShort))
    {
        pListHeadLong = pListHeadLong->m_pNext;
        pListHeadShort = pListHeadShort->m_pNext;
    }

    // 得到第一个公共节点
    ListNode* pFisrtCommonNode = pListHeadLong;

    return pFisrtCommonNode;
}

unsigned int GetListLength(ListNode* pHead)
{
    unsigned int nLength = 0;
    ListNode* pNode = pHead;
    while(pNode != nullptr)
    {
        ++ nLength;
        pNode = pNode->m_pNext;
    }

    return nLength;
```

 源代码:

本题完整的源代码:

https://github.com/zhedahht/CodingInterviewChinese2/tree/master/52_FirstCommonNodesInLists

测试用例:

- 功能测试（输入的两个链表有公共节点：第一个公共节点在链表的中间，第一个公共节点在链表的末尾，第一个公共节点是链表的头节点；输入的两个链表没有公共节点）。
- 特殊输入测试（输入的链表头节点是 nullptr 指针）。

本题考点:

- 考查应聘者对时间复杂度和空间复杂度的理解及分析能力。解决这道题有多种不同的思路。每当应聘者想到一种思路的时候，都要很快分析出这种思路的时间复杂度和空间复杂度各是多少，并找到可以优化的地方。
- 考查应聘者对链表的编程能力。

相关题目：

如果把图 5.4 逆时针旋转 90°，我们就会发现两个链表的拓扑形状和一棵树的形状非常相似，只是这里的指针是从叶节点指向根节点的。两个链表的第一个公共节点正好就是二叉树中两个叶节点的最低公共祖先。在本书 7.2 节，我们将详细讨论如何求两个节点的最低公共祖先。

5.4 本章小结

在编程面试的时候，面试官通常对时间复杂度和空间复杂度都会有要求，并且一般情况下面试官更加关注时间复杂度。

降低时间复杂度的第一种方法是改用更加高效的算法。比如我们用动态规划解答面试题 42 "连续子数组的最大和"能够把时间复杂度降低到 $O(n)$，利用快速排序的 Partition 函数也能在 $O(n)$ 时间内解决面试题 39 "数组中出现次数超过一半的数字"和面试题 40 "最小的 k 个数"。

降低时间复杂度的第二种方法是用空间换取时间。在解决面试题 50 "第一个只出现一次的字符"的时候，我们用数组实现一个简单的哈希表，于是用 $O(1)$ 时间就能知道任意字符出现的次数。这种思路可以解决很多同类型的题目。另外，我们可以创建一个缓存保存中间的计算结果，从而避免重复的计算。面试题 49 "丑数"就是这方面的一个例子。在用递归的思路求解问题的时候，如果有重复的子问题，那么我们也可以通过保存求解子问题的结果来避免重复计算。更多关于递归的讨论请参考本书的 2.4.1 节及面试题 10 "斐波那契数列"。

值得注意的是，以空间换取时间并不一定都是可行的方案。我们要注意需要的辅助空间的大小，消耗太多的内存可能得不偿失。另外，我们还要关注问题的背景。如果面试题是有关嵌入式开发的，那么对空间消耗就要格外留心，因为通常嵌入式系统的内存很有限。

第 6 章

面试中的各项能力

6.1 面试官谈能力

"应聘者能够礼貌平和、不卑不亢地和面试官交流,逻辑清晰、详略得当地介绍自己及项目经历,谈论题目时能够发现问题的细节并向面试官进行询问,这些都是比较好的沟通表现。对自己做的项目能够了解得很深入、对面试题能够快速寻找解决方法是判断应聘者学习能力的一种方法。这两个能力都很重要,基本能够起到一票否决的作用。"

——殷焰(支付宝,高级安全测试工程师)

"有时候会问一些应聘者不是很熟悉的领域,看应聘者在遇到难题时的反应,在他们回答不出时会有人员提供解答,在解答过程中观察他的沟通能力及求知欲。"

——朱麟(交通银行,项目经理)

"沟通能力其实在整个面试过程中都在考核,包括询问他过往的经历,也通常会涉及沟通能力。学习能力是在考查算法或者项目经验的过程中,通过提问，尤其是一些他没有接触过的问题来考核的。沟通能力和学习能力很重要，在某种程度上这些都是潜力。如果应聘者沟通能力不行、难以合作，那么我们不会录取。"

——何幸杰（SAP，高级工程师）

"让其介绍过往项目其实就在考查沟通和表达能力。学习能力通过问其看书和关注什么来考查。沟通能力、学习能力对最终面试结果会有一定的影响。对于资深的应聘者，影响要大些。"

——韩伟东（盛大，高级研究员）

"应聘者会被问及一些需求不是很明确的问题，解决这些问题需要应聘者和面试官进行沟通，以及在讲解设计思路和代码的过程中也需要和面试官交流互动。沟通及学习能力是面试成绩中关键的考查点。"

——尧敏（淘宝，资深经理）

"沟通、学习能力就是看面试者能否清晰、有条理地表达自己，是否会在自己所得到的信息不足的情况下主动发问澄清，能否在得到一些暗示之后迅速做出反应纠正错误。"

——陈黎明（微软，SDE II）

6.2 沟通能力和学习能力

1. 沟通能力

随着软件、系统功能越来越复杂，开发团队的规模也随之扩张，开发者、测试者和项目经理之间的沟通交流也变得越来越重要。也正因如此，很多公司在面试的时候都会注意考查应聘者的沟通能力。这就要求应聘者无论是在介绍项目经验还是在介绍解题思路的时候，都需要逻辑清晰明了，语言详略得当，表述的时候重点突出、观点明确。

我们不能把好的沟通能力理解成夸夸其谈。在面试的时候，知之为知之，不知为不知，对于不清楚的知识点，要勇敢承认，千万别不懂装懂。通常当应聘者说自己很懂某一领域的时候，面试官都会跟进几个问题。如果应聘者在不懂装懂，那么面试官迟早会发现，他可能就会觉得应聘者在其他的地方也有浮报虚夸的成分，这将是得不偿失的。

有意向加入外企的应聘者要注意提高自己英文交流的能力。不少外企的面试部分甚至全部采用英语面试，这对英语的要求就很高。我们通过了英语的四六级考试未必能用英语对话。如果觉得自己英语的听说能力还不够好，则建议花更多的时间来提高自己的听力。英语面试中最重要的是我们要听懂面试官的问题。通常采用英语面试的面试官自己的英语都比较好，即使我们的发音不够标准，对方一般也能听懂。这和我们能听懂普通话不标准的外国人说中文的道理是一样的。但如果我们没有听明白面试官的问题，那么说得再清楚也无济于事了。

2. 学习能力

计算机是一门更新速度很快的学科，每年都有新的技术不断涌现。因此，作为这个领域从业人员的软件工程师需要具备很强的学习能力，否则时间一长就会跟不上技术进步的步伐。也正是因为这个原因，IT 公司在面试的时候，面试官都会重视考查应聘者的学习能力。只有具备很强的学习能力及学习愿望的人，才能不断完善自己的知识结构，不断学习新的先进技术，让自己的职业生涯保持长久的生命力。

通常面试官有两种方法考查应聘者的学习能力。第一种方法是询问应聘者最近在看什么书或者在做什么项目、从中学到了哪些新技术。面试官可以用这个问题了解应聘者的学习愿望和学习能力。学习能力强的人对各种新技术充满了兴趣，随时学习、吸收新知识，并把知识转换为自己的技能。第二种方法是抛出一个新概念，接下来观察应聘者能不能在较短时间内理解这个新概念并解决相关的问题。本书收集的面试题涉及诸如数组的旋转（面试题 11）、二叉树的镜像（面试题 27）、丑数（面试题 49）、逆序对（面试题 51）等新概念。当面试官提出这些新概念的时候，他期待应聘者能够通过思考、提问、再思考的过程，理解它们并最终解决问题。

3. 善于学习、沟通的人也善于提问

面试官有一个很重要的任务，就是考查应聘者的学习愿望及学习能力。学习能力怎么体现呢？面试官提出一个新概念，应聘者没有听说过它，于是他在已有的理解的基础上提出进一步的问题，在得到面试官的答复之后，思考再提问，几个来回之后掌握了这个概念。这个过程能够体现应聘者的学习能力。通常学习能力强的人具有主动积极的态度，对未知的领域有强烈的求知欲望。因此，建议应聘者在面试过程中遇到不明白的地方多提问，这样面试官就会觉得你态度积极、求知欲望强烈，会给面试结果加分。

面试小提示：

面试是一个双向交流的过程，面试官可以问应聘者问题，同样应聘者也可以向面试官提问。如果应聘者能够针对面试题主动地提出几个高质量的问题，那么面试官就会觉得他有很强的沟通能力和学习能力。

举个例子，Google 曾经有一道面试题：找出第 1500 个丑数。很多人都不知道丑数是什么。不知道怎么办？面试官就坐在对面，可以问他。面试官会告诉你只含有 2、3、5 三个因子的数就是丑数。你听了后，觉得听明白了，但不太确定，于是可以举几个例子并让面试官确认你的理解是不是正确：6、8、10、12 都是丑数，但 14 就不是，对吗？当面试官给出肯定的答复后，你就知道自己的理解是对的。问题问的是第 1500 个丑数，与顺序有关。可是哪个数字是第一个丑数呢，1 是不是第一个？这个你可能也不能确定，怎么办？还是问面试官，他会告诉你 1 是或者不是丑数。题目是他出的，他有责任把题目解释清楚。

有些面试官故意一开始不把题目描述清楚，让题目存在一定的二义性。他期待应聘者能够一步步通过提问来弄明白题目的要求。这也是在考查应聘者的沟通能力。为什么要这样考查？因为实际工作也是这样，不是一开始项目需求就定义得很清楚，程序员需要与项目经理甚至客户反复沟通才能把需求弄清楚。如果没有一定的沟通能力，那么当程序员面对一个模糊的客户需求时，他就会觉得无从下手。

比如最近很流行的一道面试题，面试官最开始问：如何求树中两个节点的最低公共祖先。此时面试官对题目中的树的特点完全没有给出描述，他希望应聘者在听到问题后会提出几个问题，比如这棵树是二叉树还是普通的树。

如果面试官说是二叉树，则应聘者可以继续问该树是不是排序的二叉树。面试官回答是排序的。听到这里，应聘者才能确定思路：从树的根节点出发遍历树，如果当前节点都大于输入的两个节点，则下一步遍历当前节点的左子树；如果当前节点都小于输入的两个节点，则下一步遍历当前节点的右子树。一直遍历到当前节点比一个输入节点大而比另一个小，此时当前节点就是符合要求的最低公共祖先。

在应聘者问树是不是二叉树的时候，如果面试官回答是任意的树，那么应聘者可以接着提问在树的节点中有没有指向父节点的指针。如果面试官给出肯定的回答，也就是树的节点中有指向父节点的指针，那么从输入的节点出发，沿着指向父节点的指针一直到树的根节点，可以看作一个链表，因此这道题目的解法就和求两个链表的第一个公共节点的解法是一样的。如果面试官给出的是否定的回答，也就是树的节点没有指向父节点的指针，那么我们可以在遍历的时候用一个栈来保存从根节点到当前节点的路径，最终把它转换为求两个路径的最后一个公共节点。详细的解题过程请参考本书的 7.2 节。

面试官给出不同的条件，这将是 3 道完全不一样的题目。如果一开始应聘者没有弄清楚面试官的意图就贸然动手解题，那结果很有可能是离题千里。从中我们也可以看出在面试过程中沟通的重要性。当觉得题目的条件、要求不够明确的时候，我们一定要多提问以消除自己的疑惑。

6.3 知识迁移能力

所谓学习能力，很重要的一点就是根据已经掌握的知识、技术，能够迅速学习、理解新的技术并运用到实际工作中去。大部分新的技术都不是凭空产生的，而是在已有技术的基础上发展起来的。这就要求我们能够把对已有技术的理解迁移到学习新技术的过程中去，也就是要具备很强的知识迁移能力。以学习编程语言为例，如果全面理解了 C++的面向对象的思想，那么学习下一门面向对象的语言 Java 就不会很难；在深刻理解了 Java 的垃圾回收机制之后，再去学习另一门托管语言比如 C#，也会很容易。

面试官考查应聘者知识迁移能力的一种方法是把经典的问题稍作变换。这时候面试官期待应聘者能够找到和经典问题的联系，并从中受到启发，把解决经典问题的思路迁移过来解决新的问题。比如，如果遇到面试题 53 "在排序数组中查找数字"，我们看到"排序数组"就可以想到二分查找算法。通常二分查找算法用来在一个排序数组中查找一个数字。我们可以把二分查找算法的思想迁移过来稍作变换，用二分查找算法在排序数组中查找重复数字的第一个和最后一个，从而得到数字在数组中出现的次数。

面试官考查应聘者知识迁移能力的另一种方法就是先问一个简单的问题，在应聘者解答完这个简单的问题之后，再追问一个相关的同时难度也更大的问题。这时候面试官希望应聘者能够总结前面解决简单问题的经验，把前面的思路、方法迁移过来。比如在面试题 56 "数组中数字出现的次数"中，面试官先问一个简单的问题，即数组中只有一个数字只出现一次的情况。在应聘者想出用异或的办法找到这个只出现一次的数字之后，他再追问如果数组中有两个数字只出现一次，那么该怎么找出这两个数字？这时候应聘者要从前面的思路中得到启发：既然有办法找到数组中只出现一次的一个数字，那么当数组中有两个数字只出现一次的时候，我们就可以把整个数组一分为二，每个子数组中包含一个只出现一次的数字，这样我们就能在两个子数组中分别找到那两个只出现一次的数字。接下来我们就可以集中精力去想办法把数组一分为二，这样就能找到解决问题的窍门，整道题目的难度系数就降低了不少。

知识迁移能力的一种通俗的说法是"举一反三"的能力。我们在去面试之前，通常都会看一些经典的面试题。然而题目总是做不完的，我们不可能把所有的面试题都准备一遍。因此，更重要的是每做一道面试题的时候，都要总结这道题的解法有什么特点，有哪些思路是可以应用到同类型的题目中去的。比如，为了解决面试题"翻转单词顺序"，我们先翻转整个句子的所有字符，再分别翻转每个单词中的字符。这样多次翻转字符的思路也可以运用到面试题"左旋转字符串"中（详见面试题 58）。在解决面试题 38 "字符串的排列"之后，我们发现"八皇后问题"其实归根结底就是数组的排列问题。本书中很多章节在分析了一道题之后，列举了与这道题相关的题目，读者可以通过分析这些题目的相关性来提高举一反三的能力。

面试题 53：在排序数组中查找数字

> 题目一：数字在排序数组中出现的次数。
>
> 统计一个数字在排序数组中出现的次数。例如，输入排序数组{1, 2, 3, 3, 3, 3, 4, 5}和数字 3，由于 3 在这个数组中出现了 4 次，因此输出 4。

既然输入的数组是排序的，那么我们就能很自然地想到用二分查找算法。在题目给出的例子中，我们可以先用二分查找算法找到一个 3。由于 3 可能出现多次，因此我们找到的 3 的左右两边可能都有 3，于是在找到的 3 的左右两边顺序扫描，分别找出第一个 3 和最后一个 3。因为要查找的数字在长度为 n 的数组中有可能出现 $O(n)$次，所以顺序扫描的时间复杂度是 $O(n)$。因此，这种算法的效率和直接从头到尾顺序扫描整个数组统计 3 出现的次数的方法是一样的。显然，面试官不会满意这个算法，他会提示我们还有更快的算法。

接下来我们思考如何更好地利用二分查找算法。假设我们要统计数字 k 在排序数组中出现的次数。在前面的算法中，时间主要消耗在如何确定重复出现的数字的第一个 k 和最后一个 k 的位置上，有没有可能用二分查找算法直接找到第一个 k 及最后一个 k 呢？

我们先分析如何用二分查找算法在数组中找到第一个 k。二分查找算法总是先拿数组中间的数字和 k 作比较。如果中间的数字比 k 大，那么 k 只有可能出现在数组的前半段，下一轮我们只在数组的前半段查找就可以了。如果中间的数字比 k 小，那么 k 只有可能出现在数组的后半段，下一轮我们只在数组的后半段查找就可以了。如果中间的数字和 k 相等呢？我们先判断这个数字是不是第一个 k。如果中间数字的前面一个数字不是 k，那么此时中间的数字刚好就是第一个 k；如果中间数字的前面一个数字也是 k，那么第一个 k 肯定在数组的前半段，下一轮我们仍然需要在数组的前半段查找。

基于这种思路，我们可以很容易地写出递归的代码找到排序数组中的第一个 k。下面是一段参考代码：

```
int GetFirstK(int* data, int length, int k, int start, int end)
{
    if(start > end)
        return -1;

    int middleIndex = (start + end) / 2;
    int middleData = data[middleIndex];
```

```
        if(middleData == k)
        {
            if((middleIndex > 0 && data[middleIndex - 1] != k)
                || middleIndex == 0)
                return middleIndex;
            else
                end    = middleIndex - 1;
        }
        else if(middleData > k)
            end = middleIndex - 1;
        else
            start = middleIndex + 1;

        return GetFirstK(data, length, k, start, end);
    }
```

在函数 GetFirstK 中，如果数组中不包含数字 k，那么返回-1；如果数组中包含至少一个 k，那么返回第一个 k 在数组中的下标。

我们可以用同样的思路在排序数组中找到最后一个 k。如果中间数字比 k 大，那么 k 只能出现在数组的前半段。如果中间数字比 k 小，那么 k 只能出现在数组的后半段。如果中间数字等于 k 呢？我们需要判断这个 k 是不是最后一个 k，也就是中间数字的下一个数字是不是也等于 k。如果下一个数字不是 k，则中间数字就是最后一个 k；否则下一轮我们还是要在数组的后半段中去查找。我们同样可以基于递归写出如下代码：

```
int GetLastK(int* data, int length, int k, int start, int end)
{
    if(start > end)
        return -1;

    int middleIndex = (start + end) / 2;
    int middleData = data[middleIndex];

    if(middleData == k)
    {
        if((middleIndex < length - 1 && data[middleIndex + 1] != k)
            || middleIndex == length - 1)
            return middleIndex;
        else
            start    = middleIndex + 1;
    }
    else if(middleData < k)
        start = middleIndex + 1;
    else
        end = middleIndex - 1;

    return GetLastK(data, length, k, start, end);
}
```

和函数 GetFirstK 类似，如果数组中不包含数字 k，那么 GetLastK 返回 -1；否则返回最后一个 k 在数组中的下标。

在分别找到第一个 k 和最后一个 k 的下标之后，我们就能计算出 k 在数组中出现的次数。相应的代码如下：

```
int GetNumberOfK(int* data, int length, int k)
{
    int number = 0;

    if(data != nullptr && length > 0)
    {
        int first = GetFirstK(data, length, k, 0, length - 1);
        int last = GetLastK(data, length, k, 0, length - 1);

        if(first > -1 && last > -1)
            number = last - first + 1;
    }

    return number;
}
```

在上述代码中，GetFirstK 和 GetLastK 都是用二分查找算法在数组中查找一个合乎要求的数字的，它们的时间复杂度都是 $O(\log n)$，因此 GetNumberOfK 的总的时间复杂度也只有 $O(\log n)$。

 源代码：

本题完整的源代码：

https://github.com/zhedahht/CodingInterviewChinese2/tree/master/53_01_NumberOfK

 测试用例：

- 功能测试（数组中包含要查找的数字；数组中没有要查找的数字；要查找的数字在数组中出现一次/多次）。
- 边界值测试（查找数组中的最大值、最小值；数组中只有一个数字）。
- 特殊输入测试（表示数组的指针为 nullptr 指针）。

> **题目二**:0~n-1 中缺失的数字。
>
> 一个长度为 n-1 的递增排序数组中的所有数字都是唯一的,并且每个数字都在范围 0~n-1 之内。在范围 0~n-1 内的 n 个数字中有且只有一个数字不在该数组中,请找出这个数字。

这个问题有一个直观的解决方案。我们可以先用公式 $n(n-1)/2$ 求出数字 0~n-1 的所有数字之和,记为 s_1。接着求出数组中所有数字的和,记为 s_2。那个不在数组中的数字就是 s_1-s_2 的差。这种解法需要 $O(n)$ 的时间求数组中所有数字的和。显然,该解法没有有效利用数组是递增排序的这一特点。

因为 0~n-1 这些数字在数组中是排序的,因此数组中开始的一些数字与它们的下标相同。也就是说,0 在下标为 0 的位置,1 在下标为 1 的位置,以此类推。如果不在数组中的那个数字记为 m,那么所有比 m 小的数字的下标都与它们的值相同。

由于 m 不在数组中,那么 m+1 处在下标为 m 的位置,m+2 处在下标为 m+1 的位置,以此类推。我们发现 m 正好是数组中第一个数值和下标不相等的下标,因此这个问题转换成在排序数组中找出第一个值和下标不相等的元素。

我们可以基于二分查找的算法用如下过程查找:如果中间元素的值和下标相等,那么下一轮查找只需要查找右半边;如果中间元素的值和下标不相等,并且它前面一个元素和它的下标相等,这意味着这个中间的数字正好是第一个值和下标不相等的元素,它的下标就是在数组中不存在的数字;如果中间元素的值和下标不相等,并且它前面一个元素和它的下标不相等,这意味着下一轮查找我们只需要在左半边查找即可。

下面是基于二分查找算法的参考代码:

```cpp
int GetMissingNumber(const int* numbers, int length)
{
    if(numbers == nullptr || length <= 0)
        return -1;

    int left = 0;
    int right = length - 1;
    while(left <= right)
    {
        int middle = (right + left) >> 1;
        if(numbers[middle] != middle)
        {
```

```
            if(middle == 0 || numbers[middle - 1] == middle - 1)
                return middle;
            right = middle - 1;
        }
        else
            left = middle + 1;
    }

    if(left == length)
        return length;

    // 无效的输入，比如数组不是按要求排序的，
    // 或者有数字不在 0～n-1 范围之内
    return -1;
```

源代码：

本题完整的源代码：

https://github.com/zhedahht/CodingInterviewChinese2/tree/master/53_02_MissingNumber

测试用例：

- 功能测试（缺失的数字位于数组的开始、中间或者末尾）。
- 边界值测试（数组中只有一个数字0）。
- 特殊输入测试（表示数组的指针为 nullptr 指针）。

> 题目三：数组中数值和下标相等的元素。
> 假设一个单调递增的数组里的每个元素都是整数并且是唯一的。请编程实现一个函数，找出数组中任意一个数值等于其下标的元素。例如，在数组{-3, -1, 1, 3, 5}中，数字3和它的下标相等。

我们很容易就能想到最直观的解法：从头到尾依次扫描数组中的数字，并逐一检验数字是不是和下标相等。显然，这种算法的时间复杂度是 $O(n)$。

由于数组是单调递增排序的，因此我们可以尝试用二分查找算法来进行优化。假设我们某一步抵达数组中的第 i 个数字。如果我们很幸运，该数字的值刚好也是 i，那么我们就找到了一个数字和其下标相等。

那么当数字的值和下标不相等的时候该怎么办呢？假设数字的值为 m。我们先考虑 m 大于 i 的情形，即数字的值大于它的下标。由于数组中的所有数字都唯一并且单调递增，那么对于任意大于 0 的 k，位于下标 i+k 的数字的值大于或等于 m+k。另外，因为 m>i，所以 m+k>i+k。因此，位于下标 i+k 的数字的值一定大于它的下标。这意味着如果第 i 个数字的值大于 i，那么它右边的数字都大于对应的下标，我们都可以忽略。下一轮查找我们只需要从它左边的数字中查找即可。

数字的值 m 小于它的下标 i 的情形和上面类似。它左边的所有数字的值都小于对应的下标，我们也可以忽略。感兴趣的读者请自己证明。

由于我们在每一步查找时都可以把查找的范围缩小一半，这是典型的二分查找的过程。下面是基于二分查找的参考代码：

```c
int GetNumberSameAsIndex(const int* numbers, int length)
{
    if(numbers == nullptr || length <= 0)
        return -1;

    int left = 0;
    int right = length - 1;
    while(left <= right)
    {
        int middle = left + ((right - left) >> 1);
        if(numbers[middle] == middle)
            return middle;

        if(numbers[middle] > middle)
            right = middle - 1;
        else
            left = middle + 1;
    }

    return -1;
}
```

 源代码：

本题完整的源代码：

https://github.com/zhedahht/CodingInterviewChinese2/tree/master/53_03_IntegerIdenticalToIndex

测试用例：
- 功能测试（数组中包含或者不包含数值和下标相等的元素）。
- 边界值测试（数组中只有一个数字；数值和下标相等的元素位于数组的开头或者结尾）。
- 特殊输入测试（表示数组的指针为 nullptr 指针）。

本题考点：
- 考查应聘者的知识迁移能力。我们都知道，二分查找算法可以用来在排序数组中查找一个数字。应聘者如果能够运用知识迁移能力，把问题转换成用二分查找算法在排序数组中查找某些特定的数字，那么这些问题也就解决了一大半。
- 考查应聘者对二分查找算法的理解程度。这道题实际上是二分查找算法的加强版。只有对二分查找算法有着深刻的理解，应聘者才有可能解决这个问题。

面试题 54：二叉搜索树的第 k 大节点

> 题目：给定一棵二叉搜索树，请找出其中第 k 大的节点。例如，在图 6.1 中的二叉搜索树里，按节点数值大小顺序，第三大节点的值是 4。

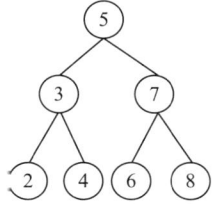

图 6.1 一棵有 7 个节点的二叉搜索树，其中按节点数值大小顺序，第三大节点的值是 4

如果按照中序遍历的顺序遍历一棵二叉搜索树，则遍历序列的数值是递增排序的。例如，图 6.1 中二叉搜索树的中序遍历序列是 {2, 3, 4, 5, 6, 7, 8}。因此，只需要用中序遍历算法遍历一棵二叉搜索树，我们就很容易找出它的第 k 大节点。

这道题实质上考查应聘者对中序遍历的理解。只要熟练掌握了中序遍历，应聘者很快就能写出如下代码：

```cpp
BinaryTreeNode* KthNode(BinaryTreeNode* pRoot, unsigned int k)
{
    if(pRoot == nullptr || k == 0)
        return nullptr;

    return KthNodeCore(pRoot, k);
}

BinaryTreeNode* KthNodeCore(BinaryTreeNode* pRoot, unsigned int& k)
{
    BinaryTreeNode* target = nullptr;

    if(pRoot->m_pLeft != nullptr)
        target = KthNodeCore(pRoot->m_pLeft, k);

    if(target == nullptr)
    {
        if(k == 1)
            target = pRoot;

        k--;
    }

    if(target == nullptr && pRoot->m_pRight != nullptr)
        target = KthNodeCore(pRoot->m_pRight, k);

    return target;
}
```

源代码：

本题完整的源代码：

https://github.com/zhedahht/CodingInterviewChinese2/tree/master/54_KthNodeInBST

测试用例：

- 功能测试（各种形态不同的二叉搜索树）。
- 边界值测试（输入 *k* 为 0、1、二叉搜索树的节点数、二叉搜索树的节点数加 1）。
- 特殊输入测试（指向二叉搜索树根节点的指针为 nullptr 指针）。

本题考点:

- 考查应聘者的知识迁移能力。面试官期待应聘者能够运用中序遍历算法来解决这道面试题。
- 考查应聘者对二叉搜索树和中序遍历的特点的理解。如果应聘者理解二叉搜索树的中序遍历序列是递增的,那么他/她很容易就能找出第 k 大的节点。

面试题 55:二叉树的深度

> 题目一:二叉树的深度。
>
> 输入一棵二叉树的根节点,求该树的深度。从根节点到叶节点依次经过的节点(含根、叶节点)形成树的一条路径,最长路径的长度为树的深度。

二叉树的节点定义如下:

```
struct BinaryTreeNode
{
    int                 m_nValue;
    BinaryTreeNode*     m_pLeft;
    BinaryTreeNode*     m_pRight;
};
```

例如,在图 6.2 中的二叉树的深度为 4,因为它从根节点到叶节点最长的路径包含 4 个节点(从根节点 1 开始,经过节点 2 和节点 5,最终到达叶节点 7)。

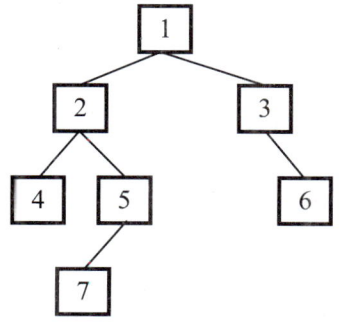

图 6.2 深度为 4 的二叉树

在本题中,面试官给出了一种树的深度的定义,我们可以根据这个定义去得到树的所有路径，也就能得到最长的路径及它的长度。在面试题 34 "二叉树中和为某一值的路径"中我们详细讨论了如何记录树中的路径。这种思路的代码量比较大，我们可以尝试更加简洁的方法。

我们还可以从另外一个角度来理解树的深度。如果一棵树只有一个节点，那么它的深度为 1。如果根节点只有左子树而没有右子树，那么树的深度应该是其左子树的深度加 1；同样，如果根节点只有右子树而没有左子树，那么树的深度应该是其右子树的深度加 1。如果既有右子树又有左子树，那么该树的深度就是其左、右子树深度的较大值再加 1。比如，在图 6.2 所示的二叉树中，根节点为 1 的树有左、右两棵子树，其左、右子树的根节点分别为节点 2 和节点 3。根节点为 2 的左子树的深度为 3，而根节点为 3 的右子树的深度为 2，因此，根节点为 1 的树的深度就是 4。

这种思路用递归的方法很容易实现，只需对遍历的代码稍作修改即可。参考代码如下：

```
int TreeDepth(BinaryTreeNode* pRoot)
{
    if(pRoot == nullptr)
        return 0;

    int nLeft = TreeDepth(pRoot->m_pLeft);
    int nRight = TreeDepth(pRoot->m_pRight);

    return (nLeft > nRight) ? (nLeft + 1) : (nRight + 1);
}
```

 源代码：

本题完整的源代码：

https://github.com/zhedahht/CodingInterviewChinese2/tree/master/55_01_TreeDepth

 测试用例：

- 功能测试（输入普通的二叉树；二叉树中所有节点都没有左/右子树）。
- 特殊输入测试（二叉树只有一个节点；二叉树的头节点为 nullptr 指针）。

只要应聘者对二叉树这一数据结构很熟悉,就能很快写出上面的代码。如果公司对编程能力有较高的要求,那么面试官可能会追加一个与前面问题相关但难度更大的问题。

> 题目二:平衡二叉树。
>
> 输入一棵二叉树的根节点,判断该树是不是平衡二叉树。如果某二叉树中任意节点的左、右子树的深度相差不超过 1,那么它就是一棵平衡二叉树。例如,图 6.2 中的二叉树就是一棵平衡二叉树。

❖ **需要重复遍历节点多次的解法,简单但不足以打动面试官**

有了求二叉树的深度的经验之后再解决这个问题,我们很容易就能想到一种思路:在遍历树的每个节点的时候,调用函数 TreeDepth 得到它的左、右子树的深度。如果每个节点的左、右子树的深度相差都不超过 1,那么按照定义它就是一棵平衡二叉树。这种思路对应的代码如下:

```cpp
bool IsBalanced(BinaryTreeNode* pRoot)
{
    if(pRoot == nullptr)
        return true;

    int left = TreeDepth(pRoot->m_pLeft);
    int right = TreeDepth(pRoot->m_pRight);
    int diff = left - right;
    if(diff > 1 || diff < -1)
        return false;

    return IsBalanced(pRoot->m_pLeft) && IsBalanced(pRoot->m_pRight);
}
```

上面的代码固然简洁,但我们也要注意到由于一个节点会被重复遍历多次,这种思路的时间效率不高。例如,在函数 IsBalance 中输入图 6.2 中的二叉树,我们将首先判断根节点(节点 1)是不是平衡的。此时我们往函数 TreeDepth 里输入左子树的根节点(节点 2)时,需要遍历节点 4、5、7。接下来判断以节点 2 为根节点的子树是不是平衡树的时候,仍然会遍历节点 4、5、7。毫无疑问,重复遍历同一个节点会影响性能。接下来我们寻找不需要重复遍历的算法。

❖ **每个节点只遍历一次的解法，正是面试官喜欢的**

如果我们用后序遍历的方式遍历二叉树的每个节点，那么在遍历到一个节点之前我们就已经遍历了它的左、右子树。只要在遍历每个节点的时候记录它的深度（某一节点的深度等于它到叶节点的路径的长度），我们就可以一边遍历一边判断每个节点是不是平衡的。下面是这种思路的参考代码：

```
bool IsBalanced(BinaryTreeNode* pRoot, int* pDepth)
{
    if(pRoot == nullptr)
    {
        *pDepth = 0;
        return true;
    }

    int left, right;
    if(IsBalanced(pRoot->m_pLeft, &left)
        && IsBalanced(pRoot->m_pRight, &right))
    {
        int diff = left - right;
        if(diff <= 1 && diff >= -1)
        {
            *pDepth = 1 + (left > right ? left : right);
            return true;
        }
    }

    return false;
}
```

我们只需给上面的函数传入二叉树的根节点及一个表示节点深度的整型变量即可。

```
bool IsBalanced(BinaryTreeNode* pRoot)
{
    int depth = 0;
    return IsBalanced(pRoot, &depth);
}
```

在上面的代码中，我们用后序遍历的方式遍历整棵二叉树。在遍历某节点的左、右子节点之后，我们可以根据它的左、右子节点的深度判断它是不是平衡的，并得到当前节点的深度。当最后遍历到树的根节点的时候，也就判断了整棵二叉树是不是平衡二叉树。

 源代码：

本题完整的源代码：

https://github.com/zhedahht/CodingInterviewChinese2/tree/master/55_02_BalancedBinaryTree

测试用例:

- 功能测试（平衡的二叉树；不是平衡的二叉树；二叉树中所有节点都没有左/右子树）。
- 特殊输入测试（二叉树中只有一个节点；二叉树的头节点为 nullptr 指针）。

本题考点:

- 考查应聘者对二叉树的理解及编程能力。这两道题的解法实际上只是树的遍历算法的应用。
- 考查应聘者对新概念的学习能力。面试官提出一个新的概念即树的深度，这就要求我们在较短的时间内理解这个概念并解决相关的问题。这是一种常见的面试题型。能在较短时间内掌握、理解新概念的能力就是一种学习能力。
- 考查应聘者的知识迁移能力。如果面试官先问如何求二叉树的深度，再问如何判断一棵二叉树是不是平衡的，那么应聘者应该从求二叉树深度的分析过程中得到启发，找到判断平衡二叉树的突破口。

面试题 56：数组中数字出现的次数

> 题目一：数组中只出现一次的两个数字。
>
> 一个整型数组里除两个数字之外，其他数字都出现了两次。请写程序找出这两个只出现一次的数字。要求时间复杂度是 $O(n)$，空间复杂度是 $O(1)$。

例如，输入数组{2, 4, 3, 6, 3, 2, 5, 5}，因为只有 4 和 6 这两个数字只出现了一次，其他数字都出现了两次，所以输出 4 和 6。

这是一道比较难的题目，很少有人能在面试的时候不需要提示一下子想到最好的解决办法。一般当应聘者想了几分钟后还没有思路，面试官会给出一些提示。面试官很有可能会说：你可以先考虑这个数组中只有一个数字只出现了一次，其他数字都出现了两次，怎么找出这个数字？

这两道题目都在强调一个（或两个）数字只出现一次，其他数字出现两次。这有什么意义呢？我们想到异或运算的一个性质：任何一个数字异或它自己都等于0。也就是说，如果我们从头到尾依次异或数组中的每个数字，那么最终的结果刚好是那个只出现一次的数字，因为那些成对出现两次的数字全部在异或中抵消了。

想明白怎么解决这个简单的问题之后，我们再回到原始的问题，看看能不能运用相同的思路。我们试着把原数组分成两个子数组，使得每个子数组包含一个只出现一次的数字，而其他数字都成对出现两次。如果能够这样拆分成两个数组，那么我们就可以按照前面的办法分别找出两个只出现一次的数字了。

我们还是从头到尾依次异或数组中的每个数字，那么最终得到的结果就是两个只出现一次的数字的异或结果，因为其他数字都出现了两次，在异或中全部抵消了。由于这两个数字肯定不一样，那么异或的结果肯定不为0，也就是说，在这个结果数字的二进制表示中至少有一位为1。我们在结果数字中找到第一个为1的位的位置，记为第 n 位。现在我们以第 n 位是不是 1 为标准把原数组中的数字分成两个子数组，第一个子数组中每个数字的第 n 位都是1，而第二个子数组中每个数字的第 n 位都是0。由于我们分组的标准是数字中的某一位是 1 还是 0，那么出现了两次的数字肯定被分配到同一个子数组。因为两个相同的数字的任意一位都是相同的，我们不可能把两个相同的数字分配到两个子数组中去，于是我们已经把原数组分成了两个子数组，每个子数组都包含一个只出现一次的数字，而其他数字都出现了两次。我们已经知道如何在数组中找出唯一一个只出现一次的数字，因此，到此为止所有的问题都已经解决了。

举个例子，假设输入数组{2, 4, 3, 6, 3, 2, 5, 5}。当我们依次对数组中的每个数字进行异或运算之后，得到的结果用二进制表示是 0010。异或得到的结果中的倒数第二位是 1，于是我们根据数字的倒数第二位是不是 1 将该数组分为两个子数组。第一个子数组{2, 3, 6, 3, 2}中所有数字的倒数第二位都是1，而第二个子数组{4, 5, 5}中所有数字的倒数第二位都是 0。接下来只要分别对这两个子数组求异或，就能找出第一个子数组中只出现一次的数字是 6，而第二个子数组中只出现一次的数字是 4。

想清楚整个过程之后再写代码就不难了。下面是参考代码：

```
void FindNumsAppearOnce(int data[], int length, int* num1, int* num2)
{
    if (data == nullptr || length < 2)
        return;

    int resultExclusiveOR = 0;
    for (int i = 0; i < length; ++i)
        resultExclusiveOR ^= data[i];

    unsigned int indexOf1 = FindFirstBitIs1(resultExclusiveOR);

    *num1 = *num2 = 0;
    for (int j = 0; j < length; ++j)
    {
        if(IsBit1(data[j], indexOf1))
            *num1 ^= data[j];
        else
            *num2 ^= data[j];
    }
}

unsigned int FindFirstBitIs1(int num)
{
    int indexBit = 0;
    while (((num & 1) == 0) && (indexBit < 8 * sizeof(int)))
    {
        num = num >> 1;
        ++indexBit;
    }

    return indexBit;
}

bool IsBit1(int num, unsigned int indexBit)
{
    num = num >> indexBit;
    return (num & 1);
}
```

在上述代码中，FindFirstBitIs1 用来在整数 num 的二进制表示中找到最右边是 1 的位，IsBit1 的作用是判断在 num 的二进制表示中从右边数起的 indexBit 位是不是 1。

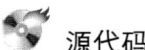 源代码：

本题完整的源代码：

https://github.com/zhedahht/CodingInterviewChinese2/tree/master/56_01_NumbersAppearOnce

 测试用例：

功能测试（数组中有多对重复的数字；数组中没有重复的数字）。

> 题目二：数组中唯一只出现一次的数字。
>
> 在一个数组中除一个数字只出现一次之外，其他数字都出现了三次。请找出那个只出现一次的数字。

如果我们把题目稍微改一改，那么就会容易很多：如果数组中的数字除一个只出现一次之外，其他数字都出现了两次。我们可以用 XOR 异或位运算解决这个简化的问题。由于两个相同的数字的异或结果是 0，我们把数组中所有数字异或的结果就是那个唯一只出现一次的数字。

可惜这种思路不能解决这里的问题，因为三个相同的数字的异或结果还是该数字。尽管我们这里不能应用异或运算，我们还是可以沿用位运算的思路。如果一个数字出现三次，那么它的二进制表示的每一位（0 或者 1）也出现三次。如果把所有出现三次的数字的二进制表示的每一位都分别加起来，那么每一位的和都能被 3 整除。

我们把数组中所有数字的二进制表示的每一位都加起来。如果某一位的和能被 3 整除，那么那个只出现一次的数字二进制表示中对应的那一位是 0；否则就是 1。

这种思路的参考代码如下：

```
int FindNumberAppearingOnce(int numbers[], int length)
{
    if(numbers == nullptr || length <= 0)
        throw new std::exception("Invalid input.");

    int bitSum[32] = {0};
    for(int i = 0; i < length; ++i)
    {
        int bitMask = 1;
        for(int j = 31; j >= 0; --j)
        {
            int bit = numbers[i] & bitMask;
            if(bit != 0)
                bitSum[j] += 1;
```

```
                bitMask = bitMask << 1;
            }
        }

        int result = 0;
        for(int i = 0; i < 32; ++i)
        {
            result = result << 1;
            result += bitSum[i] % 3;
        }

        return result;
}
```

这种解法的时间效率是 $O(n)$。我们需要一个长度为 32 的辅助数组存储二进制表示的每一位的和。由于数组的长度是固定的，因此空间效率是 $O(1)$。该解法比其他两种直观的解法效率都要高：（1）我们很容易就能从排序的数组中找到只出现一次的数字，但排序需要 $O(n\log n)$ 时间；（2）我们也可以用一个哈希表来记录数组中每个数字出现的次数，但这个哈希表需要 $O(n)$ 的空间。

源代码：

本题完整的源代码：

https://github.com/zhedahht/CodingInterviewChinese2/tree/master/56_02_NumberAppearingOnce

测试用例：

功能测试（唯一只出现一次的数字分别是 0、正数、负数；重复出现三次的数字分别是 0、正数、负数）。

本题考点：

- 考查应聘者的知识迁移能力。其他数字都出现两次而只有一个数字出现一次这个简单的问题，很多应聘者都能想到解决办法。能不能把解决简单问题的思路迁移到复杂问题上，继续从位运算上想办法，是应聘者能否通过这轮面试的关键。

- 考查应聘者对二进制和位运算的理解。

面试题 57：和为 s 的数字

> 题目一：和为 s 的两个数字。
>
> 输入一个递增排序的数组和一个数字 s，在数组中查找两个数，使得它们的和正好是 s。如果有多对数字的和等于 s，则输出任意一对即可。

例如，输入数组{1,2,4,7,11,15}和数字 15。由于 4+11=15，因此输出 4 和 11。

在面试的时候，很重要的一点是应聘者要表现出很快的反应能力。只要想到一种方法，应聘者就可以马上告诉面试官，即使这种方法不一定是最好的。比如这个问题，很多人都能立即想到 $O(n^2)$ 的方法，也就是先在数组中固定一个数字，再依次判断数组中其余的 $n-1$ 个数字与它的和是不是等于 s。面试官会告诉我们这不是最好的办法。不过这没有关系，至少面试官知道我们的思维还是比较敏捷的。

接着我们寻找更好的算法。我们先在数组中选择两个数字，如果它们的和等于输入的 s，那么我们就找到了要找的两个数字。如果和小于 s 呢？我们希望两个数字的和再大一点。由于数组已经排好序了，我们可以考虑选择较小的数字后面的数字。因为排在后面的数字要大一些，那么两个数字的和也要大一些，就有可能等于输入的数字 s 了。同样，当两个数字的和大于输入的数字的时候，我们可以选择较大数字前面的数字，因为排在数组前面的数字要小一些。

我们以数组{1,2,4,7,11,15}及期待的和 15 为例详细分析一下这个过程。首先定义两个指针，第一个指针指向数组的第一个（最小的）数字 1，第二个指针指向数组的最后一个（最大的）数字 15。这两个数字的和 16 大于 15，因此我们把第二个指针向前移动一个数字，让它指向 11。这时候两个数字 1 与 11 的和是 12，小于 15。接下来我们把第一个指针向后移动一个数字指向 2，此时两个数字 2 与 11 的和是 13，还是小于 15。我们再次向后移动第一个指针，让它指向数字 4。数字 4 与 11 的和是 15，正是我们期待的结果。表 6.1 总结了在数组{1,2,4,7,11,15}中查找和为 15 的数对的过程。

表 6.1 在数组{1,2,4,7,11,15}中查找和为 15 的数对

步 骤	较小的数字	较大的数字	和	与 s 相比较	下一步操作
1	1	15	16	大于	选择 15 之前的数字
2	1	11	12	小于	选择 1 之后的数字
3	2	11	13	小于	选择 2 之后的数字
4	4	11	15	等于	

这一次面试官会首肯我们的思路，于是就可以动手写代码了。下面是一段参考代码：

```cpp
bool FindNumbersWithSum(int data[], int length, int sum,
                        int* num1, int* num2)
{
    bool found = false;
    if(length < 1 || num1 == nullptr || num2 == nullptr)
        return found;

    int ahead = length - 1;
    int behind = 0;

    while(ahead > behind)
    {
        long long curSum = data[ahead] + data[behind];

        if(curSum == sum)
        {
            *num1 = data[behind];
            *num2 = data[ahead];
            found = true;
            break;
        }
        else if(curSum > sum)
            ahead --;
        else
            behind ++;
    }

    return found;
}
```

在上述代码中，ahead 为较小的数字的下标，behind 为较大的数字的下标。由于数组是排序的，因此较小数字一定位于较大数字的前面，这就是 while 循环继续的条件是 ahead>behind 的原因。代码中只有一个 while 循环从两端向中间扫描数组，因此这种算法的时间复杂度是 $O(n)$。

源代码：

本题完整的源代码：

https://github.com/zhedahht/CodingInterviewChinese2/tree/master/57_01_TwoNumbersWithSum

 测试用例：

- 功能测试（数组中存在和为 s 的两个数；数组中不存在和为 s 的两个数）。
- 特殊输入测试（表示数组的指针为 nullptr 指针）。

看到应聘者比较轻松地解决了问题还有时间剩余，有些面试官喜欢追问和前面问题相关但稍微难一些的问题。

> **题目二：和为 s 的连续正数序列。**
>
> 输入一个正数 s，打印出所有和为 s 的连续正数序列（至少含有两个数）。例如，输入 15，由于 1+2+3+4+5=4+5+6=7+8=15，所以打印出 3 个连续序列 1～5、4～6 和 7～8。

有了解决前面问题的经验，我们也考虑用两个数 small 和 big 分别表示序列的最小值和最大值。首先把 small 初始化为 1，big 初始化为 2。如果从 small 到 big 的序列的和大于 s，则可以从序列中去掉较小的值，也就是增大 small 的值。如果从 small 到 big 的序列的和小于 s，则可以增大 big，让这个序列包含更多的数字。因为这个序列至少要有两个数字，我们一直增加 small 到 $(1+s)/2$ 为止。

以求和为 9 的所有连续序列为例，我们先把 small 初始化为 1，big 初始化为 2。此时介于 small 和 big 之间的序列是{1,2}，序列的和为 3，小于 9，所以我们下一步要让序列包含更多的数字。我们把 big 增加 1 变成 3，此时序列为{1,2,3}。由于序列的和是 6，仍然小于 9，我们接下来再增加 big 变成 4，介于 small 和 big 之间的序列也随之变成{1,2,3,4}。由于序列的和 10 大于 9，我们要删去序列中的一些数字，于是我们增加 small 变成 2，此时得到的序列是{2,3,4}，序列的和正好是 9。我们找到了第一个和为 9 的连续序列，把它打印出来。接下来我们再增加 big，重复前面的过程，可以找到第二个和为 9 的连续序列{4,5}。可以用表 6.2 总结整个过程。

表 6.2 求取和为 9 的连续序列的过程

步 骤	small	big	序 列	序列和	与 s 相比较	下一步操作
1	1	2	1, 2	3	小于	增加 big
2	1	3	1, 2, 3	6	小于	增加 big
3	1	4	1, 2, 3, 4	10	大于	增加 small
4	2	4	2, 3, 4	9	等于	打印序列，增加 big
5	2	5	2, 3, 4, 5	14	大于	增加 small
6	3	5	3, 4, 5	12	大于	增加 small
7	4	5	4, 5	9	等于	打印序列

形成了清晰的解题思路之后，我们就可以开始写代码了。下面是这种思路的参考代码：

```
void FindContinuousSequence(int sum)
{
    if(sum < 3)
        return;

    int small = 1;
    int big = 2;
    int middle = (1 + sum) / 2;
    int curSum = small + big;

    while(small < middle)
    {
        if(curSum == sum)
            PrintContinuousSequence(small, big);

        while(curSum > sum && small < middle)
        {
            curSum -= small;
            small ++;

            if(curSum == sum)
                PrintContinuousSequence(small, big);
        }

        big ++;
        curSum += big;
    }
}

void PrintContinuousSequence(int small, int big)
{
    for(int i = small; i <= big; ++ i)
        printf("%d ", i);
```

```
        printf("\n");
}
```

在上述代码中，求连续序列的和应用了一个小技巧。通常我们可以用循环求一个连续序列的和，但考虑到每次操作之后的序列和操作之前的序列相比大部分数字都是一样的，只是增加或者减少了一个数字，因此我们可以在前一个序列的和的基础上求操作之后的序列的和。这样可以减少很多不必要的运算，从而提高代码的效率。

 源代码：

本题完整的源代码：

https://github.com/zhedahht/CodingInterviewChinese2/tree/master/57_02_ContinuousSquenceWithSum

测试用例：

- 功能测试（存在和为 s 的连续序列，如 9、100 等；不存在和为 s 的连续序列，如 4、0 等）。
- 边界值测试（连续序列的最小和 3）。

本题考点：

- 考查应聘者思考复杂问题的思维能力。应聘者如果能够通过一两个具体的例子找到规律，那么解决这个问题就容易多了。
- 考查应聘者的知识迁移能力。应聘者面对第二个问题的时候，能不能把解决第一个问题的思路应用到新的题目上，是面试官考查知识迁移能力的重要指标。

面试题 58：翻转字符串

> 题目一：翻转单词顺序。
> 输入一个英文句子，翻转句子中单词的顺序，但单词内字符的顺序不变。为简单起见，标点符号和普通字母一样处理。例如输入字符串"I am a student. "，则输出"student. a am I"。

这道题目流传甚广，很多公司多次拿来作为面试题，很多应聘者也多次在各种博客或者书籍上看到通过两次翻转字符串的解法，于是很快就可以跟面试官解释清楚解题思路：第一步翻转句子中所有的字符。比如翻转"I am a student. "中所有的字符得到".tneduts a ma I"，此时不但翻转了句子中单词的顺序，连单词内的字符顺序也被翻转了。第二步再翻转每个单词中字符的顺序，就得到了"student. a am I"。这正是符合题目要求的输出。

这种思路的关键在于实现一个函数以翻转字符串中的一段。下面的函数 Reverse 可以完成这一功能：

```
void Reverse(char *pBegin, char *pEnd)
{
    if(pBegin == nullptr || pEnd == nullptr)
        return;

    while(pBegin < pEnd)
    {
        char temp = *pBegin;
        *pBegin = *pEnd;
        *pEnd = temp;

        pBegin ++, pEnd --;
    }
}
```

接着我们可以用这个函数先翻转整个句子，再翻转句子中的每个单词。这种思路的参考代码如下：

```
char* ReverseSentence(char *pData)
{
    if(pData == nullptr)
        return nullptr;

    char *pBegin = pData;

    char *pEnd = pData;
    while(*pEnd != '\0')
        pEnd ++;
    pEnd--;

    // 翻转整个句子
    Reverse(pBegin, pEnd);

    // 翻转句子中的每个单词
    pBegin = pEnd = pData;
    while(*pBegin != '\0')
    {
        if(*pBegin == ' ')
        {
            pBegin ++;
            pEnd ++;
```

```
            }
            else if(*pEnd == ' ' || *pEnd == '\0')
            {
                Reverse(pBegin, --pEnd);
                pBegin = ++pEnd;
            }
            else
            {
                pEnd ++;
            }
    }

    return pData;
}
```

在英语句子中，单词被空格符号分隔，因此我们可以通过扫描空格来确定每个单词的起始和终止位置。在上述代码的翻转每个单词阶段，指针pBegin指向单词的第一个字符，而指针pEnd指向单词的最后一个字符。

源代码：

本题完整的源代码：

https://github.com/zhedahht/CodingInterviewChinese2/tree/master/58_01_ReverseWordsInSentence

测试用例：

- 功能测试（句子中有多个单词；句子中只有一个单词）。
- 特殊输入测试（字符串指针为 nullptr 指针；字符串的内容为空；字符串中只有空格）。

有经验的面试官看到一个应聘者几乎不假思索就能想出一种比较巧妙的算法，就会觉得他之前可能见过这个题目。这时候很多面试官都会再问一个问题，以考查他是不是真的理解了这种算法。一种常见的考查办法就是问一个类似的但更难一点的问题。以这道题为例，如果面试官觉得应聘者之前看过这种思路，那么他可能再问第二个问题。

> **题目二：左旋转字符串。**
> 字符串的左旋转操作是把字符串前面的若干个字符转移到字符串的尾部。请定义一个函数实现字符串左旋转操作的功能。比如，输入字符串"abcdefg"和数字 2，该函数将返回左旋转两位得到的结果"cdefgab"。

要找到字符串旋转时每个字符移动的规律,不是一件轻松的事情。那我们是不是可以从解决第一个问题的思路中找到启发?在第一个问题中,如果输入的字符串之中只有两个单词,比如"hello world",那么翻转这个句子中的单词顺序就得到了"world hello"。比较这两个字符串,我们是不是可以把"world hello"看成把原始字符串"hello world"的前面若干个字符转移到后面?也就是说这两个问题是非常相似的,我们同样可以通过翻转字符串的办法来解决第二个问题。

以"abcdefg"为例,我们可以把它分为两部分。由于想把它的前两个字符移到后面,我们就把前两个字符分到第一部分,把后面的所有字符分到第二部分。我们先分别翻转这两部分,于是就得到"bagfedc"。接下来翻转整个字符串,得到的"cdefgab"刚好就是把原始字符串左旋转两位的结果。

通过前面的分析,我们发现只需要调用 3 次前面的 Reverse 函数就可以实现字符串的左旋转功能。参考代码如下:

```
char* LeftRotateString(char* pStr, int n)
{
    if(pStr != nullptr)
    {
        int nLength = static_cast<int>(strlen(pStr));
        if(nLength > 0 && n > 0 && n < nLength)
        {
            char* pFirstStart = pStr;
            char* pFirstEnd = pStr + n - 1;
            char* pSecondStart = pStr + n;
            char* pSecondEnd = pStr + nLength - 1;

            // 翻转字符串的前面 n 个字符
            Reverse(pFirstStart, pFirstEnd);
            // 翻转字符串的后面部分
            Reverse(pSecondStart, pSecondEnd);
            // 翻转整个字符串
            Reverse(pFirstStart, pSecondEnd);
        }
    }

    return pStr;
}
```

想清楚思路之后再写代码是一件很容易的事情,但我们也不能掉以轻心。面试官在检查与字符串相关的代码时经常会发现两种问题:一是输入空指针 nullptr 时程序会崩溃;二是内存访问越界的问题,也就是试图访问不属于字符串的内存。例如,如果输入的 n 小于 0,那么指针 pStr+n 指向的内存就不属于字符串。如果我们不排除这种情况,试图访问不属于字符串的内存，就会留下严重的内存越界的安全隐患。在前面的代码中，我们添加了两个 if 判断语句，就是为了防止出现这两种问题。

源代码：

本题完整的源代码：

https://github.com/zhedahht/CodingInterviewChinese2/tree/master/58_02_LeftRotateString

测试用例：

- 功能测试（把长度为 *n* 的字符串左旋转 0 个字符、1 个字符、2 个字符、*n*-1 个字符、*n* 个字符、*n*+1 个字符）。
- 特殊输入测试（字符串的指针为 nullptr 指针）。

本题考点：

- 考查应聘者的知识迁移能力。当面试的时候遇到第二个问题，而之前我们做过"翻转句子中单词的顺序"这道题目，如果能够把多次翻转字符串的思路迁移过来，就能很轻易地解决字符串左旋转的问题。
- 考查应聘者对字符串的编程能力。

面试题 59：队列的最大值

> 题目一：滑动窗口的最大值。
>
> 给定一个数组和滑动窗口的大小，请找出所有滑动窗口里的最大值。例如，如果输入数组{2, 3, 4, 2, 6, 2, 5, 1}及滑动窗口的大小 3，那么一共存在 6 个滑动窗口，它们的最大值分别为{4, 4, 6, 6, 6, 5}，如表 6.3 所示。

如果采用蛮力法，那么这个问题似乎不难解决：可以扫描每个滑动窗口的所有数字并找出其中的最大值。如果滑动窗口的大小为 *k*，则需要 $O(k)$ 时间才能找出滑动窗口里的最大值。对于长度为 *n* 的输入数组，这种算法的总时间复杂度是 $O(nk)$。

实际上，一个滑动窗口可以看成一个队列。当窗口滑动时，处于窗口的第一个数字被删除，同时在窗口的末尾添加一个新的数字。这符合队列的"先进先出"特性。如果能从队列中找出它的最大数，那么这个问题也就解决了。

在面试题 30 中，我们实现了一个可以用 $O(1)$ 时间得到最小值的栈。同样，也可以用 $O(1)$ 时间得到栈的最大值。同时在面试题 9 中，我们讨论了如何用两个栈实现一个队列。综合这两个问题的解决方案，我们发现，如果把队列用两个栈实现，由于可以用 $O(1)$ 时间得到栈中的最大值，那么也就可以用 $O(1)$ 时间得到队列的最大值，因此总的时间复杂度也就降到了 $O(n)$。

表 6.3　数组{2, 3, 4, 2, 6, 2, 5, 1}里大小为 3 的滑动窗口的最大值（滑动窗口用一对中括号表示）

数组中的滑动窗口	滑动窗口中的最大值
[2, 3, 4], 2, 6, 2, 5, 1	4
2, [3, 4, 2], 6, 2, 5, 1	4
2, 3, [4, 2, 6], 2, 5, 1	6
2, 3, 4, [2, 6, 2], 5, 1	6
2, 3, 4, 2, [6, 2, 5], 1	6
2, 3, 4, 2, 6, [2, 5, 1]	5

我们可以用这种方法来解决本题。不过这样就相当于在一轮面试的时间内要做两道面试题，时间未必够用。再来看看有没有其他的方法。

下面换一种思路。我们并不把滑动窗口的每个数值都存入队列，而是只把有可能成为滑动窗口最大值的数值存入一个两端开口的队列（如 C++ 标准模板库中的 deque）。接着以输入数组{2, 3, 4, 2, 6, 2, 5, 1}为例一步步分析。

数组的第一个数字是 2，把它存入队列。第二个数字是 3，由于它比前一个数字 2 大，因此 2 不可能成为滑动窗口中的最大值。先把 2 从队列里删除，再把 3 存入队列。此时队列中只有一个数字 3。针对第三个数字 4 的步骤类似，最终在队列中只剩下一个数字 4。此时滑动窗口中已经有 3 个数字，而它的最大值 4 位于队列的头部。

接下来处理第四个数字 2。2 比队列中的数字 4 小。当 4 滑出窗口之后，2 还是有可能成为滑动窗口中的最大值，因此把 2 存入队列的尾部。现在队列中有两个数字 4 和 2，其中最大值 4 仍然位于队列的头部。

第五个数字是 6。由于它比队列中已有的两个数字 4 和 2 都大，因此这时 4 和 2 已经不可能成为滑动窗口中的最大值了。先把 4 和 2 从队列中删除，再把数字 6 存入队列。这时候最大值 6 仍然位于队列的头部。

第六个数字是 2。由于它比队列中已有的数字 6 小，所以把 2 也存入队列的尾部。此时队列中有两个数字，其中最大值 6 位于队列的头部。

第七个数字是 5。在队列中已有的两个数字 6 和 2 里，2 小于 5，因此 2 不可能是一个滑动窗口的最大值，可以把它从队列的尾部删除。删除数字 2 之后，再把数字 5 存入队列。此时队列里剩下两个数字 6 和 5，其中位于队列头部的是最大值 6。

数组最后一个数字是 1：把 1 存入队列的尾部。注意到位于队列头部的数字 6 是数组的第五个数字，此时的滑动窗口已经不包括这个数字了，因此应该把数字 6 从队列中删除。那么怎么知道滑动窗口是否包括一个数字？应该在队列里存入数字在数组里的下标，而不是数值。当一个数字的下标与当前处理的数字的下标之差大于或者等于滑动窗口的大小时，这个数字已经从窗口中滑出，可以从队列中删除了。

表 6.4 总结了上述步骤。我们注意到滑动窗口的最大值总是位于队列的头部。

表 6.4　找出数组{2, 3, 4, 2, 6, 2, 5, 1}中大小为 3 的滑动窗口的最大值的步骤（在"队列中的下标"一列中，小括号前面的数字表示一个数字在输入数组中的下标。为了方便读者理解，下标对应的在数组中的数字在后面的小括号中标出）

步　骤	插入数字	滑动窗口	队列中的下标	最　大　值
1	2	2	0(2)	N/A
2	3	2, 3	1(3)	N/A
3	4	2, 3, 4	2(4)	4
4	2	3, 4, 2	2(4), 3(2)	4
5	6	4, 2, 6	4(6)	6
6	2	2, 6, 2	4(6), 5(2)	6
7	5	6, 2, 5	4(6), 6(5)	6
8	1	2, 5, 1	6(5), 7(1)	5

可以用如下 C++ 代码实现这个解决方案：

```cpp
vector<int> maxInWindows(const vector<int>& num, unsigned int size)
{
    vector<int> maxInWindows;
    if(num.size() >= size && size >= 1)
    {
        deque<int> index;

        for(unsigned int i = 0; i < size; ++i)
        {
            while(!index.empty() && num[i] >= num[index.back()])
                index.pop_back();

            index.push_back(i);
        }

        for(unsigned int i = size; i < num.size(); ++i)
        {
            maxInWindows.push_back(num[index.front()]);

            while(!index.empty() && num[i] >= num[index.back()])
                index.pop_back();
            if(!index.empty() && index.front() <= (int)(i - size))
                index.pop_front();

            index.push_back(i);
        }
        maxInWindows.push_back(num[index.front()]);
    }

    return maxInWindows;
}
```

在上述代码中，index 是一个两端开口的队列，用来保存有可能是滑动窗口最大值的数字的下标。在存入一个数字的下标之前，首先要判断队列里已有数字是否小于待存入的数字。如果已有的数字小于待存入的数字，那么这些数字已经不可能是滑动窗口的最大值，因此它们将会被依次从队列的尾部删除（调用函数 pop_back）。同时，如果队列头部的数字已经从窗口里滑出，那么滑出的数字也需要从队列的头部删除（调用函数 pop_front）。由于队列的头部和尾部都有可能删除数字，这也是需要两端开口的队列的原因。

 源代码：

本题完整的源代码：

https://github.com/zhedahht/CodingInterviewChinese2/tree/master/59_01_MaxInSlidingWindow

测试用例:

- 功能测试(输入数组的数字大小无序;输入数组的数字单调递增;输入数组的数字单调递减)。
- 边界值测试(滑动窗口的大小为 0、1、等于输入数组的长度、大于输入数组的长度)。
- 特殊输入测试(输入数组为空)。

> **题目二:队列的最大值。**
>
> 请定义一个队列并实现函数 max 得到队列里的最大值,要求函数 max、push_back 和 pop_front 的时间复杂度都是 $O(1)$。

如前所述,滑动窗口可以看成一个队列,因此上题的解法可以用来实现带 max 函数的队列。下面是实现队列的参考代码:

```cpp
template<typename T> class QueueWithMax
{
public:
    QueueWithMax() : currentIndex(0)
    {
    }

    void push_back(T number)
    {
        while(!maximums.empty() && number >= maximums.back().number)
            maximums.pop_back();

        InternalData internalData = { number, currentIndex };
        data.push_back(internalData);
        maximums.push_back(internalData);

        ++currentIndex;
    }

    void pop_front()
    {
        if(maximums.empty())
            throw new exception("queue is empty");

        if(maximums.front().index == data.front().index)
            maximums.pop_front();

        data.pop_front();
    }

    T max() const
```

```
    {
        if(maximums.empty())
            throw new exception("queue is empty");

        return maximums.front().number;
    }
private:
    struct InternalData
    {
        T number;
        int index;
    };

    deque<InternalData> data;
    deque<InternalData> maximums;
    int currentIndex;
};
```

由于该解法和上题找滑动窗口的最大值类似，因此我们不再逐步分析队列插入和删除的操作，感兴趣的读者请自己分析。

 源代码：

本题完整的源代码：

https://github.com/zhedahht/CodingInterviewChinese2/tree/master/59_02_QueueWithMax

 测试用例：

往队列末尾插入不同大小的数字并求最大值；从队列头部删除数字并求最大值。

 本题考点：

- 考查应聘者分析问题的能力。无论是求滑动窗口的最大值还是求队列的最大值，都不是一道容易的面试题，应聘者可以通过举例的方法一步步分析，找出其中的规律。

- 考查应聘者的知识迁移能力。如果应聘者深入理解了滑动窗口最大值和队列最大值之间的联系，那么掌握了上述两道题中任意一道题的解法，就能顺利解答另外一道题。

6.4 抽象建模能力

计算机只是一种工具，它被用来解决实际生产生活中的问题。程序员的工作就是把各种现实问题抽象成数学模型并用计算机的编程语言表达出来，因此有些面试官喜欢从日常生活中抽取提炼出问题考查应聘者是否能建立数学模型并解决问题。要想顺利解决这种类型的问题，应聘者除了需要具备扎实的数学基础和编程能力，还需要具有敏锐的洞察力和丰富的想象力。

建模的第一步是选择合理的数据结构来表述问题。实际生产生活中的问题千变万化，而常用的数据结构只有有限的几种。我们在根据问题的特点综合考虑性能、编程难度等因素之后，选择最合适的数据结构来表达问题，也就是建立模型。比如在面试题61"扑克牌中的顺子"中，我们用一个数组表示一副牌，用11、12和13分别表示J、Q、K，并且用0表示大小王。在面试题62"圆圈中最后剩下的数字"中，我们可以用一个环形链表模拟一个圆圈。

建模的第二步是分析模型中的内在规律，并用编程语言表述这种规律。我们只有对现实问题进行深入细致的观察分析之后，才能找到模型中的规律，才有可能编程解决问题。例如，在本书2.4.1节提到的"青蛙跳台阶"问题中，它内在的规律是斐波那契数列。再比如面试题60"n个骰子的点数"问题，其本质是求数列$f(n)=f(n-1)+f(n-2)+f(n-3)+f(n-4)+f(n-5)+f(n-6)$。找到这个规律之后，我们就可以分别用递归和循环两种不同的方法去写代码。然而，并不是所有问题的内在规律都是显而易见的。在面试题62"圆圈中最后剩下的数字"中，我们经过严密的数学分析之后才能找到每次从圆圈中删除数字的规律，从而找到一种不需要辅助环形链表的快速方法来解决问题。

面试题60：n个骰子的点数

> 题目：把n个骰子扔在地上，所有骰子朝上一面的点数之和为s。输入n，打印出s的所有可能的值出现的概率。

玩过麻将的人都知道，骰子一共有6个面，每个面上都有一个点数，对应的是 1~6 之间的一个数字。所以 n 个骰子的点数和的最小值为 n，最大值为 6n。另外，根据排列组合的知识，我们还知道 n 个骰子的所有点数的排列数为 6^n。要解决这个问题，我们需要先统计出每个点数出现的次数，然后把每个点数出现的次数除以 6^n，就能求出每个点数出现的概率。

❖ 解法一：基于递归求骰子点数，时间效率不够高

现在我们考虑如何统计每个点数出现的次数。要想求出 n 个骰子的点数和，可以先把 n 个骰子分为两堆：第一堆只有一个；另一堆有 n-1 个。单独的那一个有可能出现 1~6 的点数。我们需要计算 1~6 的每一种点数和剩下的 n-1 个骰子来计算点数和。接下来把剩下的 n-1 个骰子仍然分成两堆：第一堆只有一个；第二堆有 n-2 个。我们把上一轮那个单独骰子的点数和这一轮单独骰子的点数相加，再和剩下的 n-2 个骰子来计算点数和。分析到这里，我们不难发现这是一种递归的思路，递归结束的条件就是最后只剩下一个骰子。

我们可以定义一个长度为 6n-n+1 的数组，将和为 s 的点数出现的次数保存到数组的第 s-n 个元素里。基于这种思路，我们可以写出如下代码：

```
int g_maxValue = 6;

void PrintProbability(int number)
{
    if(number < 1)
        return;

    int maxSum = number * g_maxValue;
    int* pProbabilities = new int[maxSum - number + 1];
    for(int i = number; i <= maxSum; ++i)
        pProbabilities[i - number] = 0;

    Probability(number, pProbabilities);

    int total = pow((double)g_maxValue, number);
    for(int i = number; i <= maxSum; ++i)
    {
        double ratio = (double)pProbabilities[i - number] / total;
        printf("%d: %e\n", i, ratio);
    }

    delete[] pProbabilities;
}

void Probability(int number, int* pProbabilities)
{
    for(int i = 1; i <= g_maxValue; ++i)
```

```
                Probability(number, number, i, pProbabilities);
}

void Probability(int original, int current, int sum,
                 int* pProbabilities)
{
    if(current == 1)
    {
        pProbabilities[sum - original]++;
    }
    else
    {
        for(int i = 1; i <= g_maxValue; ++i)
        {
            Probability(original, current - 1, i + sum, pProbabilities);
        }
    }
}
```

上述思路很简洁，实现起来也容易。但由于是基于递归的实现，它有很多计算是重复的，从而导致当 number 变大时性能慢得让人不能接受。关于递归的性能讨论，详见本书 2.4.1 节。

❖ **解法二：基于循环求骰子点数，时间性能好**

可以换一种思路来解决这个问题。我们可以考虑用两个数组来存储骰子点数的每个总数出现的次数。在一轮循环中，第一个数组中的第 n 个数字表示骰子和为 n 出现的次数。在下一轮循环中，我们加上一个新的骰子，此时和为 n 的骰子出现的次数应该等于上一轮循环中骰子点数和为 $n-1$、$n-2$、$n-3$、$n-4$、$n-5$ 与 $n-6$ 的次数的总和，所以我们把另一个数组的第 n 个数字设为前一个数组对应的第 $n-1$、$n-2$、$n-3$、$n-4$、$n-5$ 与 $n-6$ 个数字之和。基于这种思路，我们可以写出如下代码：

```
void PrintProbability(int number)
{
    if(number < 1)
        return;

    int* pProbabilities[2];
    pProbabilities[0] = new int[g_maxValue * number + 1];
    pProbabilities[1] = new int[g_maxValue * number + 1];
    for(int i = 0; i < g_maxValue * number + 1; ++i)
    {
        pProbabilities[0][i] = 0;
        pProbabilities[1][i] = 0;
    }

    int flag = 0;
```

```
    for (int i = 1; i <= g_maxValue; ++i)
        pProbabilities[flag][i] = 1;

    for (int k = 2; k <= number; ++k)
    {
        for(int i = 0; i < k; ++i)
            pProbabilities[1 - flag][i] = 0;

        for (int i = k; i <= g_maxValue * k; ++i)
        {
            pProbabilities[1 - flag][i] = 0;
            for(int j = 1; j <= i && j <= g_maxValue; ++j)
                pProbabilities[1-flag][i]+=pProbabilities[flag][i-j];
        }

        flag = 1 - flag;
    }

    double total = pow((double)g_maxValue, number);
    for(int i = number; i <= g_maxValue * number; ++i)
    {
        double ratio = (double)pProbabilities[flag][i] / total;
        printf("%d: %e\n", i, ratio);
    }

    delete[] pProbabilities[0];
    delete[] pProbabilities[1];
}
```

在上述代码中,我们定义了两个数组 pProbabilities[0] 和 pProbabilities[1] 来存储骰子的点数之和。在一轮循环中,一个数组的第 n 项等于另一个数组的第 $n-1$、$n-2$、$n-3$、$n-4$、$n-5$ 及 $n-6$ 项的和。在下一轮循环中,我们交换这两个数组(通过改变变量 flag 实现)再重复这一计算过程。

值得注意的是,上述代码没有在函数里把一个骰子的最大点数硬编码(Hard Code)为 6,而是用一个变量 g_maxValue 来表示。这样做的好处是,如果某个厂家生产了其他点数的骰子,那么我们只需要在代码中修改一个地方,扩展起来很方便。如果在面试的时候我们能对面试官提起对程序扩展性的考虑,则一定能给面试官留下很好的印象。

 源代码:

本题完整的源代码:

https://github.com/zhedahht/CodingInterviewChinese2/tree/master/60_DicesProbability

测试用例：

- 功能测试（1、2、3、4个骰子的各点数的概率）。
- 特殊输入测试（输入0）。
- 性能测试（输入较大的数字，如11）。

本题考点：

- 考查应聘者的数学建模能力。不管采用哪种思路解决问题，我们都要先想到用数组来存放 n 个骰子的每个点数出现的次数，并通过分析点数的规律建立模型，最终找到解决方案。
- 考查应聘者对递归和循环的性能的理解。

面试题61：扑克牌中的顺子

> 题目：从扑克牌中随机抽5张牌，判断是不是一个顺子，即这5张牌是不是连续的。2~10为数字本身，A为1，J为11，Q为12，K为13，而大、小王可以看成任意数字。

我们需要把扑克牌的背景抽象成计算机语言。不难想象，我们可以把5张牌看成由5个数字组成的数组。大、小王是特殊的数字，我们不妨把它们都定义为0，这样就能和其他扑克牌区分开来了。

接下来我们分析怎样判断5个数字是不是连续的，最直观的方法是把数组排序。值得注意的是，由于0可以当成任意数字，我们可以用0去补满数组中的空缺。如果排序之后的数组不是连续的，即相邻的两个数字相隔若干个数字，那么只要我们有足够的0可以补满这两个数字的空缺，这个数组实际上还是连续的。举个例子，数组排序之后为{0,1,3,4,5}，在1和3之间空缺了一个2，刚好我们有一个0，也就是我们可以把它当成2去填补这个空缺。

于是我们需要做3件事情：首先把数组排序；其次统计数组中0的个数；最后统计排序之后的数组中相邻数字之间的空缺总数。如果空缺的总数小于或者等于0的个数，那么这个数组就是连续的；反之则不连续。

最后我们还需要注意一点：如果数组中的非0数字重复出现，则该数组不是连续的。换成扑克牌的描述方式就是：如果一副牌里含有对子，则不可能是顺子。

基于这种思路，我们可以写出如下代码：

```cpp
bool IsContinuous(int* numbers, int length)
{
    if(numbers == nullptr || length < 1)
        return false;

    qsort(numbers, length, sizeof(int), compare);

    int numberOfZero = 0;
    int numberOfGap = 0;

    // 统计数组中 0 的个数
    for(int i = 0; i < length && numbers[i] == 0; ++i)
        ++ numberOfZero;

    // 统计数组中的间隔数目
    int small = numberOfZero;
    int big = small + 1;
    while(big < length)
    {
        // 两个数相等，有对子，不可能是顺子
        if(numbers[small] == numbers[big])
            return false;

        numberOfGap += numbers[big] - numbers[small] - 1;
        small = big;
        ++big;
    }

    return (numberOfGap > numberOfZero) ? false : true;
}

int compare(const void *arg1, const void *arg2)
{
    return *(int*)arg1 - *(int*)arg2;
}
```

为了让代码显得简洁，上述代码调用 C 的库函数 qsort 排序。可能有人担心 qsort 的时间复杂度是 $O(n\log n)$，还不够快。由于扑克牌的值出现在 0～13 之间，我们可以定义一个长度为 14 的哈希表，这样在 $O(n)$ 时间内就能完成排序（本书 2.4.1 节有这种思路的例子）。通常我们认为不同级别的时间复杂度只有当 n 足够大的时候才有意义。由于本题中数组的长度是固定的，只有 5 张牌，那么 $O(n)$ 和 $O(n\log n)$ 不会有多少区别，我们可以选用简洁易懂的方法来实现算法。

源代码：

本题完整的源代码：

https://github.com/zhedahht/CodingInterviewChinese2/tree/master/61_ContinuousCards

 测试用例：

- 功能测试（抽出的牌中有一个或者多个大、小王；抽出的牌中没有大、小王；抽出的牌中有对子）。
- 特殊输入测试（输入 nullptr 指针）。

 本题考点：

考查应聘者的抽象建模能力。这道题目要求我们把熟悉的扑克牌转换为数组，把找顺子的过程通过排序、计数等步骤实现。这些都是把生活中的模型用程序语言来表达的例子。

面试题 62：圆圈中最后剩下的数字

> 题目：0,1,…,n-1 这 n 个数字排成一个圆圈，从数字 0 开始，每次从这个圆圈里删除第 m 个数字。求出这个圆圈里剩下的最后一个数字。

例如，0、1、2、3、4 这 5 个数字组成一个圆圈（如图 6.3 所示），从数字 0 开始每次删除第 3 个数字，则删除的前 4 个数字依次是 2、0、4、1，因此最后剩下的数字是 3。

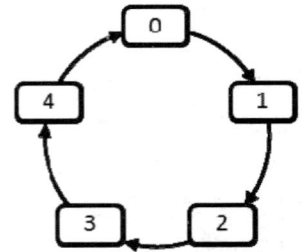

图 6.3　由 0~4 这 5 个数字组成的圆圈

本题就是有名的约瑟夫（Josephuse）环问题。我们介绍两种解题方法：

一种方法是用环形链表模拟圆圈的经典解法；第二种方法是分析每次被删除的数字的规律并直接计算出圆圈中最后剩下的数字。

❖ **经典的解法，用环形链表模拟圆圈**

既然题目中有一个数字圆圈，很自然的想法就是用一个数据结构来模拟这个圆圈。在常用的数据结构中，我们很容易想到环形链表。我们可以创建一个共有 n 个节点的环形链表，然后每次在这个链表中删除第 m 个节点。

如果面试官要求我们不能使用标准模板库里的数据容器来模拟环形链表，那么我们自己实现一个链表也不是很难的事情。如果面试官没有特殊要求，那么可以用模板库中的 std::list 来模拟一个环形链表。由于 std::list 本身并不是一个环形结构，因此每当迭代器（Iterator）扫描到链表末尾的时候，我们要记得把迭代器移到链表的头部，这样就相当于按照顺序在一个圆圈里遍历了。这种思路的代码如下：

```cpp
int LastRemaining(unsigned int n, unsigned int m)
{
    if(n < 1 || m < 1)
        return -1;

    unsigned int i = 0;

    list<int> numbers;
    for(i = 0; i < n; ++ i)
        numbers.push_back(i);

    list<int>::iterator current = numbers.begin();
    while(numbers.size() > 1)
    {
        for(int i = 1; i < m; ++ i)
        {
            current ++;
            if(current == numbers.end())
                current = numbers.begin();
        }

        list<int>::iterator next = ++ current;
        if(next == numbers.end())
            next = numbers.begin();

        -- current;
        numbers.erase(current);
        current = next;
    }

    return *(current);
```

如果我们用一两个例子仔细分析上述代码的运行过程,就会发现,实际上需要在环形链表里重复遍历很多遍。重复的遍历当然对时间效率有负面的影响。这种方法每删除一个数字需要 m 步运算,共有 n 个数字,因此总的时间复杂度是 $O(mn)$。同时这种思路还需要一个辅助链表来模拟圆圈,其空间复杂度是 $O(n)$。接下来我们试着找到每次被删除的数字有哪些规律,希望能够找到更加高效的算法。

❖ 创新的解法,拿到 Offer 不在话下

首先我们定义一个关于 n 和 m 的方程 $f(n,m)$,表示每次在 n 个数字 $0,1,\cdots,n-1$ 中删除第 m 个数字最后剩下的数字。

在这 n 个数字中,第一个被删除的数字是 $(m-1)\%n$。为了简单起见,我们把 $(m-1)\%n$ 记为 k,那么删除 k 之后剩下的 $n-1$ 个数字为 $0,1,\cdots,k-1,k+1,\cdots,n-1$,并且下一次删除从数字 $k+1$ 开始计数。相当于在剩下的序列中,$k+1$ 排在最前面,从而形成 $k+1,\cdots,n-1,0,1,\cdots,k-1$。该序列最后剩下的数字也应该是关于 n 和 m 的函数。由于这个序列的规律和前面最初的序列不一样(最初的序列是从 0 开始的连续序列),因此该函数不同于前面的函数,记为 $f'(n-1, m)$。最初序列最后剩下的数字 $f(n, m)$ 一定是删除一个数字之后的序列最后剩下的数字,即 $f(n, m)=f'(n-1, m)$。

接下来我们把剩下的这 $n-1$ 个数字的序列 $k+1,\cdots,n-1,0,1,\cdots,k-1$ 进行映射,映射的结果是形成一个 $0\sim n-2$ 的序列。

$k+1$ → 0

$k+2$ → 1

$\cdots$

$n-1$ → $n-k-2$

0 → $n-k-1$

1 → $n-k$

$\cdots$

$k-1$ → $n-2$

我们把映射定义为 p,则 $p(x)=(x-k-1)\%n$。它表示如果映射前的数字是 x,

那么映射后的数字是$(x-k-1)\%n$。该映射的逆映射是$p^{-1}(x)=(x+k+1)\%n$。

由于映射之后的序列和最初的序列具有同样的形式，即都是从 0 开始的连续序列，因此仍然可以用函数f来表示，记为$f(n-1, m)$。根据我们的映射规则，映射之前的序列中最后剩下的数字$f'(n-1,m)=p^{-1}[f(n-1,m)]=[f(n-1,m)+k+1]\%n$，把$k=(m-1)\%n$代入得到$f(n,m)=f'(n-1,m)=[f(n-1,m)+m]\%n$。

经过上面复杂的分析，我们终于找到了一个递归公式。要得到n个数字的序列中最后剩下的数字，只需要得到$n-1$个数字的序列中最后剩下的数字，并以此类推。当$n=1$时，也就是序列中开始只有一个数字0，那么很显然最后剩下的数字就是0。我们把这种关系表示为：

$$f(n,m) = \begin{cases} 0 & n = 1 \\ [f(n-1,m)+m]\%n & n > 1 \end{cases}$$

这个公式无论是用递归还是用循环，都很容易实现。下面是一段基于循环实现的代码：

```
int LastRemaining(unsigned int n, unsigned int m)
{
    if(n < 1 || m < 1)
        return -1;

    int last = 0;
    for (int i = 2; i <= n; i ++)
        last = (last + m) % i;

    return last;
}
```

可以看出，这种思路的分析过程尽管非常复杂，但写出的代码却非常简洁，这就是数学的魅力。最重要的是，这种算法的时间复杂度是 $O(n)$，空间复杂度是 $O(1)$，因此，无论是在时间效率还是在空间效率上都优于第一种方法。

源代码：

本题完整的源代码：

https://github.com/zhedahht/CodingInterviewChinese2/tree/master/62_LastNumberInCircle

测试用例：

- 功能测试（输入的 m 小于 n，比如从最初有 5 个数字的圆圈中每次删除第 2、3 个数字；输入的 m 大于或者等于 n，比如从最初有 6 个数字的圆圈中每次删除第 6、7 个数字）。
- 特殊输入测试（圆圈中有 0 个数字）。
- 性能测试（从最初有 4000 个数字的圆圈中每次删除第 997 个数字）。

本题考点：

- 考查应聘者的抽象建模能力。不管应聘者是用环形链表来模拟圆圈，还是分析被删除数字的规律，都要深刻理解这个问题的特点并编程实现自己的解决方案。
- 考查应聘者对环形链表的理解及应用能力。大部分面试官只要求应聘者基于环形链表的方法解决这个问题。
- 考查应聘者的数学功底及逻辑思维能力。少数对算法和数学基础要求很高的公司，面试官会要求应聘者不能使用 $O(n)$ 的辅助内存，这时候应聘者就只能静下心来一步步推导出每次删除的数字有哪些规律。

面试题 63：股票的最大利润

> 题目：假设把某股票的价格按照时间先后顺序存储在数组中，请问买卖该股票一次可能获得的最大利润是多少？例如，一只股票在某些时间节点的价格为{9, 11, 8, 5, 7, 12, 16, 14}。如果我们能在价格为 5 的时候买入并在价格为 16 时卖出，则能收获最大的利润 11。

股票交易的利润来自股票买入和卖出价格的差价。当然，我们只能在买入某只股票之后才能卖出。如果把股票的买入价和卖出价两个数字组成一个数对，那么利润就是这个数对的差值。因此，最大的利润就是数组中所有数对的最大差值。

我们不难想到用蛮力法来解决这个问题，也就是找出数组中所有的数对，并逐一求出它们的差值。由于长度为 n 的数组中存在 $O(n^2)$ 个数对，因此该算法的时间复杂度是 $O(n^2)$。

我们也可以换一种思路。我们先定义函数 diff(i) 为当卖出价为数组中第 i 个数字时可能获得的最大利润。显然，在卖出价固定时，买入价越低获得的利润越大。也就是说，如果在扫描到数组中的第 i 个数字时，只要我们能够记住之前的 $i-1$ 个数字中的最小值，就能算出在当前价位卖出时可能得到的最大利润。基于这种思路的代码如下：

```
int MaxDiff(const int* numbers, unsigned length)
{
    if(numbers == nullptr && length < 2)
        return 0;

    int min = numbers[0];
    int maxDiff = numbers[1] - min;

    for(int i = 2; i < length; ++i)
    {
        if(numbers[i - 1] < min)
            min = numbers[i - 1];

        int currentDiff = numbers[i] - min;
        if(currentDiff > maxDiff)
            maxDiff = currentDiff;
    }

    return maxDiff;
}
```

在上述代码中，变量 min 保存了数组前 $i-1$ 个数字的最小值，也就是之前股票的最低价。

由于我们只需要扫描数组一次，因此该算法的时间复杂度是 $O(n)$，比蛮力法的效率要高。

源代码：

本题完整的源代码：

https://github.com/zhedahht/CodingInterviewChinese2/tree/master/63_MaximalProfit

测试用例：

- 功能测试（存储股票价格的数组无序、单调递增、单调递减）。
- 边界值测试（存储股票价格的数组中只有两个数字）。
- 特殊输入测试（指向数组的指针为 nullptr）。

本题考点：

- 考查应聘者的抽象建模能力。应聘者需要从股票买卖的特点入手总结出股票交易获得最大利润的条件。
- 考查应聘者对数组的编程能力。

6.5 发散思维能力

发散思维的特点是思维活动的多向性和变通性，也就是我们在思考问题时注重运用多思路、多方案、多途径来解决问题。对于同一个问题，我们可以从不同的方向、侧面和层次，采用探索、转换、迁移、组合和分解等方法，提出多种创新的解法。

通过考查发散思维能力，面试官能够了解应聘者探索新思路的激情。面试时面试官故意限制应聘者不能使用常规的思路，此时他在观察应聘者有没有积极的心态，是不是能够主动跳出常规思维的束缚从多角度去思考问题。比如在面试题 64 "求 $1+2+\cdots+n$" 中，面试官有意限制不能使用乘法及与循环、条件判断、选择相关的关键字。这个问题应该说是很难的。在难题面前，应聘者是轻言放弃，还是充满激情地寻找新思路、新方法，具有不同心态的应聘者在面试中的表现是大不一样的。

通过考查发散思维能力，面试官能够了解应聘者的灵活性和变通性。当常规思路遇到阻碍的时候，应聘者能不能及时地从另一个角度用不同的方法去分析问题，这些都能体现应聘者的创造力。在面试题 65 "不用加减乘除做加法"中，当四则运算被限制使用的时候，应聘者能不能迅速地从二进制和位运算这个方向寻找突破口，都是其思维灵活性的直接体现。

通过考查发散思维能力，面试官还能了解应聘者知识面的广度和深度。

面试实际上是一个厚积薄发的过程。在遇到问题之后，应聘者如果具有宽泛的知识面并且对各领域有较深的理解，那么他就更容易从不同的角度去思考问题。比如我们可以从构造函数、虚函数、函数指针及模板参数的实例化等不同角度去解决面试题 64 "求 1+2+…+n"。只有对 C++各方面的特性了如指掌，我们才能在遇到问题的时候将各个知识点信手拈来。同样，如果我们在学习数字电路相关课程的时候对 CPU 中加法器的原理有深刻的理解，那么自然就会想到从二进制和位运算的角度去思考解决面试题 65 "不用加减乘除做加法"。

面试题 64：求 1+2+…+n

> 题目：求 1+2+…+n，要求不能使用乘除法、for、while、if、else、switch、case 等关键字及条件判断语句（A?B:C）。

这个问题本身没有太多的实际意义，因为在软件开发中不可能有这么苛刻的限制。但不少面试官认为这是一道不错的能够考查应聘者发散思维能力的题目，而发散思维能够反映出应聘者知识面的宽度，以及对编程相关技术理解的深度。

通常求 1+2+…+n 除了用公式 $n(n+1)/2$，无外乎循环和递归两种思路。由于已经明确限制 for 和 while 的使用，循环已经不能再用了。递归函数也需要用 if 语句或者条件判断语句来判断是继续递归下去还是终止递归，但现在题目已经不允许使用这两种语句了。

❖ **解法一：利用构造函数求解**

我们仍然围绕循环做文章。循环只是让相同的代码重复执行 n 遍而已，我们完全可以不用 for 和 while 来达到这个效果。比如我们先定义一个类型，接着创建 n 个该类型的实例，那么这个类型的构造函数将确定会被调用 n 次。我们可以将与累加相关的代码放到构造函数里。如下代码正是基于这种思路：

```
class Temp
{
public:
    Temp() { ++ N; Sum += N; }

    static void Reset() { N = 0; Sum = 0; }
    static unsigned int GetSum() { return Sum; }
```

```cpp
private:
    static unsigned int N;
    static unsigned int Sum;
};

unsigned int Temp::N = 0;
unsigned int Temp::Sum = 0;

unsigned int Sum_Solution1(unsigned int n)
{
    Temp::Reset();

    Temp *a = new Temp[n];
    delete []a;
    a = nullptr;

    return Temp::GetSum();
}
```

❖ 解法二：利用虚函数求解

我们同样可以围绕递归做文章。既然不能在一个函数中判断是不是应该终止递归，那么我们不妨定义两个函数，一个函数充当递归函数的角色，另一个函数处理终止递归的情况，我们需要做的就是在两个函数里二选一。从二选一我们很自然地想到布尔变量，比如值为 true(1)的时候调用第一个函数，值为 false(0)的时候调用第二个函数。那现在的问题是如何把数值变量 n 转换成布尔值。如果对 n 连续做两次反运算，即!!n，那么非零的 n 转换为 true，0 转换为 false。有了上述分析，我们再来看下面的代码：

```cpp
class A;
A* Array[2];

class A
{
public:
    virtual unsigned int Sum (unsigned int n)
    {
        return 0;
    }
};

class B: public A
{
public:
    virtual unsigned int Sum (unsigned int n)
    {
        return Array[!!n]->Sum(n-1) + n;
    }
```

};
int Sum_Solution2(int n)
{
    A a;
    B b;
    Array[0] = &a;
    Array[1] = &b;

    int value = Array[1]->Sum(n);

    return value;
}

这种思路是用虚函数来实现函数的选择。当 *n* 不为零时，调用函数 B::Sum；当 *n* 等于 0 时，调用函数 A::Sum。

❖ **解法三：利用函数指针求解**

在纯 C 语言的编程环境中，我们不能使用虚函数，此时可以用函数指针来模拟，这样代码可能还更加直观一些。

```
typedef unsigned int (*fun)(unsigned int);

unsigned int Solution3_Teminator(unsigned int n)
{
    return 0;
}

unsigned int Sum_Solution3(unsigned int n)
{
    static fun f[2] = {Solution3_Teminator, Sum_Solution3};
    return n + f[!!n](n - 1);
}
```

❖ **解法四：利用模板类型求解**

另外，我们还可以让编译器帮助完成类似于递归的计算。看如下代码：

```
template <unsigned int n> struct Sum_Solution4
{
    enum Value { N = Sum_Solution4<n - 1>::N + n };
};

template <> struct Sum_Solution4<1>
{
    enum Value { N = 1 };
};
```

Sum_Solution4<100>::N 就是 1+2+⋯+100 的结果。当编译器看到 Sum_

Solution4<100>时，就会为模板类 Sum_Solution4 以参数 100 生成该类型的代码。但以 100 为参数的类型需要得到以 99 为参数的类型，因为 Sum_Solution4<100>::N= Sum_Solution4 <99>::N+100。这个过程会一直递归到参数为 1 的类型，由于该类型已经显式定义，编译器无须生成，递归编译到此结束。由于这个过程是在编译过程中完成的，因此要求输入 n 必须是在编译期间就能确定的常量，不能动态输入，这是该方法最大的缺点。而且编译器对递归编译代码的递归深度是有限制的，也就是要求 n 不能太大。

 源代码：

本题完整的源代码：

https://github.com/zhedahht/CodingInterviewChinese2/tree/master/64_Accumulate

 测试用例：

- 功能测试（输入 5、10 求 1+2+…+5 和 1+2+…+10）。
- 边界值测试（输入 0 和 1）。

 本题考点：

- 考查应聘者的发散思维能力。当习以为常的方法被限制使用的时候，应聘者是否能发挥创造力，打开思路想出新的办法，是能否通过面试的关键所在。
- 考查应聘者的知识面的广度和深度。上面提供的几种解法涉及构造函数、静态变量、虚拟函数、函数指针、模板类型的实例化等知识点。只有深刻理解了相关的概念，才能在需要的时候信手拈来。这就是厚积薄发的过程。

面试题 65：不用加减乘除做加法

> 题目：写一个函数，求两个整数之和，要求在函数体内不得使用"+"、"-"、"×"、"÷"四则运算符号。

面试的时候被问到这个问题，很多人都在想：四则运算都不能用，那还能用什么啊？可是问题总是要解决的，我们只能打开思路去思考各种可能性。首先我们可以分析人们是如何做十进制加法的，比如是如何得出 5+17=22 这个结果的。实际上，我们可以分成三步走行：第一步只做各位相加不进位，此时相加的结果是 12（个位数 5 和 7 相加不要进位是 2，十位数 0 和 1 相加结果是 1）；第二步做进位，5+7 中有进位，进位的值是 10；第三步把前面两个结果加起来，12+10 的结果是 22，刚好 5+17=22。

我们一直在想，求两数之和四则运算都不能用，那还能用什么？对数字做运算，除四则运算之外，也就只剩下位运算了。位运算是针对二进制的，我们就以二进制再来分析一下前面的"三步走"策略对二进制是不是也适用。

5 的二进制是 101，17 的二进制是 10001。我们还是试着把计算分成三步：第一步各位相加但不计进位，得到的结果是 10100（最后一位两个数都是 1，相加的结果是二进制的 10。这一步不计进位，因此结果仍然是 0）；第二步记下进位，在这个例子中只在最后一位相加时产生一个进位，结果是二进制的 10；第三步把前两步的结果相加，得到的结果是 10110，转换成十进制正好是 22。由此可见"三步走"策略对二进制也是适用的。

接下来我们试着把二进制的加法用位运算来替代。第一步不考虑进位对每一位相加。0 加 0、1 加 1 的结果都是 0，0 加 1、1 加 0 的结果都是 1。我们注意到，这和异或的结果是一样的。对异或而言，0 和 0、1 和 1 的异或结果是 0，而 0 和 1、1 和 0 的异或结果是 1。接着考虑第二步进位，对 0 加 0、0 加 1、1 加 0 而言，都不会产生进位，只有 1 加 1 时，会向前产生一个进位。此时我们可以想象成两个数先做位与运算，然后再向左移动一位。只有两个数都是 1 的时候，位与得到的结果是 1，其余都是 0。第三步把前两个步骤的结果相加。第三步相加的过程依然是重复前面两步，直到不产生进位为止。

把这个过程想清楚之后，写出的代码非常简洁。下面是一段基于循环实现的参考代码：

```
int Add(int num1, int num2)
{
    int sum, carry;
    do
    {
        sum = num1 ^ num2;
        carry = (num1 & num2) << 1;
```

```
            num1 = sum;
            num2 = carry;
    }
    while(num2 != 0);

    return num1;
}
```

 源代码：

本题完整的源代码：

https://github.com/zhedahht/CodingInterviewChinese2/tree/master/65_AddTwoNumbers

 测试用例：

输入正数、负数和 0。

 本题考点：

- 考查应聘者的发散思维能力。当"＋"、"－"、"×"、"÷"运算符都不能使用时，应聘者能不能打开思路想到用位运算做加法，是能否顺利解决这个问题的关键。
- 考查应聘者对二进制和位运算的理解。

 相关问题：

不使用新的变量，交换两个变量的值。比如有两个变量 a、b，我们希望交换它们的值。有两种不同的方法：

基于加减法	基于异或运算
a = a + b;	a = a ^ b;
b = a - b;	b = a ^ b;
a = a - b;	a = a ^ b;

面试题 66：构建乘积数组

> 题目：给定一个数组 $A[0,1,\cdots,n-1]$，请构建一个数组 $B[0,1,\cdots,n-1]$，其中 B 中的元素 $B[i]=A[0]\times A[1]\times\cdots\times A[i-1]\times A[i+1]\times\cdots\times A[n-1]$。不能使用除法。

如果没有不能使用除法的限制，则可以用公式 $\Pi_{j=0}^{n-1} A[j] / A[i]$ 求得 $B[i]$。在使用除法时，要特别注意 $A[i]$ 等于 0 的情况。

现在要求不能使用除法，只能用其他方法。一种直观的解法是用连乘 $n-1$ 个数字得到 $B[i]$。显然这种方法需要 $O(n^2)$ 的时间构建整个数组 B。

好在还有更高效的算法。可以把 $B[i]=A[0]\times A[1]\times\cdots\times A[i-1]\times A[i+1]\times\cdots\times A[n-1]$ 看成 $A[0]\times A[1]\times\cdots\times A[i-1]$ 和 $A[i+1]\times\cdots\times A[n-2]\times A[n-1]$ 两部分的乘积。因此，数组 B 可以用一个矩阵来创建（见图 6.4）。在图中，B_i 为矩阵中第 i 行所有元素的乘积。

B_0	1	A_1	A_2	$\cdots$	A_{n-2}	A_{n-1}
B_1	A_0	1	A_2	$\cdots$	A_{n-2}	A_{n-1}
B_2	A_0	A_1	1	$\cdots$	A_{n-2}	A_{n-1}
$\cdots$	A_0	A_1	$\cdots$	1	A_{n-2}	A_{n-1}
B_{n-2}	A_0	A_1	$\cdots$	A_{n-3}	1	A_{n-1}
B_{n-1}	A_0	A_1	$\cdots$	A_{n-3}	A_{n-2}	1

图 6.4 把数组 B 看成由一个矩阵来创建

不妨定义 $C[i]=A[0]\times A[1]\times\cdots\times A[i-1]$，$D[i]=A[i-1]\times\cdots\times A[n-2]\times A[n-1]$。$C[i]$ 可以用自上而下的顺序计算出来，即 $C[i]=C[i-1]\times A[i-1]$。类似的，$D[i]$ 也可以用自下而上的顺序计算出来，即 $D[i]=D[i+1]\times A[i+1]$。

下面是这种思路的 C++ 实现，数组用标准模板库中的 vector 表示。

```
void multiply(const vector<double>& array1, vector<double>& array2)
{
    int length1= array1.size();
    int length2 = array2.size();

    if(length1 == length2 && length2 > 1)
    {
        array2[0] = 1;
        for(int i = 1; i < length1; ++i)
        {
            array2[i] = array2[i - 1] * array1[i - 1];
        }

        double temp = 1;
        for(int i = length1 - 2; i >= 0; --i)
        {
```

```
            temp *= array1[i + 1];
            array2[i] *= temp;
        }
    }
}
```

显然这种思路的时间复杂度是 $O(n)$，这比前面提到的直观的解法效率要高。

 源代码：

本题完整的源代码：

https://github.com/zhedahht/CodingInterviewChinese2/tree/master/66_ConstuctArray

 测试用例：

- 功能测试（输入数组包含正数、负数、一个 0、多个 0）。
- 边界值测试（输入数组的长度为 0）。

本题考点：

- 考查应聘者的发散思维能力。这道题目有两种常规解法：一种是把所有数字都相乘再分别除以各个数字，但题目已经限定不能使用除法；另一种解法是连乘 $n-1$ 个数字得到 $B[i]$。通常面试官会告知应聘者还有比 $O(n^2)$ 更高效的算法。此时应聘者不能放弃，还要继续打开思路，多角度去分析解答问题。
- 考查应聘者对数组的理解和编程能力。

6.6 本章小结

面试是我们展示自己综合素质的时候。除了扎实的编程能力，我们还需要表现自己的沟通能力和学习能力，以及知识迁移能力、抽象建模能力和发散思维能力等方面的综合实力，如图 6.5 所示。

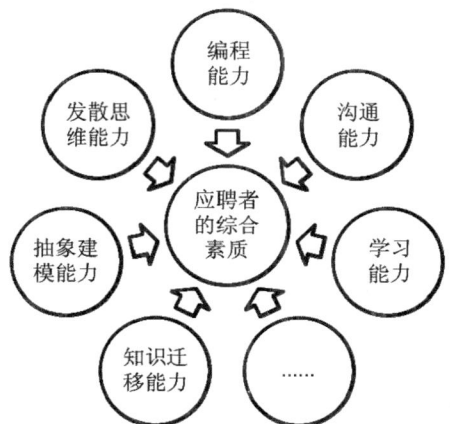

图 6.5 应聘者综合能力的组成

面试官对沟通能力、学习能力的考查贯穿面试的始终。面试官不仅会留意我们回答问题时的言语谈吐,还会关注我们是否能抓住问题的本质从而提出有针对性的问题。通常面试官认为善于提问的人有较好的沟通能力和学习能力。

知识迁移能力能帮助我们轻松地解决很多问题。有些面试官在提问一道难题之前,会问一道相关但比较简单的题目,他希望我们能够从解决简单问题的过程中受到启发,最终解决较为复杂的问题。另外,我们在面试之前可以做一些练习。如果面试的时候碰到类似的题目,就可以应用之前的方法。这要求我们平时要有一定的积累,并且每做完一道题之后都要总结解题方法。

有一类很有意思的面试题是从日常生活中提炼出来的,面试官用这种类型的问题来考查我们的抽象建模能力。为了解决这种类型的问题,我们先用适当的数据结构表述模型,再分析模型中的内在规律,从而确定计算方法。

有些面试官喜欢在面试的时候限制使用常规的思路。这时候就需要我们充分发挥发散思维能力,跳出常规思路的束缚,从不同的角度去尝试新的办法。

第 7 章
两个面试案例

在第 1 章中，我们讨论了面试的流程。通常一轮面试是从面试官对照简历了解应聘者的项目经历及掌握的技能开始的。在介绍自己的项目经历时，应聘者可以参照 STAR 模型，着重介绍自己完成的工作（包括基于什么平台、用了哪些技术、实现了哪些算法等），以及最终对项目组的贡献。

接着进入重头戏——技术面试环节。在这一环节中，面试官会从编程语言、数据结构和算法等方面考查应聘者的基础知识是否扎实全面（详见第 2 章），并且很有可能会要求应聘者编程实现一两个函数。如果碰到的面试题很简单，则应聘者也不能掉以轻心，一定要从基本功能、边界条件和错误处理等方面确保代码的完整性和鲁棒性（详见第 3 章）。如果碰到的题目很难，则应聘者可以尝试画图让抽象的问题变得形象化，也可以尝试举几个具体的例子去分析隐含的规律，还可以尝试把大的问题分解成两个或者多个小问题再递归地解决小问题。这 3 种方法能够帮助应聘者形成清晰的思路，从而解决复杂的难题（详见第 4 章）。很多面试题都不止一种解决方案，应聘者可以从时间复杂度和空间复杂度两个方面选择最优的解法（详见第 5 章）。在面试过程中，面试官除了关注应聘者的编程能力，还会关注应聘者的沟通能力和学习能力，并有可能考查应聘者的知识迁移能力、抽象建模能力和发散思维能力（详见第 6 章）。

在面试结束前的几分钟，面试官会给应聘者机会问几个最感兴趣的问题。应聘者可以从当前招聘的项目及其团队等方面提出几个问题。不建议应聘者在技术面试的时候向面试官询问薪资情况，或者立即打听面试结果。

接下来是两个典型的面试案例，我们从中可以直观地感受到面试的整个过程。在第一个案例（详见 7.1 节）中，我们将看到面试过程中很多应聘者都犯过的错误；而在第二个案例（详见 7.2 节）中，我们将看到面试官所认可的表现。我们希望应聘者能够少犯甚至不犯错误，在面试过程中充分表现出自己的综合素质，同时也衷心祝愿每名应聘者都能拿到自己心仪的 Offer。

7.1 案例一：（面试题 67）把字符串转换成整数

面试官：看你简历上写的是精通 C/C++ 语言，这两门语言你用了几年？

应聘者：从大一算起的话，快六、七年了。

面试官：也是 C/C++ 的老程序员了嘛（微笑），那先问一个 C++ 的问题（递给应聘者一张 A4 纸，上面有一段打印的代码，如下面所示）。你能不能分析一下这段代码的输出？

```
class A
{
private:
    int n1;
    int n2;
public:
    A(): n2(0), n1(n2 + 2)
    {
    }

    void Print()
    {
        std::cout << "n1: " << n1 << ", n2: " << n2 << std::endl;
    }
};

int _tmain(int argc, _TCHAR* argv[])
{
    A a;
    a.Print();

    return 0;
}
```

应聘者：（看了一下代码，略作思考）n1 是 2，而 n2 是 0。

面试官：为什么？

应聘者：在构造函数的初始化列表中，n2 先被初始化为 0，n2 的值就是 0 了。接下来再用 n2+2 初始化 n1，所以 n1 的值就是 2。

[注：应聘者这个问题的回答是错误的，详见后面的"面试官点评"]

面试官：C++是按照在初始化列表中的顺序初始化成员变量的吗？

应聘者：（一脸困惑）不是这样吗？我不太清楚。

面试官心理：

对成员变量的初始化顺序完全没有概念就号称自己"精通"C++，也太言过其实了。算了，C++就不接着问了，看看你的编程能力。

面试官：没关系，我们换一道题目。能不能介绍一下 C 语言的库函数中 atoi 的作用？

应聘者：atoi 用来把一个字符串转换成一个整数。比如，输入字符串 "123"，它的输出是数字 123。

面试官：对的。现在就请你写一个函数 StrToInt，实现把字符串转换成整数这个功能。当然，不能使用 atoi 或者其他类似的库函数。你看有没有问题？

应聘者：（嘴角出现一丝自信的笑容）没有问题。

应聘者马上开始在白纸上写出了如下代码：

```c
int StrToInt(char* string)
{
    int number = 0;
    while(*string != 0)
    {
        number = number * 10 + *string - '0';
        ++string;
    }

    return number;
}
```

应聘者：（放下笔）我已经写好了。

面试官心理：

我出的题目有这么简单吗？你也太小看我了。

面试官：这么快？（稍微看了看代码）你觉得这代码有没有问题？仔细检查一下看看。

应聘者：（从头开始读代码）哦，不好意思，忘了检查字符串是空指针的情况。

应聘者拿起笔，在原来的代码上添加两行新的代码。修改之后的代码如下：

```
int StrToInt(char* string)
{
    if(string == nullptr)
        return 0;

    int number = 0;
    while(*string != 0)
    {
        number = number * 10 + *string - '0';
        ++string;
    }

    return number;
}
```

面试官：改好了？（看了一下新的代码）当字符串为空的时候，你的返回是 0。如果输入的字符串是"0"，那么返回是什么？

应聘者：也是 0。

面试官：两种情况都得到返回值 0，那么当这个函数的调用者得到返回值 0 的时候，他怎么知道是哪种情况？

应聘者：（脸上表情有些困惑）不知道。

面试官：你知道 atoi 是怎么区分的吗？

应聘者：（努力回忆，有些慌张）不记得了。

面试官：atoi 是通过一个全局变量来区分的。如果是非法输入，则返回 0 并把这个全局变量设为一个特殊标记。如果输入是"0"，则返回 0，不会设置全局变量。这样，当 atoi 的调用者得到返回值 0 的时候，可以通过检查全局变量得知输入究竟是非法输入还是字符串"0"。

应聘者：哦。（拿起笔准备写代码）我马上修改。

面试官：等一下，除了空字符串，还有没有其他类型的非法输入？

应聘者：（陷入思考，额头上出现汗珠）如果字符串中含有'0'～'9'之外的字符，那么这样的输入也是非法的。

面试官：所有'0'~'9'之外的字符都是非法的吗？

应聘者：加号和减号应该也是合法的输入字符。

面试官：对的。先好好想想，想清楚了再开始写代码。

应聘者思考几分钟后，写下了如下代码：

```
enum Status {kValid = 0, kInvalid};
int g_nStatus = kValid;

int StrToInt(const char* str)
{
    g_nStatus = kInvalid;
    int num = 0;

    if(str != nullptr)
    {
        const char* digit = str;

        bool minus = false;
        if(*digit == '+')
            digit ++;
        else if(*digit == '-')
        {
            digit ++;
            minus = true;
        }

        while(*digit != '\0')
        {
            if(*digit >= '0' && *digit <= '9')
            {
                num = num * 10 + (*digit - '0');

                digit++;
            }
            else
            {
                num = 0;
                break;
            }
        }

        if(*digit == '\0')
        {
            g_nStatus = kValid;
            if(minus)
                num = 0 - num;
        }
    }

    return num;
}
```

面试官：（看到应聘者写完了）能不能简要地解释一下你的代码？

应聘者：我定义了一个全局变量 g_nStatus 来标记是不是遇到了非法输入。如果输入的字符串指针是空指针，则标记该全局变量然后直接返回。接下来我开始遍历字符串中的所有字符。由于正负号只有可能出现在字符串的第一个字符，我们先处理字符串的第一个字符。如果第一个字符是负号，则标记当前的数字是负数，并在最后确保返回值是负数。在处理后续字符时，当遇到'0'~'9'之外的字符时，终止遍历。如果遇到了数字，则把数值累加上去。

面试官心理：

这段代码已经写得不错了，你的编程能力看起来还不错，只是编程的习惯不太好，不会在编码之前想好可能有哪些输入，从而在代码中留下太多的漏洞。这次修改的几个问题都是我提醒你的，没有提醒的你自己没有找出一个。

面试官：不错。觉得功能上还有什么遗漏吗？

应聘者：还有遗漏？（思索良久）要不要考虑溢出？

面试官：你觉得呢？如果输入的是一个空字符串""，你觉得应该输出什么？

应聘者：""不是一个数字，我想应该返回 0，同时把 g_nStatus 设为非法输入。

面试官：那你能分析一下你现在的输出是什么吗？

应聘者：（紧张，声音有些发抖）好像返回值是 0，但没有设置 g_nStatus 为非法输入？

面试官：嗯。我们再考虑一些有意思的输入，比如输入的字符串只有一个正号或者负号，你期待的输出是什么？

应聘者：如果只有一个正号或者负号，后面没有跟着数字，那么我想也不是有效的输入。（开始分析代码）我的返回值是 0，但不会设置 g_nStatus。

面试官：由于时间也差不多了，已经没有时间给你再进行修改了。我的问题问完了，你有什么问题需要问我的吗？

应聘者：你们公司工资待遇怎么样？

面试官：你的期望值是多少呢？

应聘者：我有不少同学的月薪税前超过 12000 元，我不想低于他们。

面试官心理：

我不是 HR，别和我谈工资。

面试官：我们公司由人事部门统一确定应届毕业生的工资，所以你的这个问题我不能直接回答，不过你的期望值我倒可以转告 HR。

应聘者：好的，谢谢。

面试官：还有其他问题吗？

应聘者：没有了。

面试官：那这轮面试就到这里结束吧。

面试官点评：

这名应聘者在简历中写他精通 C/C++，本来我对他的表现是充满了期待。但在他回答错了第一道 C++ 的语法题之后，他给我留下的印象就不是很好了。这就是希望越大失望越大吧。实际上，构造函数的初始化列表是 C++ 中经常使用的一个概念。在 C++ 中，成员变量的初始化顺序只与它们在类中声明的顺序有关，而与在初始化列表中的顺序无关。在前面的问题中，n1 先于 n2 被声明，因此 n1 也会在 n2 之前被初始化，所以我们会先用 n2+2 去初始化 n1。由于 n2 这个时候还没有被初始化，因此它的值是随机的。用此时的 n2 加上 2 去初始化 n1，n1 的值只是一个随机值。接下来再用 0 初始化 n2，因此最终 n2 的值是 0。

接下来要求应聘者把一个字符串转换成整数，这看起来是一道很简单的题目，实现其基本功能，大部分人都能用 10 行之内的代码解决。可是，当我们把很多特殊情况即测试用例都考虑进去时，却不是一件容易的事情。解决数值转换问题本身不难，但我希望在写转换数值的代码之前，应聘者至少能把空指针 nullptr、空字符串 ""、正负号、溢出等方方面面的测试用例都考虑到，并在写代码的时候对这些特殊的输入都定义好合理的输出。当然，这些输出并不一定要和 atoi 完全保持一致，但必须要有显式的说明，和面试官沟通好。

这名应聘者最大的问题就是还没有养成在写代码之前考虑所有可能的

测试用例的习惯，逻辑不够严谨，因此一开始的代码只处理了最基本的数值转换。后来我每提醒他一处特殊的测试用例，他就改一处代码。尽管他已经进行了两次修改，但仍然有不少明显的漏洞，如特殊输入空字符串""、边界条件比如最大的正整数与最小的负整数等。由于这道题的思路本身不难，因此我希望他能把问题考虑得尽可能周到，代码尽量写完整。下面是参考代码：

```cpp
enum Status {kValid = 0, kInvalid};
int g_nStatus = kValid;

int StrToInt(const char* str)
{
    g_nStatus = kInvalid;
    long long num = 0;

    if(str != nullptr && *str != '\0')
    {
        bool minus = false;
        if(*str == '+')
            str ++;
        else if(*str == '-')
        {
            str ++;
            minus = true;
        }

        if(*str != '\0')
        {
            num = StrToIntCore(str, minus);
        }
    }

    return (int)num;
}

long long StrToIntCore(const char* digit, bool minus)
{
    long long num = 0;

    while(*digit != '\0')
    {
        if(*digit >= '0' && *digit <= '9')
        {
            int flag = minus ? -1 : 1;
            num = num * 10 + flag * (*digit - '0');

            if((!minus && num > 0x7FFFFFFF)
                || (minus && num < (signed int)0x80000000))
            {
                num = 0;
                break;
```

```
            }
            digit++;
        }
        else
        {
            num = 0;
            break;
        }
    }

    if(*digit == '\0')
    {
        g_nStatus = kValid;
    }

    return num;
}
```

在前面的代码中，把空字符串""和只有一个正号或者负号的情况都考虑到了。同时最大的正整数值是 0x7FFF FFFF，最小的负整数是 0x8000 0000，因此，我们需要分两种情况来判断整数是否发生上溢出或者下溢出。

最后，他在提问环节给我留下的印象不是很好。他只有一个问题，是关于薪水方面的。是不是反映出他找工作仅仅关心工资？通常只关心工资待遇的员工是非常容易流失的，而且他把期望值设在 12000 元的唯一理由是他有同学的工资超过这个数。他对自己有没有一个定位？

虽然从他后来改写代码的过程来看，他的编程能力还是不错的，但我担心以他现在的编程习惯，由于没有做出全面的考虑，他写出的代码将会漏洞百出，鲁棒性也得不到保证。总的来说，我的意见是我们不能录取这名应聘者。

 源代码：

本题完整的源代码：

https://github.com/zhedahht/CodingInterviewChinese2/tree/master/67_StringToInt

 测试用例：

- 功能测试（输入的字符串表示正数、负数和 0）。

- 边界值测试（最大的正整数；最小的负整数）。
- 特殊输入测试（输入的字符串为 nullptr 指针；输入的字符串为空字符串；输入的字符串中有非数字字符等）。

7.2 案例二：（面试题 68）树中两个节点的最低公共祖先

面试官：前面两轮面试下来感觉怎么样？

应聘者：感觉还好，只是大脑连续转了两个小时，有点累。

面试官：面试是一个体力活，是挺累的。不过程序员这个行当本身也是体力活，没有好的身体还真撑不住。面试中也要看看你们的体力怎么样。

应聘者：（笑笑并点点头）说得有道理。

面试官：开个玩笑。现在可以开始面试了吧？

应聘者：好的，我准备好了。

面试官：请简要介绍一下你最近的一个项目。

应聘者：我最近完成的项目是 Civil 3D（一款基于 AutoCAD 的土木设计软件）中的 Multi-Target。这个 Target 指的是道路的边缘。之前道路的边缘只能是 Civil 中的一个数据类型，叫 Alignment，我的工作是让 Civil 支持其他类型的数据作为道路的边缘，如 AutoCAD 中的 Polyline 等。

面试官：有没有考虑到以后有可能添加新的数据类型作为道路的边缘？

应聘者：这在开发的过程中就发生过。在第二版的需求文档中添加了一种叫作 Pipeline 的道路边缘。由于我的设计中考虑了扩展性，最后只要添加新的 class 就行了，几乎不需要对已有的代码进行任何修改。

面试官：你是怎么做到的？

应聘者在白纸上用 UML 画了一张类型关系图（图略）。

应聘者：（指着图解释）从这张图中可以看出，一旦需要支持新的道路边缘，如 Pipeline，我们只需继承出新的 class 就可以了，对已有的其他 class 没有影响。

🧭 **面试官心理**：

对自己的工作讲得很细致、很深入，这个项目的确是你设计和实现的。可以看出，你对面向对象的设计和开发有着较深的理解。

面试官：（点点头）的确是这样的。接下来我们做一道编程题吧。我的题目是输入两个树节点，求它们的最低公共祖先。

应聘者：这棵树是不是二叉树？

面试官：是又怎么样，不是又怎么样？

应聘者：如果是二叉树，并且是二叉搜索树，那么是可以找到公共节点的。

面试官：那假设是二叉搜索树，你怎么查找呢？

应聘者：（有些激动，说得很快）二叉搜索树是排序过的，位于左子树的节点都比父节点小，而位于右子树的节点都比父节点大，我们只需要从树的根节点开始和两个输入的节点进行比较。如果当前节点的值比两个节点的值都大，那么最低的共同父节点一定在当前节点的左子树中，于是下一步遍历当前节点的左子节点。如果当前节点的值比两个节点的值都小，那么最低的共同父节点一定在当前节点的右子树中，于是下一步遍历当前节点的右子节点。这样，在树中从上到下找到的第一个在两个输入节点的值之间的节点就是最低的公共祖先。

面试官：看起来你对这道题目很熟悉，是不是以前做过啊？

应聘者：（面露尴尬）这个……碰巧……

面试官：（笑）那咱们把题目稍微换一下。如果这棵树不是二叉搜索树，甚至连二叉树都不是，而只是普通的树，又该怎么办呢？

应聘者：（停下来想了十几秒）树的节点中有没有指向父节点的指针？

🧭 **面试官心理**：

反应挺快的，而且提的问题针对性很强。你的沟通能力不错。

面试官：为什么需要指向父节点的指针？

应聘者在白纸上画了一张图，如图 7.1 所示。

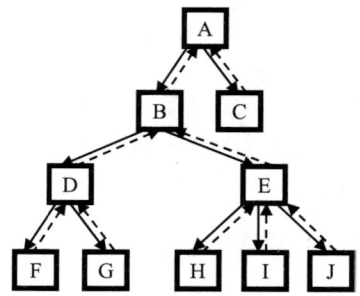

图7.1 树中的节点有指向父节点的指针，用虚线箭头表示

应聘者：（指着自己画的图 7.1 解释）如果树中的每个节点（除根节点之外）都有一个指向父节点的指针，那么这个问题可以转换成求两个链表的第一个公共节点。假设树节点中指向父节点的指针是 pParent，那么从树的每个叶节点开始都有一个由指针 pParent 串起来的链表，这些链表的尾指针都是树的根节点。输入两个节点，那么这两个节点位于两个链表上，它们的最低公共祖先刚好就是这两个链表的第一个公共节点。比如输入的两个节点分别为 F 和 H，那么 F 在链表 F->D->B->A 上，而 H 在链表 H->E->B->A 上，这两个链表的第一个交点 B 刚好也是它们的最低公共祖先。

面试官：求两个链表的第一个共同节点这道题目你是不是之前也做过？

应聘者：（摸摸后脑勺，尴尬地笑笑）这个……又被您发现了……

面试官心理：

能够把这道题目转换成求两个链表的第一个公共节点，你的知识迁移能力不错。感觉你对数据结构很熟悉，基本上达到录用标准了。不过我很有兴趣看看你的极限在哪里。再加大点难度试试吧。

面试官：（笑）那只好再把题目的要求改变一下了。现在假设这棵树是普通的树，而且树中的节点没有指向父节点的指针。

应聘者：（稍微流露出一丝抓狂的表情，语气中透出失望）好吧，我再想想。

面试官：这道题目只比前面的两道稍微难一点点，你能搞定的。

应聘者：（静下来思考了两分钟）所谓两个节点的公共祖先，指的是这两个节点都出现在某个节点的子树中。我们可以从根节点开始遍历一棵树，每遍历到一个节点时，判断两个输入节点是不是在它的子树中。如果在子树中，则分别遍历它的所有子节点，并判断两个输入节点是不是在它们的子树中。这样从上到下一直找到的第一个节点，它自己的子树中同时包含两个输入的节点而它的子节点却没有，那么该节点就是最低的公共祖先。

面试官：能不能举个具体的例子说明你的思路？

应聘者：（一边在纸上画图 7.2 一边解释）假设还是输入节点 F 和 H。我们先判断 A 的子树中是否同时包含节点 F 和 H，得到的结果为 true。接着我们再先后判断 A 的两个子节点 B 和 C 的子树是不是同时包含 F 和 H，B 的结果是 true 而 C 的结果是 false。接下来我们再判断 B 的两个子节点 D 和 E，发现这两个节点得到的结果都是 false。于是 B 是最后一个公共祖先，即我们的输出。

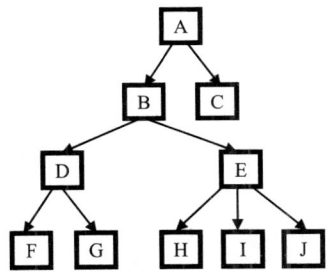

图 7.2 一棵普通的树，树中的节点没有指向父节点的指针

面试官：听起来不错。很明显，当我们判断以节点 A 为根的树中是否含有节点 F 的时候，我们需要对 D、E 等节点遍历一遍；接下来判断以节点 B 为根的树中是否含有节点 F 的时候，我们还是需要对 D、E 等节点再遍历一遍。这种思路会对同一节点重复遍历很多次。你想想看还有没有更快的算法？

应聘者：（双肘抵住桌子，双手抱住头顶，苦苦思索了两分钟）可以用辅助内存吗？

面试官：你需要多大的辅助内存？

应聘者：我的想法是用两个链表分别保存从根节点到输入的两个节点的路径，然后把问题转换成两个链表的最后公共节点。

面试官：（点头，面露赞许）嗯，具体说说。

应聘者：我们首先得到一条从根节点到树中某一节点的路径，这就要求在遍历的时候有一个辅助内存来保存路径。比如我们用前序遍历的方法来得到从根节点到 H 的路径的过程是这样的：（1）遍历到 A，把 A 存放到路径中，路径中只有一个节点 A；（2）遍历到 B，把 B 存放到路径中，此时路径为 A->B；（3）遍历到 D，把 D 存放到路径中，此时路径为 A->B->D；（4）遍历到 F，把 F 存放到路径中，此时路径为 A->B->D->F；（5）F 已经没有子节点了，因此这条路径不可能到达节点 H。把 F 从路径中删除，变成 A->B->D；（6）遍历 G。和节点 F 一样，这条路径也不能到达 H。遍历完 G 之后，路径仍然是 A->B->D；（7）由于 D 的所有子节点都遍历过了，不可能到达节点 H，因此 D 不在从 A 到 H 的路径中，把 D 从路径中删除，变成 A->B；（8）遍历 E，把 E 存放到路径中，此时路径变成 A->B->E；（9）遍历 H，已经到达目标节点，A->B->E 就是从根节点开始到达 H 必须经过的路径。

面试官：然后呢？

应聘者：同样，我们也可以得到从根节点开始到达 F 必须经过的路径是 A->B->D。接着，我们求出这两条路径的最后一个公共节点，也就是 B。B 这个节点也是 F 和 H 的最低公共祖先。

面试官：这种思路的时间和空间效率是多少？

应聘者：为了得到从根节点开始到输入的两个节点的两条路径，需要遍历两次树，每遍历一次的时间复杂度是 $O(n)$。得到的两条路径的长度在最差情况时是 $O(n)$，通常情况下两条路径的长度是 $O(\log n)$。

面试官心理：

显然，你对数据结构的理解比大多数人要深刻得多，期待你的代码。

面试官：（微笑，点头）不错。根据这种思路写出 C/C++代码，怎么样？

应聘者：好的，没问题。

应聘者先后下了 3 个函数：

```
bool GetNodePath(TreeNode* pRoot, TreeNode* pNode, list<TreeNode*>& path)
{
    if(pRoot == pNode)
        return true;
```

```cpp
        path.push_back(pRoot);

        bool found = false;

        vector<TreeNode*>::iterator i = pRoot->m_vChildren.begin();
        while(!found && i < pRoot->m_vChildren.end())
        {
            found = GetNodePath(*i, pNode, path);
            ++i;
        }

        if(!found)
            path.pop_back();

        return found;
    }

    TreeNode* GetLastCommonNode
    (
        const list<TreeNode*>& path1,
        const list<TreeNode*>& path2
    )
    {
        list<TreeNode*>::const_iterator iterator1 = path1.begin();
        list<TreeNode*>::const_iterator iterator2 = path2.begin();

        TreeNode* pLast = nullptr;

        while(iterator1 != path1.end() && iterator2 != path2.end())
        {
            if(*iterator1 == *iterator2)
                pLast = *iterator1;

            iterator1++;
            iterator2++;
        }

        return pLast;
    }

    TreeNode* GetLastCommonParent(TreeNode* pRoot, TreeNode* pNode1, TreeNode* pNode2)
    {
        if(pRoot == nullptr || pNode1 == nullptr || pNode2 == nullptr)
            return nullptr;

        list<TreeNode*> path1;
        GetNodePath(pRoot, pNode1, path1);

        list<TreeNode*> path2;
        GetNodePath(pRoot, pNode2, path2);
```

```
        return GetLastCommonNode(path1, path2);
}
```

应聘者：代码中 GetNodePath 用来得到从根节点 pRoot 开始到达节点 pNode 的路径，这条路径保存在 path 中。函数 GetLastCommonNode 用来得到两条路径 path1 和 path2 的最后一个公共节点。函数 GetLastCommonParent 先调用 GetNodePath 得到 pRoot 到达 pNode1 的路径 path1，再得到 pRoot 到达 pNode2 的路径 path2，接着调用 GetLastCommonParent 得到 path1 和 path2 的最后一个公共节点，即我们要找的最低公共祖先。

面试官：嗯，很好。这轮面试的时间已经很长了，我的问题就到这里。你有什么需要问我的吗？

应聘者：（略作思考）我想问问关于项目合作的事情。你们项目组和美国总部的同事是怎么合作的？是美国人做好设计，然后交给中国这边做具体实现吗？

面试官：理论上说中国同事与美国同事之间的合作是平等的，不全是美国说了算。我们中国的团队也有自己的项目经理做产品设计。现在两边的团队都有自己负责的功能。只是我们的团队成员和美国同事比起来，经验还不够，对产品的理解没有美国同事那么深刻。因此，当两边意见出现分歧的时候，他们的意见更能得到上层的重视。

应聘者：两边的团队都有哪些沟通的方式？

面试官：平时做相关工作的同事之间会有大量的 E-mail 交流。每周二的早上（美国时间是星期一的下午）我们有一个例会，所有同事都会参加。在会上大家会讨论项目的进度、遇到的困难等事项。另外，由于最近我们这边招了不少新员工，美国那边正计划选派一名资深的工程师过来给新员工进行培训。

应聘者：那中国这边的员工有机会去美国吗？

面试官：我们的人力资源部门有一个项目，让新员工在两年之内至少有机会去美国接受一次培训，以熟悉公司总部的文化。只是最近由于大的经济环境不是很好，公司在严格控制差旅费用，因此这个项目的执行受到了一点影响。还有其他问题吗？

应聘者：（想了一会儿）没有了。

面试官心理：

从最后几个问题可以看出，你对我们的项目和团队很有兴趣。同样，我也希望你能加入我们的团队一起做项目。这轮面试你通过了。

面试官：由于时间关系，这轮面试就到这里，怎么样？

应聘者：（摸摸额头，微笑中略显疲惫）谢谢。

面试官点评：

求树中两个节点的最低公共祖先，不能说只是一道题目，而应该说是一组题目，不同条件下的题目是完全不一样的。一开始的时候，我有意没有说明树的特点，比如树是不是二叉树、树中的节点是不是有一个指向父节点的指针。我把题目说得模棱两可是希望应聘者能够主动向我提出问题，一步一步弄清我的意图。如果一名应聘者能够在面试过程中主动问出高质量的问题以弄清楚题目的要求，那么我会觉得他态度积极，并且具有较强的沟通能力。

在这轮面试中，该应聘者表现得比较积极主动。一开始听到题目之后，他马上询问我树是不是二叉树。在我答复可以是二叉树之后，他立即给出了当树是二叉搜索树时的解法。我看出了他之前做过这个问题，于是就把题目的要求设为树只是普通的树而不一定是二叉树。他的反应很快，立即又问我树中的节点有没有指向父节点的指针。在第二个问题得到肯定的答复之后，他把问题转换成求两个链表的第一个公共节点。他这段的表现很好，问的两个问题都很有针对性，表明他对这种类型的问题有很深的理解，给我留下了很好的印象。

通常面试的时候让应聘者写出有指向父节点的指针这种情况的代码也就差不多了，但考虑到他之前做过类似的问题，同时我觉得他反应很快，功底不错，以他的能力应该可以挑战一下更高的难度。于是我接下来把指向父节点的指针去掉，决定再加大难度测试一下他的水平到底有多深。他再次表现出很快的反应能力，思考了一两分钟之后就想出了一种需要重复遍历一个节点多次的算法。在我提示出还有更快的算法之后，他再次把题目转换成求链表的共同节点的问题。在他解释其思路的过程中，可以看出他对树的遍历算法理解得很透彻，接下来写出的代码也很规范。综合这名应聘者在本轮面试中的表现，我强烈建议我们公司录用他。

如果面试官在面试的过程中逐步加大面试题的难度，那么通常对应聘者来说是一件好事，这说明应聘者一开始表现得很好，面试官对他的印象很好，并很有兴趣看看他的水平有多深，于是一步一步加大题目的难度。虽然最后应聘者可能不能很好地解决高难度的问题，但最终仍有可能拿到 Offer。与此相反的是，有些应聘者在面试的时候很多问题都回答出来了，可最终被拒，觉得难以理解。其实这是因为面试官一开始问的问题他回答得很不好，面试官已经判断出他的能力有限，心里已经默默给出了 NO 的结论。但为了照顾应聘者的情面，也会问几个简单的问题。虽然这些简单的问题应聘者可能都能答对，但前面的结果已经不会改变。

在这轮面试中，由于该应聘者一开始的表现很好，我才决定加大难度考考他。假如他对于普通树中节点没有指向父节点的指针这个问题没有很好地解决，那么我会让他回头去写普通树中节点有指向父节点的指针这个问题的代码。只要他的代码写得完整正确，我仍然会让他通过这轮面试，尽管我对他的评价可能没有现在这么高。

 源代码：

本题完整的源代码：

https://github.com/zhedahht/CodingInterviewChinese2/tree/master/68_CommonParentInTree

 测试用例：

- 功能测试（普通形态的树；形状退化成链状的树）。
- 特殊输入测试（指向树根节点的指针为 nullptr 指针）。